光纖通信概論

李銘淵　編著

全華圖書股份有限公司

序言

Optical Fiber Communication

　　光纖通信具有損失小、頻寬大的優越特性，已迅速的切入通信網路，正引領著現代通信邁向更璀燦的領域，猶有進者，日益精進的技術性突破，更使光纖通信凌駕於傳統性傳輸媒體，主導整個通信網路。

　　此書將以系統工程觀點，御繁以簡的敘述光纖通信的原理、傳輸特性、製造、接續、系統元件、系統設計及應用，期望讀者感受到光纖通信的實用性，且對從事光纖通信系統的設計和應用有所助益。

　　此書編寫過程甚長，幾經試教修正，雖然刻意力求完美，但疏漏之處在所難免，尚祈讀者及專家先進不吝斧正，不勝感激。

　　我誠摯的感謝恩師鄧啓福博士及黃胤年博士的鼓勵與鞭策，同時也謝謝全華圖書公司出版此書，最後謝謝何麗敏女士協助完成文稿校繕工作。

李銘淵　謹識

編輯部序

「系統編輯」是我們的編輯方針，我們所提供給您的，絕不只是一本書，而是關於這門學問的所有知識，它們由淺入深，循序漸進。

光纖通信技術日新月異，在過去 10 年其頻寬成長近 200 倍，發展極其迅速，且因其低衰減、寬頻帶、不受電磁干擾、高保密度 及低成本等優越特性；扮演高可靠度及保證服務品質之多元服務傳送媒體，已融入我們的生活，儼然成為資訊時代之通信高速公路。本書就光纖通信的原理、傳輸特性、製造、接續、系統元件、設計、應用及未來全光化網路的發展等，深入淺出逐一說明，文字簡明易懂。內容有：光纖系統簡介、傳輸特性、系統設計、系統應用等。適用於私立大學、科大電子、電機、光電系「光纖通信」課程使用。

同時，為了使您能有系統且循序漸進研習相關方面的叢書，我們以流程圖方式，列出各有關圖書的閱讀順序，以減少您研習此門學問的摸索時間，並能對這門學問有完整的知識。若您在這方面有任何問題，歡迎來函連繫，我們將竭誠為您服務。

相關叢書介紹

書號：03535
書名：光電子學
日譯：陳光鑫、林振華
20K/272 頁/280 元

書號：05305
書名：光纖技術手冊
英譯：黃素真
20K/472 頁/450 元

書號：06058
書名：ZigBee 開發手冊
日譯：孫 棣
20K/240 頁/350 元

書號：0379104
書名：近代光電工程導論(第五版)
編著：林宸生、陳德請
20K/592 頁/550 元

書號：0117001
書名：雷射原理與應用
　　　(第二版)
編著：林三寶
20K/296 頁/300 元

書號：05262
書名：光通訊原理與技術
編著：易善穠、陳瑞鑫、陳鴻仁、
　　　林依恩
20K/392 頁/350 元

書號：0207302
書名：雷射原理與光電檢測(第三版)
編著：陳席卿
20K/224 頁/280 元

◎上列書價若有變動，請
　以最新定價為準。

流程圖

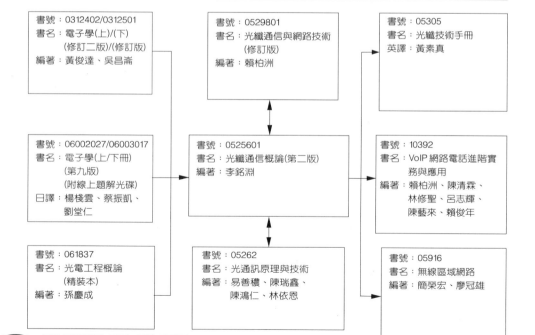

目 錄

Optical Fiber Communication

1

光纖通信系統簡介

1.1　光纖通信系統概述

在這資訊時代，人們以電話、電報傳遞訊息，利用視訊通信傳送圖片、動畫，而其傳輸方式端賴平行線纜、同軸電纜、超短波、微波、衛星，其通信距離可謂無遠弗屆，其通信內含可謂無所不包；如今，卻又有另一種訊息傳輸方式——「光纖通信系統」，它提供更寬頻帶的容量，亦提供更可靠的服務，讓我們共同來探討——光纖通信系統！

近年來，電氣通信急速成長，就如世界任一角落所發生的事件、活動都能透過衛星傳播，而活生生的出現在電視畫面，如過去大家所熱衷的少棒賽，'84 年洛杉磯奧運會，這都是有目共睹的，相信未來的家庭生活將更依賴視訊傳播，視訊傳輸將提供更廣泛的服務，諸如提供醫藥保健及教育資訊、信件及新聞傳真等，這將大幅的節約時間及天然資源，到那時資訊傳輸及影像電話將廣泛使用，為了提供此項服務，其傳輸量如表 1.1 所示將比現有傳輸量大幅增加，依傳輸理論，若要使傳輸系統能承載更大的訊息量，則其載波頻率須相對的提高，如圖 1.1 所示，通信工程師及研究者不斷的開發新的頻段及改良相關通信技術，以尋求更寬的頻帶，如早期通信利用 VHF 進而 UHF、微波；很自然的，光纖通信亦導入通信領域。

光波通信其源有自，可追溯到數千年前，如烽煙、旗語等，此種古老的光通訊方法因缺乏良好的光源及導光媒體，無法滿足通信的需要，直到 1960 年，美國物理學家梅曼(Theodore Harold Maiman)發明了紅寶石雷射，此雷射光源，能產生同調光，即單色光，其頻率約為現有微波信號產生器所能產生信號之數萬倍至數十萬倍，當然其所能承載的訊息量也等量增加，因而使光通訊再燃起希望之火。

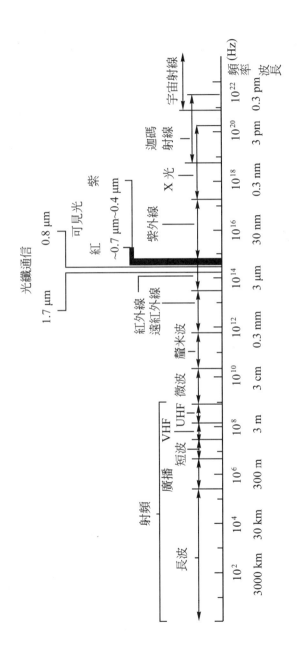

圖 1.1　頻譜

表1.1　各種影像服務所需傳輸量(引自 ADSL 論壇)

應用	下行	上行
廣播電視	6～8 Mbps	64 Kbps
隨選電影	1.5～3 Mbps	64 Kbps
準隨選視訊	1.5～3 Mbps	64 Kbps
遠距教學	1.5～3 Mbps	64 K～384 bps
購物	1.5 Mbps	64 Kbps
資訊服務	1.5 Mbps	64 Kbps
電腦遊戲	1.5 Mbps	64 Kbps
視訊會議	384 Kbps～1.5 Mbps	384 Kbps～1.5 Mbps
影像遊戲	64 Kbps～2.8 Mbps	64 Kbps

　　光波通信有了良好光源之外，須追求良好的導光媒體；就在 1966 年，中國工程師高錕建議使用玻璃纖維導波管做為光通信的導光媒體，並以實驗佐證，只要提高玻璃的純度即可相對的降低光衰減量，使光纖適於長距離傳輸，這發現如同大地驚雷，掀起了光纖研究熱潮，1970 年美國康齡玻璃公司(Corning Glass)研製出每公里僅衰耗二十分貝(20 dB/km)的光纖，加上當時的半導體雷射也能在室溫長時間工作，促使光纖通信系統趨於實用化，此時的光纖通信正方興未艾，其發展極其迅速，至 1987 年初光纖通信系統所承載的訊息速度已達數 Gb/s，距離長達 100 km 且不須線路中繼器，由此可見光纖通信將主導整個通信網路。

　　有了光源和光纖，我們如何將它架構成光纖通信系統呢？圖 1.2 為最簡單的光纖通信系統，首先將發話者發出的信號，即 0.3～0.4 kHz 的類比電氣信號，經調變器行博碼調變(PCM)成數位電氣信號，此信號再對光源作強度調變，即光源的輸出光功率正比於調變信號；產生數位光脈波信號，再經耦合入光纖，傳遞至收信端，由檢光器將光信號轉變成電氣信號，再經解碼器還原成收信者可了解的信號。由此系統可見，信號處理部份如電話、博碼調變等仍屬電氣領域，只有傳輸部份是光通信範疇，因為從美國發明家摩斯開啟了電氣通信之門，迄今已一百五十年歷史，對通訊信號處理已相當成熟，所以目前的光通信系統中的信號處理部份還停留在電氣階段，但假以時日，積體光學日益發達，光信號處理將取代電氣信號處理，屆時所欲傳送的信號，如語音可直接轉換成光信號，經光交換機、光通信系統，在接收端直接將光信號還原成語音，使人們的通信步入新的時代──光的世紀──。

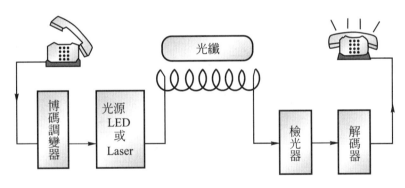

圖 1.2　光纖通信系統簡圖

1.2　光波通信的傳輸方式

　　光波通信有多種傳輸方式，此節將簡要的說明，並將這些方法與光纖比較，圖 1.3 顯示光波通信之傳輸技術的演進。

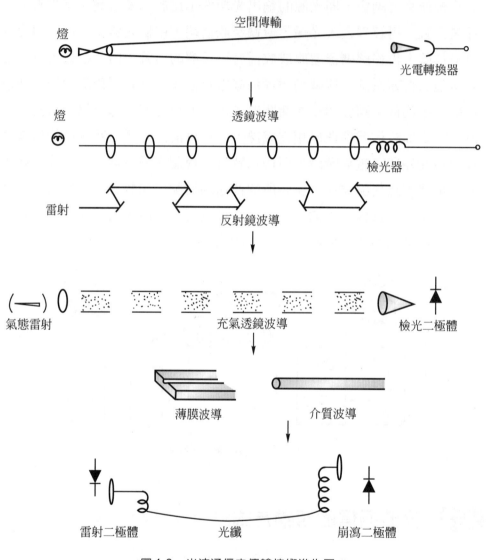

圖 1.3　光波通信之傳輸技術進化圖

1.2.1　雷射光束經大氣層傳播方式

　　紅外線雷射光經大氣層作視距傳送(line-of-sight)的方式，早在數十年前已被應用於軍事通信，如今也被引用於區域性網路(LAN)，作為大樓與大樓間的鏈路，如圖1.4所示。

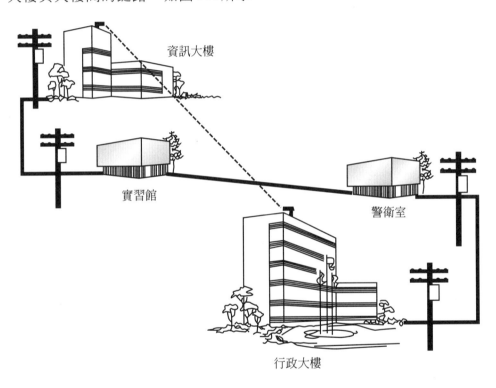

圖 1.4　雷射光束經大氣層傳播方式應用於 LAN

圖 1.5　光束的擴散角度($\Delta\theta$)

　　雷射光束射入自由空間，有很好的指向性、集束性，所以可傳送較遠的距離，不像一般的白熾燈，其發光源的功率很大，但因發散很快，而不適於作光通信用。雷射光束射出的橫切面光強度分佈為高斯分佈，即：

$$I(r) = I(\theta) \exp\left(\frac{-r^2}{\omega_0^2} \right)$$

此處：　　r：離中心軸的距離

　　　　　ω_0：光點大小，如圖 1.5 所示

　　其擴散角 $\Delta\theta$ 為：

$$\Delta\theta = \frac{\lambda}{2\pi\omega_0} = 0.32 \frac{\lambda}{2\omega_0} \text{ rad}$$

　　　　　λ：光束之波長

　　由上式可見，雷射光束之波長愈短或射出光點愈大，其擴張角度愈小。

例　　(a)$\lambda = 0.63$ μm

　　　$\omega_0 = 1$ mm

　　　$\Delta\theta = 0.32 \times \frac{0.63 \times 10^{-6}}{2 \times 10^{-3}} = 10^{-4}$ rad

　　　　 $= 0.006°$

　　　經傳輸一公里後之光點半徑為 10 cm

　　(b)$\lambda = 10.6$ μm

　　　$\omega_0 = 1$ mm

$$\Delta \theta = 0.32 \frac{10.6 \times 10^{-6}}{2 \times 10^{-3}} = 1.7 \times 10^{-3}\ \text{rad}$$

$$= 0.01°$$

經傳輸一公里後的光點半徑為 1.7 m

為了使 ω_0 加大，使 $\Delta \theta$ 變小，可利用套筒式透鏡組，如圖 1.6 所示。

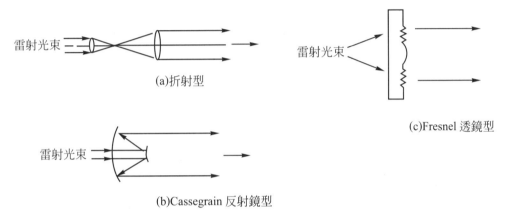

圖 1.6　(a)折射型；(b)Cassegrain 反射鏡型；(c)Fresnel 透鏡型

　　光在大氣層中傳播，吸收損失是波長的函數，所以須選擇損失較小的波長來使用，即所謂窗(window)，圖 1.7 所示為光在自由空間，傳輸損失與波長的關係，另外光在人氣層中傳播若遭受雨或霧的影響，而增大吸收及散射效應，在最壞的情況下，損失約增加 $20\sim30$ dB/km。

　　有時在天氣很好時，也會因空氣中溫度的變化，而造成空氣折射率的變化，使光束的傳播發生不穩定現象(mirage phenomenon)。

　　另外在發送端及接收端所安置的透鏡組，受外力而搖動時也易造成光收信強度的激烈變動。

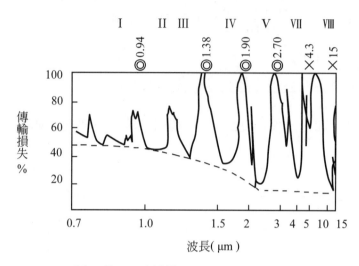

$\times$：表 CO_2 之波長
◎：表 OH 之波長

圖 1.7　大氣層之光損失特性

　　由上所述，可見此種雷射光束傳輸方式，不適合長距離傳輸，但經不斷研發改良，利用發信與收信之間雙向自動追蹤調整雷射光束對焦及採用空間分集方式(space diversity)，有效提高收信靈敏度，大幅提升系統可靠度，以155 Mb/s的系統為例，在氣候晴朗的月份可傳送5公里以上，可靠度達 100%，在大雪紛飛的月份，也能傳送 1 公里左右，可靠度亦可達99.7%，已符合都會區大樓間的區域網路應用需求。

1.2.2　透鏡波導傳輸方式

　　如圖 1.8 所示，利用透鏡將傳送的光束集聚，減少擴散損失，另外也可在管子內壁加鏡子，使光束集中傳輸。

　　若透鏡的焦距為 f，透鏡與透鏡之間隔為$2l$，光束截面的直徑為w(在透鏡面)則：

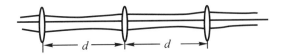

圖 1.8　透鏡波導傳輸方式

$$w = \sqrt{\frac{l\lambda}{\pi}}$$

w 最小時是在 $f = l$ 的條件下，f 為透鏡焦距

例　$2l = 100$ m

$\lambda = 0.63$ μm

$w = \sqrt{\dfrac{50 \times 0.63 \times 10^{-6}}{3.1416}} = 3.2$ (mm)

　　所以為了使透鏡能集聚所有的入射光，以及允許光束的擺動，則透鏡的直徑約數公分，如果透鏡鍍上一層抗反射物質，則傳輸損失可減至 0.5 dB/km。

　　透鏡波導會因地層滑動、地震等因素，使透鏡的位置變動而劣化傳輸特性，另外溫度的變化也會使管子上層及下層遭受不同的影響，也使管內空氣之折射率發生變化，使光束遭受類似三菱鏡的效應，也會劣化光傳輸特性，一般而言，透鏡波導不適於作光傳輸媒體。

1.2.3　光纖傳輸方式

　　光纖可稱為介質波導(dielectric waveguide)，其結構如圖 1.9 所示，中心部份稱為核心(core)，或稱為纖核，直徑約 8～65 μm，單模態光纖核心直徑約 8～10 μm，而多模態光纖之核心直徑為 50 μm 或 65 μm，端視應用領域而定，其折射率表示為 n_1。

CH **1**

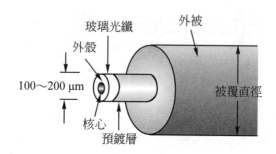

圖 1.9　光纖的結構

　　核心外加一層折射率較低的物質(其折射率爲n_2，$n_2 < n_1$)，稱爲外殼或纖殼(cladding)。直徑約 100～200 μm(CCITT G.651，G.652 建議通訊用光纖外殼直徑爲 125 μm±2.4%)；因$n_2 < n_1$，故光在核心行進時，射到核心與外殼的介面時，只要入射角大於臨界角，則產生全反射，而光就是不斷的全反射，被限制在核心中行進。

　　所謂裸光纖是指核心及外殼部份，直徑約 100～200 μm，而通信用光纖其材質爲石英玻璃，就機械強度而言是很脆弱的，且因表面傷痕或瑕疵，也怕濕氣的侵蝕而破壞，故須善加保護，通常都在裸光纖表面鍍上一層矽樹脂，然後再加一層尼龍二次外套(jacket)。

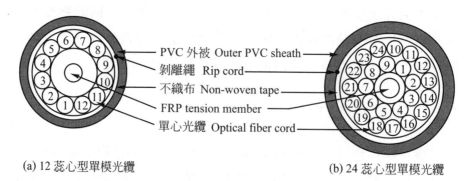

(a) 12 蕊心型單模光纜　　　　　　　　　　　(b) 24 蕊心型單模光纜

圖 1.10　終端及屋內引上用光纜(引自 PEWC)

　　為因應工程上，實用上之要求，將多蕊光纖成纜，如圖 1.10～1.12 所示，須再加上緩衝層、抗張物質、PE 或 PVC 外被等，以適合於各種應用。

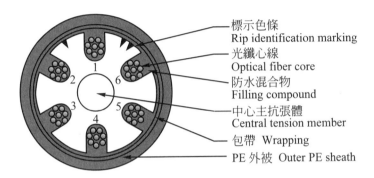

標示色條
Rip identification marking

光纖心線
Optical fiber core

防水混合物
Filling compound

中心主抗張體
Central tension member

包帶 Wrapping

PE 外被 Outer PE sheath

(a) 48 蕊溝槽型充膠光纜

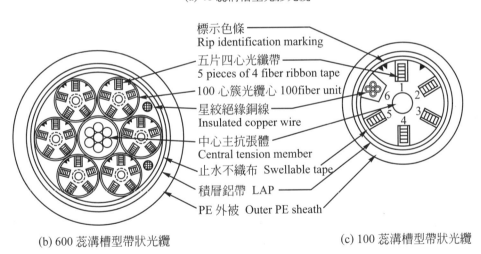

標示色條
Rip identification marking

五片四心光纖帶
5 pieces of 4 fiber ribbon tape

100 心簇光纜心 100fiber unit

星絞絕緣銅線
Insulated copper wire

中心主抗張體
Central tension member

止水不織布 Swellable tape

積層鋁帶 LAP

PE 外被 Outer PE sheath

(b) 600 蕊溝槽型帶狀光纜　　　　　　　　　　　(c) 100 蕊溝槽型帶狀光纜

圖 1.11　管道型光纜(引自 PEWC)

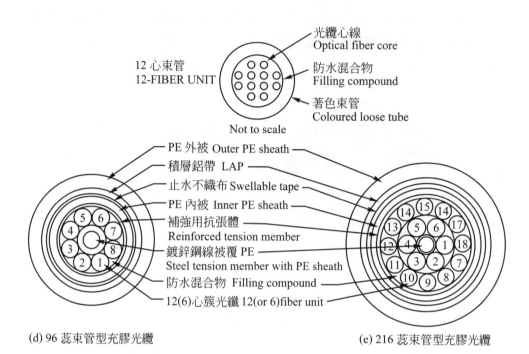

(d) 96 蕊束管型充膠光纜　　　　　　　　　　(e) 216 蕊束管型充膠光纜

圖 1.11　管道型光纜(引自 PEWC)(續)

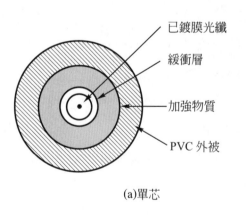

(a)單芯

圖 1.12　屋內或連接用光纜

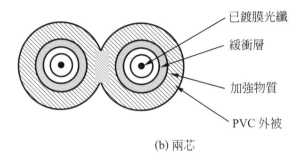

已鍍膜光纖

緩衝層

加強物質

PVC 外被

(b) 兩芯

圖 1.12　屋內或連接用光纜(續)

　　現階段的光纖，其材料多採用經高度純化後石英玻璃，其雜質濃度甚低，故其傳輸損失很小，若工作波長為 1.55 μm 時，傳輸損失可低至 0.2 dB/km，從 1980 年起，研究人員更致力於中紅外線光域(工作波長在 2～10 μm 之間)，其損失可望低至 0.001 dB/km。

　　光纖除了有極低損失的特性之外，另一迷人之處，是它具有極大的頻寬，現階段已達數百 GHz·km，由此可見光纖是極佳的光傳輸媒體。

　　配合光纖通信所需的光源及檢光元件亦有突破性的進展，由 III IV 價複合性材料製成之 DFB(Distributed-feedback)半導體雷射已能迎合長距離傳輸的需要，且其調變速率已達數 Gb/s；至於檢光元件方面，已發展出 PIN 檢光二極體及 APD 瀉光二極體，尤其新一代的 SAGM APD 其增益頻寬乘積高達 60 GHz。

　　由實驗得證，信號速率 1 Gb/s 以上且在無需線路中繼器的情況，傳送距離超過 100 公里的光纖傳輸系統已付諸實現，讀者！光纖通信系統會不會主宰電信網路呢？

1.3　光纖通信系統架構

　　光纖通信挾著高度的優越性及經濟性，已迅速搶灘，深入電信網路系統，其架構可分爲數位方式及類比方式。

1.　數位光纖通信系統架構

　　　光纖通信系統天生就適合傳送數位信號，而且正迎合網際網路及其寬頻加值應用的要求，可謂應運而生；光纖具有極寬的頻帶，它能傳送極高速數位信號，故需數位多工器將低速的 DSO 信號(64 Kb/s，AMI或B8ZS的數位信號)，利用分時多工方式予以多工成高階數位信號，至於多工之格式，容後詳述。

　　　經多工後的高階數位信號，再調變光源，產生光脈波列，此光脈波列耦合入光纖傳送至遠端，光接收信機將接收到的光脈波信號檢出還原成電信號，再經數位解多工器，還原回DSO，此系統之詳細架構及應用將在第六、七章中討論。

　　　數位光纖通信系統簡圖如圖 1.13 所示。

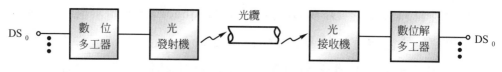

圖 1.13　數位光纖通信系統架構

2.　類比光纖通信系統架構

　　　如圖 1.14 所示爲類比光纖通信系統簡圖，類比信號首先經緩衝級，再經調變器變成適合光纖通信系統傳送的信號形式，然後調變光源，變成光信號耦合入光纖，經光纖傳送至接收端，光接收機將其還原成電信號，再經解調器，變回類比信號。

基於光源及檢光元件的非線性特性，不太適合於類比傳輸，但在一些特殊應用上，仍需以類比傳輸較為經濟，故須利用特殊調變技巧，克服類比傳輸的缺點，其類比調變方式，將在第六章中探討。

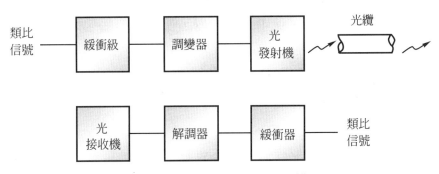

圖1.14　類比光纖通信系統架構

1.4　光纖通信的優點

光纖通信具有極優越的傳輸特性，已引領著現代通信進入更璀璨的領域，猶有進者，日益精進的技術性突破，更使光纖通信凌駕於傳統性傳輸媒體之上，以下略述光纖通信的優點。

1.　光纖具有極大的頻寬

光載波信號的頻率落在$10^{13} \sim 10^{16}$ Hz，其所能提供的頻寬遠大於金屬傳輸媒體(同軸電纜的頻寬可達 500 MHz)，及釐米波通信系統(其頻寬可達 700 MHz)，現階段多模態光纖的頻寬約 1 GHz‧km，單模態光纖頻寬達數百 GHz‧km，相信光纖的頻寬仍在擴展中，讓我們拭目以待吧！

2. 體積小、重量輕

　　光纖的外徑很小，約略大於頭髮外徑，即使加上外被，仍然遠比銅線輕且細，能有效的提高管道使用率，尤其都市的地下管道十分擁擠，且不易擴充，使用光纜的確可以解決此困境。

　　光纖的重量輕，使其佈放較長，可減少接續次數，另外光纖也因其質輕徑細，適用於飛行器、衛星及船艦。

3. 電絕緣特性

　　光纖是由介質作成如石英玻璃、塑膠等材料，故又稱為介質波導，即為良絕緣體，它不像其他金屬線對，沒有大地迴流及介面的困擾。

　　光纖因是良絕緣體，它不會產生火花、電弧，所以適用於容易受雷擊或高電場區。

4. 不受電磁干擾及串音干擾

　　光纖是介質波導自然不受電磁干擾(Electromagnetic Interference：EMI)，不受無線電波干擾(Radiofrequency Interference：RFI)，也不受交換機所產生的瞬斷脈波而致的電磁脈衝干擾，所以光纖不需屏蔽。

　　光纖不受感應雷擊，所以沒有接地問題，光纖間的光耦合小到可以忽略，又沒有電磁感應串音，所以光纖沒有串音困擾。

5. 保密性高

　　光信號不會從光纖中輻射出去，不像電信號在導體中行進會輻射電磁波，所以光纖的保密性高，使它適用於軍事、銀行連線及電腦網路。

6. 低傳輸損失

　　光纖的傳輸損失很低，在工作波長為 $1.55\ \mu m$ 處其損失低至 $0.2\ dB/km$，在工作波長為 $2\sim10\ \mu m$ 處，其損失可望低至 0.001

dB/km，顯然可增長中繼區間，因而減少了系統成本及複雜性，使光纖更適合作長途傳輸。

7. 光纖有極佳的柔軟性及應變性

　　光纖加有保護外被及抗張物質，極適合現場佈放、運送、儲存。

8. 系統可靠度高且易於維護

　　光纖通信系統因挾著損失低的優點，其線路中繼器可大幅減少，甚至不須中繼器，尤其在台灣，人口密度高，局間距離短，根本上不需線路中繼器，因而減輕維護負擔，同時系統障礙機率減少，相對的提高系統可靠度，此外光電元件的壽命一般都在二十年以上，如此可見光纖通信系統的維護成本及平均修護時間均優於傳統電纜通信系統。

9. 低成本

　　光纖的主要原料為砂石精煉而成，其自然資源豐富，只要精煉技巧日益成熟，則其價格當日益低廉，相信光纖的價格將日益降低而優於傳統電纜。

1.5　有待努力的目標

　　因為光纖有以上優點，所以我們應不斷的致力於光纖的特性的改良，特別是下列幾個主題：

(1) 何種折射率分佈最佳？需要考慮哪些因素？

(2) 如何製成最低損失的光纖？需考慮哪些因素？

(3) 如何改善光纖對機械應力的抵抗力？

(4) 如何改善老化對光纖的影響？

⑸　如何增加光纜生產速度？

⑹　如何降低光纜價格？

習題

1.　試述光波通信的傳輸方式有那幾類？

2.　試述光纖傳輸方式？

3.　試述光纖通信的優點？

參考資料

1.　李銘淵譯，光纖通訊系統——原理設計與應用，聯經出版事業公司，第一章基本原理，P1～26。

2.　Allen H. Cherin, An Introduction to Optical Fibers，中央圖書供應社，chapter 1, Introduction to Optical Fibers, P1～11.

3.　C.P. Sandbank, Optical Fiber Communication Systems, John Wiley & sons, chapter 1, The Basic Principles of Optical Fiber Communication, P1～25.

4.　John Gowar, Optical Communication Systems, P1～29.

Optical Fiber Communication

2

光波導的基本原理

2.1　引　言

　　光如何在光纖中傳導呢？光又如何由雷射二極體產生呢？要探尋這些問題，須先說明光在介質內傳導的基本原理，這是一個很簡單，但卻很重要的物理觀念，此單元將以淺顯的圖說來敘述此觀念，盡量避免繁複的數學推導，即使在必要用數學印證時，也只引用簡單的方程式。

2.2　光的特性

　　光是很玄妙的能源，它具有雙重性格，在十七世紀，牛頓首創光為粒子的理論，即光是由光源射出的一種無質量微粒，以 3×10^8 m/s 的速度向四方發射所形成，當光粒子投射入人眼的視網膜則視覺神經立即察覺，便生光的感覺，此學說充份說明光之直線前進及反射現象，至於折射現象則不易說明。

　　西元 1678 年惠更斯(Christian Huygens)則以波動理論證明光之反射及折射定律，1873 年，馬克斯威爾(Maxwell)證明光為電磁波，以波動方程式敘述光在介質中之行為，使波動論說更趨完備，但此派學說對於光電效應卻不易解說。

　　直到西元一九○○年，蒲朗克(Plank)提出光之傳播係輻射不連續的光量子的假說，五年後，愛因斯坦(即提出相對論的大師)以理論加以證實，使光為粒子學說更加肯定。

　　一九三○年，量子力學蓬勃發展，證實了光具有波動和粒子的性質，即解釋光的傳播現象時，以波動理論(即電磁波理論)來說明，若討論光和物質之間的作用，以及光的發射及檢光過程則將光視為光子(photon)，顯然光具有雙重性格。

2.2.1 光之折射與反射

在解釋光之傳播現象時，光是電磁波，嚴格來說，其特性應以馬克斯威爾方程式(Maxwell's Equations)來敘述，再代入其邊界值條件，即可精確計算光波的強度及相位，唯其計算過程較為繁複，有興趣的同學可參閱參考資料，作深一層探討。然而光的波長很短時，若從波動方程式上，將 $\lambda \to 0$，則可簡化成幾何光學的射線方程式(ray equations)，故可將光波視同光線，而以幾何光學的手段來解釋光波行進的現象，如圖 2.1 所示。

圖中介質 1 之折射率為 n_1，入射光在介質 1 中直線行進，當行進至介質 1 與介質 2 之界面，它將原來的光束分開成兩束光線，其一為反射光，仍然反射回介質 1，另一光束為折射光進入介質 2(介質 2 的折射率為 n_2)。

經由實驗可見，反射角(θ_1')等於入射角(θ_1)，而折射角與入射角的關係滿足下列方程式

$$\frac{\sin\theta_1}{\sin\theta_2} = \frac{n_2}{n_1} \tag{2.1}$$

此式稱為斯涅耳折射定律(Snell's Law)，如圖 2.1(a)圖，$n_2 > n_1$，則 $\theta_1 > \theta_2$，即光由疏介質射入密介質，光向法線偏折，但如圖 2.1(b)，$n_2 < n_1$，則 $\theta_1 < \theta_2$，即光由密介質射向疏介質，光向界面偏折。

此外，入射光、反射光、折射光與法線同在一平面上。

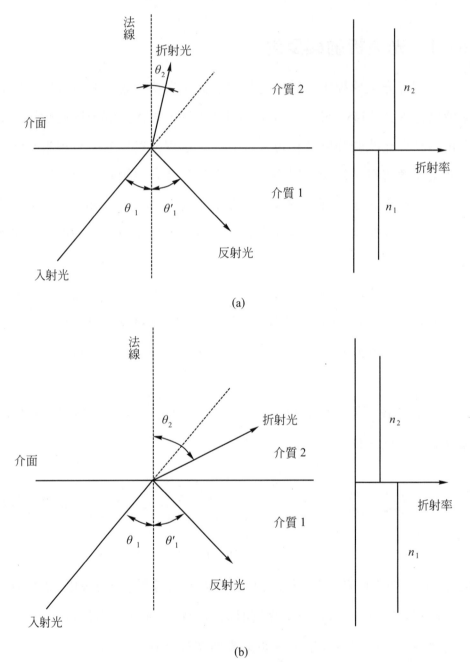

(a)

(b)

圖 2.1　以幾何光學解釋光波

2.2.2　全反射(Total internal reflection)

光由密介質射入疏介質時折射光向界面偏折，如圖2.2所示。介質 1 之折射率n_1大於介質 2 之折射率n_2，即折射角大於入射角，如光線b、c、d等，當入射角漸增，折射角亦比例增加，直至入射角等於θ_c時，折射角為 90°，此時沒有光射入介質 2，θ_c稱為臨界角，如圖中之光線e，其入射角為θ_c，而折射光沿介面行進，但當入射角大於θ_c時，光不能穿透界面，而在界面發生全反射，如f、g光線：於(2.1)式中，當$\theta_2 =$ 90°時，$\theta_1 = \theta_c$，因此

$$\frac{\sin\theta_c}{\sin 90°} = \frac{n_2}{n_1}$$

$$\Rightarrow \sin\theta_c = \frac{n_2}{n_1}$$

$$\Rightarrow \theta_c = \sin^{-1}\frac{n_2}{n_1}$$

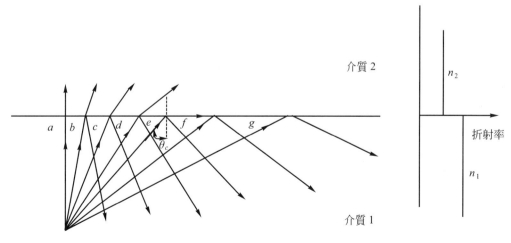

圖2.2　光之全反射

例　玻璃的折射率為 1.50，求玻璃和空氣界面的臨界角？

解　$\sin\theta_c = \dfrac{1.00}{1.50} = 0.667$

$\theta_c = 41.8°$

2.2.3　散　射

　　光在行進過程會受介質分子吸收，然後再往其他方向發射，此現象稱為散射，散射的強度與波長的四次方成反比，亦即波長較短的光較易被散射，在白天，當太陽光穿越地球大氣層時，空氣分子對藍光散射能力較強，故只要您不正視太陽，而仰望天空，一片蔚藍。但在正午時，太陽光行經大氣層的厚度最小，被散射掉的紫色光和藍色光較小，幾乎所有顏色光都會到達眼睛，因此所見的太陽是白色，然而到了黃昏，落日餘暉，映出彩霞滿天，請問讀者，其為何故？

2.2.4　色　散

　　光在真空中行進各波長的速率皆相同，但是光進入某一介質時，其速率卻是波長的函數，即介質的折射率是波長的函數，如圖 2.3(a)所示。此波速隨波長而變的性質稱為色散(dispersion)特性。例如一束白光照到三菱鏡上，因三菱鏡呈現之折射率隨波長而變，故各種顏色光的偏折角度不等，而達到分光的效果，如圖2.3(b)所示。

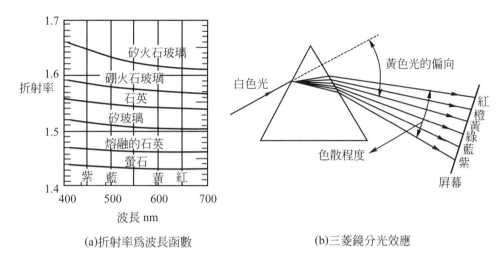

(a)折射率為波長函數　　(b)三菱鏡分光效應

圖2.3　(a)折射率為波長函數；(b)三菱鏡分光效應

2.3 光如何在光纖中傳導

　　此節將以幾何光學的方式討論光如何在光纖中傳導，為了便於說明，先討論兩度空間的棒形波導，如圖 2.4 所示，中間一層的折射率為 n_1，外加二層折射率為 n_2 的材料，構成介質波導，當光在中間介質行進時，是以直線行進，直到界面時，因介質 1 的折射率大於介質 2，若入射角大於臨界角，則產生全反射，又反射面介質 1，繼續行進，一直碰到下層介質 2，此時依然滿足全反射條件，又被反射回介質 1，如此光被限制在介質 1 中，不斷被全反射而曲折行進，若將介質 1 作成圓柱形作為核心，介質 2 覆包著核心，稱為外殼，如圖 2.5 所示，此稱為級射率光纖，顧名思義，其折射率分佈如圖 2.5(a)所示，呈階級狀分佈使光被限制在核心中行進，因其為圓柱型結構比棒型波導更趨於實用化。

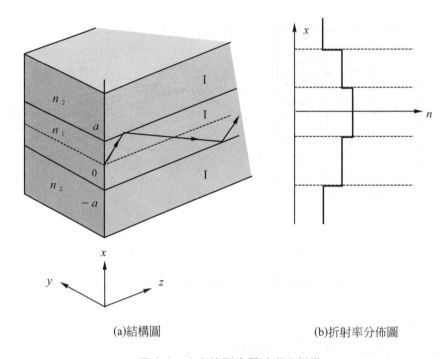

(a)結構圖　　　　　　　　　　　　　(b)折射率分佈圖

圖 2.4　光在棒型介質波導中行進

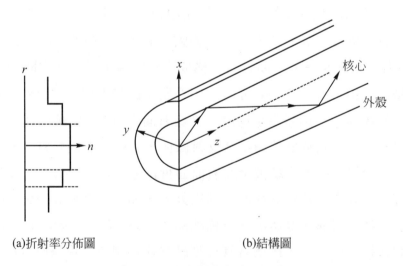

(a)折射率分佈圖　　　　　　　　　　(b)結構圖

圖 2.5　光在級射率光纖中行進

2.3.1　光纖的受光角

　　光耦合入光纖之後，其與核心和外殼的界面之法線夾角須大於臨界角，才能在核心不斷的全反射行進，由此限制我們可推算出光纖的最大受光角錐，如圖 2.6 所示，A 光線耦合入光纖核心，其入射角大於臨界角，故其碰到核心與外殼的界面即全反射，B 光線耦合入光纖後，其入射角等於臨界角亦發生全反射，至於 C 光線耦合入光纖後，因入射角小於臨界角，部份光折射入外殼，不能滿足傳導條件，稱為非傳導模態，由上述說明，我們可推導出最大受光角(定義為光從空氣中射入核心時與核心中心軸之夾角)與折射率差比(Δ)之關係。

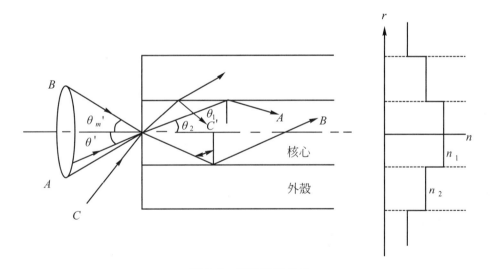

圖 2.6　光纖的受光角

當光從空氣中耦合入光纖核心時，須滿足下式

$$\frac{\sin\theta'}{\sin\theta_2} = \frac{核心折射率}{空氣折射率} = \frac{n_1}{1}$$

當 $\theta_2 = 90° - \theta_c$ 時 $\theta' = \theta_m'$

$$\Rightarrow \frac{\sin\theta_m'}{\sin(90° - \theta_c)} = n_1$$

$$\sin\theta_m' = n_1\sin(90° - \theta_c)$$

$$\sin\theta_m' = n_1\cos\theta_c$$

$$\because \sin\theta_c = \frac{n_2}{n_1}$$

$$\therefore \cos\theta_c = \frac{\sqrt{n_1^2 - n_2^2}}{n_1}$$

$$\Rightarrow \sin\theta_m' = \sqrt{n_1^2 - n_2^2} \tag{2.2}$$

我們將 $\sin\theta_m'$ 定義為光纖的孔徑(Numerical Aperture，NA)，θ_m' 為最大受光角之半，另外核心與外殼折射率相差甚小，習慣上我們定義另一參數表示兩者之關係如下式：

$$\Delta \equiv \frac{n_1^2 - n_2^2}{2n_1^2} \tag{2.3}$$

$$= \frac{(n_1 + n_2)(n_1 - n_2)}{2n_1^2}$$

$$\Delta \approx \frac{n_1 - n_2}{n_1} \tag{2.4}$$

Δ 稱為折射率差比，將 2.3 式代入 2.2 式則

$$\sin\theta_m' = n_1\sqrt{2\Delta}$$

例 一級射率光纖 $\Delta = 1\%$，$n_1 = 1.5$ 求其孔徑(NA)。

解
$$NA = n_1\sqrt{2\Delta}$$
$$= 1.5 \cdot \sqrt{0.02}$$
$$= 0.21$$
$$\theta_m' = \sin^{-1}(0.21)$$
$$= 12°$$

最大受光角 $= 2\theta_m' = 24°$

由上述可見，孔徑愈大，受光角錐愈大，則愈容易將光耦合入光纖。

2.3.2 何謂模態

以一特定角度耦合入光纖，即以一特定的電場極化方向在光纖中行進，此一角度的光束稱為一個模態光，模態又可分為傳導模態光及非傳導模態，非傳導模態光雖可耦合入光纖，但因不滿足傳導條件，只能在光纖中行進很短的距離即衰弱掉，如圖 2.6 之 C 光線。至於傳導模態光，它除了在射入光纖核心時須落在受光角錐之內，且須滿足介質波導的傳導條件，此節將以幾何光學的方式討論。且先以棒型波導為例，如圖 2.7 所示。

當光耦合入介質 1，其與 z 軸夾角為 θ，即以特定 θ 角之模態光束為討論對象，我們試以此模態光束中的二光線 M、N 間之關係出發。

光波既為電磁波，它是平面波，即同波前的點必同相位，圖中光線 M 及光線 N 相互平行即同一模態，光線 M 行進至 C 點時，剛碰到界面但未全反射，此點與光線 N 之 A 點同波前，亦即同相位，光線 M 經過 C 點後立刻全反射，繼續行進至界面，再被全反射，我們定義剛全反射後的點為 D 點，D 點與光線 N 的 B 點同波前，由圖可見，光線 M 由 C 點到 D 點經兩次全反射及$\overline{CD}$長，而光線N只行進了$\overline{AB}$長，顯然光程不等，相位移不等，但若二者相位差等於2π的整數倍，則D點與B點仍然同波前，同相位，則此模態光能不斷的全反射行進，若其相位差不等於2π的整數倍，則此模態光每反射一次就會衰弱，而無法作長距離傳送，此種模態為非傳導模態。

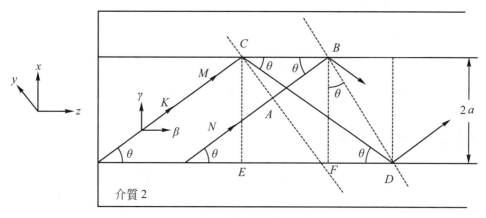

圖2.7　棒型波導

光線N從A點行進至B點之相位移θ_N為：

$$\theta_N = K_0 \cdot n_1 \cdot \overline{AB}$$

式中K_0為光在真空中行進的波數(wave number)，$K_0 = \dfrac{\omega}{C} = \dfrac{2\pi}{\lambda}$，即代表行進單位距離相位移；$n_1$：介質1折射率

$$\frac{\overline{AB}}{\overline{CB}} = \cos\theta$$

$$\therefore \overline{AB} = \overline{CB}\cos\theta$$

$$\overline{CB} = \overline{ED} - \overline{FD}$$

$$\frac{2a}{\overline{ED}} = \tan\theta$$

$$\overline{ED} = \frac{2a}{\tan\theta}$$

$$\frac{\overline{FD}}{2a} = \tan\theta$$

$$\overline{FD} = 2a\tan\theta$$

$$\overline{AB} = \left(\frac{2a}{\tan\theta} - 2a\tan\theta\right)\cos\theta$$

$$= \frac{2a(\cos^2\theta - \sin^2\theta)}{\sin\theta}$$

$$\Rightarrow \theta_N = \frac{K_0 \cdot n_1 \cdot 2a(\cos^2\theta - \sin^2\theta)}{\sin\theta}$$

光線 M 從 C 點移至 D 的相位移 θ_M：

$$\theta_M = K_0 \cdot n_1 \cdot \overline{CD} - 2\Phi$$

$$\frac{2a}{\overline{CD}} = \sin\theta$$

$$\overline{CD} = \frac{2a}{\sin\theta}$$

$$\theta_M = K_0 \cdot n_1 \cdot \frac{2a}{\sin\theta} - 2\Phi$$

Φ 為光線 M 行進至 C 點及 D 點，每一次全反射的相位移。

當光線 M 及光線 N 行進至 B 點及 D 點時，兩者的相位移為 θ_d

$$\theta_d = \theta_M - \theta_N$$

$$= K_0 \cdot n_1 \cdot \frac{2a}{\sin\theta} - 2\Phi - \frac{K_0 \cdot n_1 \cdot 2a(\cos^2\theta - \sin^2\theta)}{\sin\theta}$$

$$= 2a \cdot K_0 \cdot n_1 \cdot 2\sin - 2\Phi$$

　　若 θ_d 等於 $2N\pi$ 則此模態光為傳導模態光

$$\theta_d = 2a \cdot K_0 \cdot n_1 \cdot 2\sin\theta_N - 2\Phi = 2N\pi \qquad (2.5)$$

　　N：整數

　　$N = 0,1,2,3,4,\cdots$

上式稱為特徵值方程式，即每給一個 N 值即可求得一個傳導模態，其以 θ_N 的角度與中心軸相交，而在介質 1 中傳導。

　　一般而言，θ 值很小，故 $\Phi \approx \pi$ 則：

$$4a \cdot K_0 \cdot n_1 \cdot \sin\theta_N - 2\pi = 2N\pi$$

$$\Rightarrow 2a \cdot K_0 \cdot n_1 \cdot \sin\theta_N = (N+1)\pi$$

$$N = 0,1,2,3,\cdots$$

$$\Rightarrow 2a \cdot K_0 \cdot n_1 \cdot \sin\theta_N = N\pi$$

$$N = 0,1,2,3,\cdots$$

$$\sin\theta_N = \frac{N\pi}{2a \cdot K_0 \cdot n_1}$$

$$\because \theta_N \text{很小，} \sin\theta_N \approx \theta_N$$

$$\theta_N = \frac{N\pi}{2a \cdot K_0 \cdot n_1} , \quad N = 1,2,3,\cdots \qquad (2.6)$$

　　由 (2.6) 式可見 N 值愈大，θ_N 愈大，一直到 θ_N 極趨近於 $(90° - \theta_c)$ 時的 N 值稱為最大模態數 N_m

$$N_m = \frac{2a \cdot K_0 \cdot n_1 \cdot \sin(90° - \theta_c)}{\pi}$$

$$N_m = \frac{2a \cdot K_0 \cdot n_1 \cdot \dfrac{\sqrt{n_1^2 - n_2^2}}{n_1}}{\pi}$$

$$= \frac{a \cdot K_0 \cdot \sqrt{n_1^2 - n_2^2}}{\dfrac{\pi}{2}}$$

$$= \frac{V}{\dfrac{\pi}{2}} \tag{2.7}$$

V定義爲正規化頻率(normalized frequency)

$$V = K_0 \cdot a \cdot \sqrt{n_1^2 - n_2^2}$$

$$= \frac{2\pi \cdot a}{\lambda} \cdot \text{NA} = \pi\left(\frac{2a}{\lambda}\right) \cdot n_1 \cdot \sqrt{2\Delta} \tag{2.8}$$

由(2.7)式可見V值愈大模態數愈大,而V與孔徑及介質 1 寬度成正比,故V又稱爲正規化波導寬度(normalized waveguide width)。另外V與λ成反比。故同樣的介質波導在不同的工作波長下,其最大模態數不等。

2.3.3 光纖的模態數

上節所述是以棒型介質波導來討論,而光纖的討論亦同,$2a$爲核心直徑,其幾何結構改以圓柱型,因其推導非常繁瑣,僅將其結果敘述如下:

2.3.3.1 多模態級射率光纖模態數

多模態級射率光纖其結構及折射率分佈如圖 2.8 所示,核心直徑參考 CCITT G.651 建議案爲 50 μm±6%,外殼直徑爲 125 μm±2.4%,其模態數N_m:

$$N_m \cong \frac{V^2}{2} \tag{2.9}$$

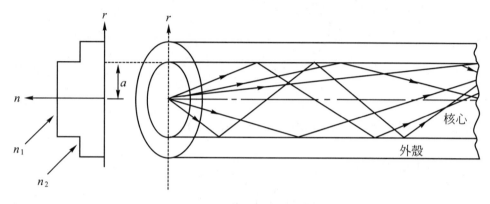

圖 2.8　多模態級射率光纖

例　一多模態級射率光纖，其核心直徑為 50 μm，Δ = 1.5%，工作波
長為 0.85 μm，核心折射率為 1.48，請算出 V 及傳導模態數？

解
$$V = \frac{2\pi}{\lambda} \cdot a \cdot n_1 \sqrt{2\Delta}$$

$$= \frac{6.28}{0.85 \times 10^{-6}} \cdot 25 \times 10^{-6} \cdot 1.48 \cdot \sqrt{2 \times 0.015}$$

$$= 47$$

$$N_m \cong \frac{V^2}{2} = \frac{47}{2} = 1105$$

2.3.3.2　級射率光纖模態分析

比較嚴密的討論光纖模態應從解波動方程式出發：

$$\nabla^2 \vec{E} = \mu \epsilon \frac{\partial^2 \vec{E}}{\partial t^2} \tag{2.10}$$

$$\nabla^2 \vec{H} = \mu\epsilon \frac{\partial^2 \vec{H}}{\partial t^2} \qquad (2.11)$$

∇^2：爲 Laplacian 運算子

因光纖爲圓柱體，故解此式以圓柱座標系，並代入邊界值條件，其解爲貝塞爾函數如圖2.9所示，其中有TE$_{lm}$波(即$E_z = 0$)，TM$_{lm}$波(即$H_z = 0$)，這兩類光波均穿越中心軸稱爲子午光束(meridional ray)，另外還有不對稱光束(skew ray)，含HE$_{lm}$及EH$_{lm}$，其H_z及E_z可同時存在，如圖2.10所示。

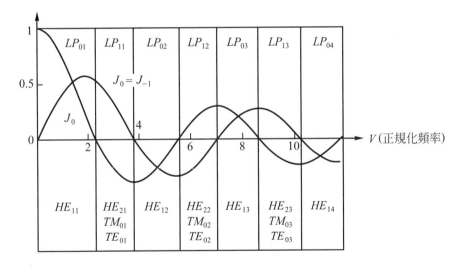

圖2.9   光纖的模態分析

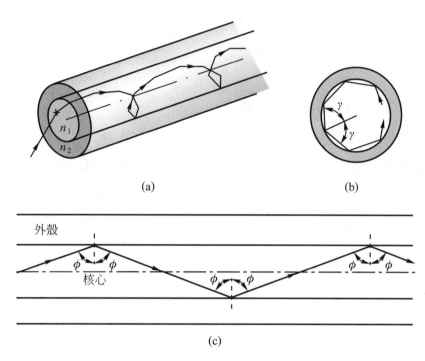

圖2.10 (a)不對稱光束；(b)不對稱光束之橫切面示意圖；(c)子午光束

在光纖中，模態之表示以線性極化模態表之即LP_{lm}，其與TE_{lm}、TM_{lm}、HE_{lm}、EH_{lm}波之關係如圖2.9所示，LP_{lm}之註角l相對於$HE_{l+1,m}$、$EH_{l-1,m}$之$l+1$及$l-1$，另外各模態的電場分佈圖如圖2.11所示。

2.3.3.3 單模態級射率光纖

在多模態級射率光纖中有數千個模態在核心中行進，因其行經光程不等，故其到達終點的延遲時間不等，而造成光脈波分散，此稱為模態間分散，即接收的光脈波寬度大於發送的光脈波寬度，因而限制了光脈波列的週期，直接限制了光纖的傳輸頻寬，為了改善此一弊端，最根本的方法是只容許單一模態光在核心中行進，如圖2.12所示，即可根絕上述之弊端。

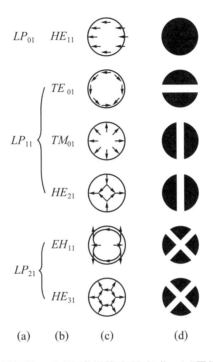

圖 2.11　(a)線性極化模態數；(b)實際模態表示方式；(c)電場分佈；(d)電場強度

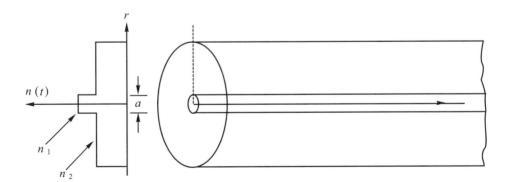

圖 2.12　單模態級射率光纖

如何限制光纖核心只接受單一模態呢？請看圖 2.9，LP_{01}為基本模態，它是平行於中心軸的模態，是由HE_{11}構成，我們讓它順利通行，LP_{11}以上模態須加以限制，依圖所示，模態數是正規化頻率的函數，LP_{11}的截止點在$V= 2.405$，

$$0 \leq V < 2.405 \tag{2.12}$$

則此光纖只容許LP_{01}模態存在，稱為單模態光纖，因它沒有模態間色散，故其傳輸頻寬很大，適於大容量，長距離傳輸，將是長途中繼及局間中繼的主流。

我們如何將V限制在$0 \leq V < 2.405$的範圍呢？讀者還未忘記

$$V = \pi \left(\frac{2a}{\lambda} \right) \cdot n_1 \sqrt{2\Delta}$$

在多模態光纖中，$2a$約 50 μm，在單模態光纖中約$2a$約 8～10 μm，又在多模態光纖中Δ約 1%，而在單模態光纖中Δ僅 0.1%，如何可將V降至低於 2.405。

單模態光纖製成後，其$2a$、Δ、n_1已為定值，而由上式可見，使用波長仍會影響V值，亦即當使用波長小於截止波長(λ_c)時，V值會大於 2.405，此時在光纖核心，會有第二階以上模態光出現，而產生模態分散，換句話說，當單模態光纖傳送的光波長若小於截止波長時，會有多模態行為。

$$V = 2.405 = \frac{2\pi a}{\lambda_c} \cdot n_1 \sqrt{2\Delta}$$

$$\lambda_c = \frac{2\pi a}{2.405} \cdot n_1 \sqrt{2\Delta}$$

　　所以在單模態光纖中，工作波長須大於截止波長，方能滿足單模態光傳導條件。

　　單模態光纖的接續損失取決於：

(1)　光點大小(spot size or mode field diameter)。

(2)　核心與外殼不同心差比。

(3)　外殼直徑變化量。

(4)　核心之不圓率。

　　所以單模態光纖的規格須再列入上述四項，其中光點大小是指光纖末端，光強度分佈為高斯分佈，其最大值為I_m，在光強度低至I_m/e^2時之直徑，稱為模場直徑(mode field diameter)，其半徑稱為光點大小(spot size)。

2.3.3.4　斜射率多模態光纖

　　單模態光纖挾著寬頻帶的優勢，主導光纖傳輸網路，因市場需求大，其價格也迅速下降，再加上其接續困難已被克服，益使它獨霸中繼網路，然而在區域性網路，用戶迴路仍須較易接續及耦合的光纖，即使用核心較大的多模態光纖，但多模態級射率光纖的傳輸頻寬又較小；為改善此一缺點，有另一類光纖稱之為斜射率光纖(graded index optical fiber)，其核心折射率分佈呈拋物線狀，如圖2.13所示，中心的折射率最大，然後往外遞減，這有什麼好處呢？請看圖2.14，我們僅將核心分成六層，中心的折射率為n_1，然後依次為n_2、n_3、n_4、n_5、n_6，當然$n_1 > n_2 > n_3 > n_4 > n_5 > n_6$，假設光由核心中心射入，到$a$點處，因入射角小於臨界角，$n_1 > n_2$，光向界面偏折，但折射入第二層，行經$b$點時，狀況一樣，但折射角已漸大，直到$d$點，其入射角已大於臨界角，產生全反射，回第四層行進，到e點時因$n_4 < n_3$，光折射入第三層，但光向法線偏折；

f點、g點情況相同折射角漸減，到h點後其情況又與a點同，如此不斷往前行進，同理光之入射角愈大，則全反射的點在內層，入射角愈小，全反射的點在外層，此種設計的優點是不管高低階模態，每隔一段距離就會聚合一次，如圖2.13所示，這樣可等化各模態的延遲時間，改善模態間分散，有效提高光纖的傳輸頻寬。

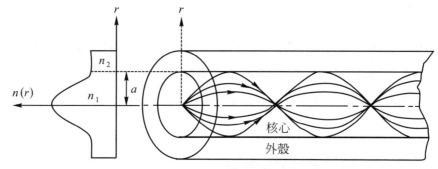

圖2.13　多模態斜射率光纖

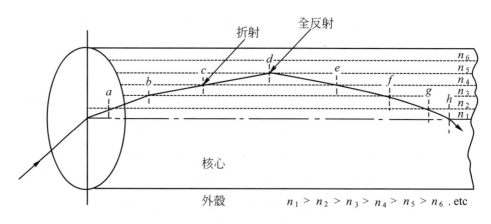

圖2.14　斜射率光纖的導光行為

斜射率光纖的模態數取決於核心折射率分佈，一般核心折射率，可如下式表之：

$$n(r) = \begin{cases} n_1 \left[1 - 2\Delta \left(\dfrac{r}{a} \right)^{\alpha} \right]^{1/2} & r < a \quad \text{核心} \\ n_1 (1 - 2\Delta)^{1/2} & r \geq a \quad \text{外殼} \end{cases}$$

式中α值影響核心折射率分佈，不同的α值其折射率分佈如圖2.15所示，級射率分佈時$\alpha = \infty$，呈三角形分佈$\alpha = 1$，呈拋物線分佈時$\alpha = 2$。模態數也因α的不同而異，如下式所示：

$$N_m \cong \frac{\alpha}{\alpha + 2} \cdot \frac{V^2}{2}$$

在核心折射率分佈呈拋物線狀時

$$N_m \simeq \frac{V^2}{4}$$

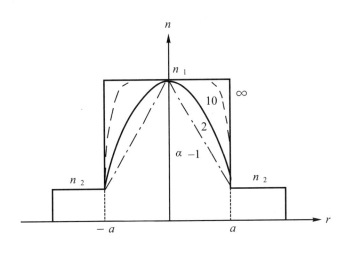

圖2.15　核心折射率分佈

例　一斜射率光纖其核心折射率分佈為拋物線狀，核心直徑 50 μm，其孔徑為 0.2，當工作波長為 1.0 μm 時，求其最大模態數？

解

$$V = \frac{2\pi a}{\lambda} \sqrt{n_1^2 - n_2^2}$$

$$= \frac{2\pi \cdot 25 \times 10^{-6}}{1 \times 10^{-6}} \cdot 0.2$$

$$= 31.4$$

$$N_m \cong \frac{V^2}{4}$$

$$= \frac{31.4^2}{4} = 247$$

其最大模態數為 247。

2.3.3.5 相速與群速

光波是平面波，即同波前(wavefront)的點同相位，若一單色光波沿 z 軸行進，其波前沿 z 的行進速度稱為相速(phase velocity)，表為 v_p：

$$v_p = \frac{\omega}{\beta}$$

式中 ω 稱為角速率($\omega = 2\pi f$)，β 為光沿 z 軸行進單位距離的相位移即

$$\beta = n_1 \frac{2\pi}{\lambda} = \frac{n_1 \omega}{C}$$

事實上，不可能產生單色光之光波，光脈波總是由不同波長的光波組成，如圖 2.16 所示，而各波長的 β 又不一樣，自然我們定義光波的速度是以合成波的行進速度為主，即稱為群速(group velocity)表為 v_g

$$v_g \equiv \frac{d\omega}{d\beta}$$

$$= \frac{d\lambda}{d\beta} \cdot \frac{d\omega}{d\lambda}$$

$$\omega = 2\pi f = \frac{2\pi C}{\lambda}$$

$$\frac{d\omega}{d\lambda} = \frac{-2\pi C}{\lambda^2} = \frac{-\omega}{\lambda}$$

$$\frac{d\lambda}{d\beta} = \frac{1}{\dfrac{d\beta}{d\lambda}}$$

$$\beta = n_1 \frac{2\pi}{\lambda}$$

$$\frac{1}{\dfrac{d\beta}{d\lambda}} = \frac{1}{\dfrac{2\pi}{\lambda} \cdot \dfrac{dn_1}{d\lambda} - \dfrac{2\pi n_1}{\lambda^2}}$$

$$= \frac{1}{2\pi} \left(\frac{1}{\lambda} \cdot \frac{dn_1}{d\lambda} - \frac{n_1}{\lambda^2} \right)^{-1}$$

$$v_g = \frac{d\lambda}{d\beta} \cdot \frac{d\omega}{d\lambda}$$

$$= \frac{-\omega}{2\pi\lambda} \left(\frac{1}{\lambda} \cdot \frac{dn_1}{d\lambda} - \frac{n_1}{\lambda^2} \right)^{-1}$$

$$= \frac{C}{\left(n_1 - \lambda \dfrac{dn_1}{d\lambda} \right)}$$

$$= \frac{C}{N_1}$$

$$N_1 = n_1 - \lambda \frac{dn_1}{d\lambda}$$

由上述分析群速可解釋爲波封行進速度。

表 2.1　光纖之分類

光纖結構	折射率分佈	材料	傳輸損失 dB/km			
			0.85 μm	1.05 μm	1.3 μm	1.5 μm
單模態光纖	2a=few μm	核心：silica glass 外殼：silica glass	2	1	0.5	0.2
多模態光纖級射率	2a=few tens μm	核心：silica glass 外殼：silica glass	2	1	0.5	0.2
		核心：silica glass 外殼：plastic	2.5	1.5		
		核心：multicomponent glass 外殼：multicomponent glass	3.4	6	High	High
斜射率	30 μm < 2a < 50 μm	矽玻璃	2	1	0.5	0.2
		多成份玻璃	3.5	10	High	High

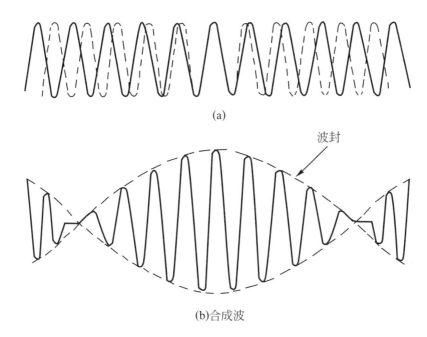

(a)

(b)合成波

圖 2.16　群速分析圖

2.4　光纖的分類

1. 光纖若依照傳導模態分類可分為：
   (1) 單模態光纖。
   (2) 多模態光纖。

2. 若依照核心折射率分類可分為：
   (1) 級射率光纖。
   (2) 斜射率光纖。

3. 若依製造材料分類可分為：
   (1) 核心為矽玻璃外殼為矽玻璃。

⑵　核心爲矽玻璃外殼爲多成份玻璃。

⑶　核心爲多成份玻璃，外殼亦爲多成份玻璃。

⑷　核心爲塑膠，外殼爲塑膠。

表2.1爲各類光纖的比較表。

習題

1. 試說明光如何在級射率光纖中傳導？
2. 試說明何謂模態？
3. 試說明斜射率光纖的導光行爲？
4. 何謂孔徑？正規化頻率？
5. 多模態級射率光纖的核心折射率爲1.47，外殼折射率爲1.45，核心直徑50 μm，工作波長1.3 μm，請算出其θ_c、Δ、孔徑、正規化頻率、最大受光角、最大模態數。
6. 試說明v_p、v_g之意義。

參考資料

1. Allen H. Cherin, An Introduction to Optical Fibers，中央圖書供應社，chapter 2～6，P13～P145.
2. C.P. Sandbank, Optical Fiber Communication Systems, John Wiley & sons, chapter 2, Propagation in Optical Fiber Waveguides, P25～P42.

Optical Fiber Communication

3

光纖的傳輸特性

3.1 引　言

　　第二章已敘述了光在光纖中的導光行為，而在網路應用上，我們須深一層探討其傳輸特性，即其損失(attenuation)及頻寬(bandwidth)。

　　自從高錕博士提出突破性論文，指出光纖的損失可低至 20 dB/km 之後，光纖變成眾所鍾愛的傳輸媒體，經過研究改良，使矽族光纖的損失已低至 0.2 dB/km(其工作波長為 1.55 μm)，另外從 1980 年起，研究人員又開拓了中紅外線光域光纖，其損失可低至每一千公里才損失 1 dB，即 0.001 dB/km(其工作波長約在 2～10 μm)，顯然光纖的損失遠低於其他傳輸媒體。此節首先詳細探討影響損失的因素，另外光脈波在光纖中行進，會隨傳遞距離的增長，脈波寬度也逐漸變寬，而限制了傳輸頻寬，故脈波分散的原因及改善之道將詳述於後。

3.2 光纖的傳輸損失

　　在電信網路中，中繼距離取決於傳輸媒體的損失，而光纖之所以優於銅導體，就是光纖的損失遠低於銅導體，光纖損失的表示單位仍以分貝，其定義如下式：

$$\alpha \equiv \frac{1}{L} \cdot 10 \cdot \log_{10} \frac{P_i}{P_o} \ (\text{dB/km})$$

P_i：耦合入光纖的光功率

P_o：由光纖輸出的光功率

L：光纖長度(km)

α：單位長光纖損失

例 當平均光功率爲 120 μW 的光信號耦合入光纖，光纖長 8 km，其輸出平均光功率爲 3 μW，請算出：

(a) 8 km 長光纖的總損失。

(b) 此段光纖的單位長損失。

(c) 若我們用同類光纖，每段長 1 km，接成 10 km 長，每接續一次損失 0.2 dB，請算出總損失多少，又輸入平均光功率爲 1 mW 時，其輸出平均光功率多少？

解 (a) 8 km 長光纖的總損失 $= 10\log_{10}\dfrac{P_i}{P_o}$

$$= 10\log_{10}\frac{120\times10^{-6}}{3\times10^{-6}}$$

$$= 10\log40$$

$$= 16 \text{ (dB)}$$

(b) 單位長光纖損失 $\alpha_{\text{dB}} = \dfrac{16}{8}$

$$= 2 \text{ (dB/km)}$$

(c) 10 km 長光纖的傳輸損失 $= 10\times2 = 20$ (dB)

接續次數須 9 次，故接續損失 $= 0.2\times9 = 1.8$ (dB)

10 km 長光纖的總損失 $= 20 + 1.8 = 21.8$ (dB)

$P_i = 1$ mW 時

$$21.8 = 10\log\frac{1\times10^{-3}}{P_o}$$

$$P_o = 1\times10^{-3}/\log^{-1}\frac{21.8}{10}$$

$$= 6.607 \text{ (μW)}$$

輸出平均光功率爲 6.607 μW

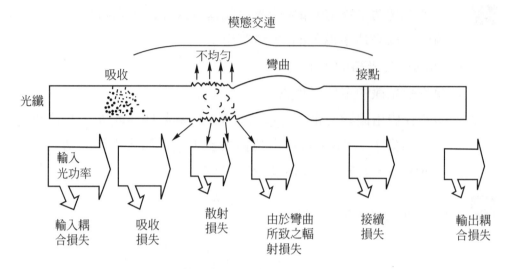

圖 3.1　光纖之損失來由

　　光在光纖中傳遞會因散射、輻射、波吸收、耦合、連接、彎曲等因素，而使其波幅漸減，圖 3.1 將簡單的說明光纖傳輸損失之起因，其中可歸納成兩大類即內在損失及外在損失。

3.2.1　內在因素所引起的損失

　　由於光纖本身的瑕疵所引起的損失主要含材料吸收、材料散射、波導散射、洩漏模態四項。

1.　材料吸收損失(material absorption losses)

　　　　材料吸收損失又分成本質吸收及介入雜質的吸收；本質吸收在紫外線光域是因光激發電子轉態而吸收光能量，在紅外線光域則因材料分子振動而吸收光能量，這二者吸收損失與波長的關係如圖 3.3 所示。顯然損失的谷點落在 1.55 μm 光域。

　　1980 年後，研究人員刻意的在石英玻璃中加入氟化物等減少分子振動，則圖中之紅外線光域損失曲線向右移，則可想見其損失谷點可跌至 0.001 dB/km，其工作波長在 2～10 μm，這麼寬廣的光域，使光纖的容量倍增。

　　介入雜質的吸收，起因於材料不純所造成的，如含 Fe、Cu 等過渡金屬離子及水分子等雜質，過渡金屬離子所發生吸收的波長及吸收損失大小如表 3.1 所示；水分子介入光纖中，會振動而吸收光能量，其吸收損失與波長的關係如圖 3.3 所示，由圖可見，減少水分子的介入是十分重要的課題，一般而言，若能將水分子含量減至 10^{-7}，則水分子吸收損失對 1.3 μm 及 1.5 μm 光域的影響將可忽略。在此情況下，單模光纖的損失曲線如圖 3.3 所示，損失最小點在 1.55 μm，損失值為 0.2 dB/km。

表 3.1　過渡金屬離子吸收損失(雜質濃度10^{-9})

過渡金屬離子	吸收波長 (mm)	吸收損失 (dB/km)
Cr^{3+}	625	1.6
C^{2+}	685	0.1
Cu^{2+}	850	1.1
Fe^{2+}	1100	0.68
Fe^{3+}	400	0.15
Ni^{2+}	650	0.1
Mn^{3+}	460	0.2
V^{4+}	725	2.7

2. 線性散射損失

　　線性散射是光功率由一行進模態線性移轉至另一模態，若光被轉移至一非傳導模態，則造成損失，此行為與頻率無關，故稱為線性散射損失。

　　線性散射起因於光纖製造過程不均勻而導致光纖之幾何特性不夠理想，主要分成雷萊散射(Rayleigh scattering)及麥氏散射(Mie scattering)，分別說明如下：

(1) 雷萊散射：光纖製造時，須歷經加熱、冷卻的過程，但在冷卻、結晶過程中，分子的排列不均勻，造成折射率分佈的微小變動，這種現象是無可避免的，而這些不均勻的組織會造成光的散射，其損失與光波長的四次方成反比，如下式所示：

$$r_R = \frac{8\pi^3}{3\lambda^4}\eta^8 P^2 \beta_c K T_F$$

r_R：雷萊散射係數

λ：光波長

η：核心折射率

β_c：等溫壓力係數(在溫度為T_F)

T_F：製造溫度

K：波茲曼常數

P：平均光子彈性係數

雷萊散射損失為L_{RS}：

$$L_{RS} = e^{-r_R \cdot l}$$

l：光纖長度

例 一條矽族光纖，一公里長，製程溫度為 $1400°K$，等溫壓力係數為 $7×10^{-11}$ m²N⁻¹，折射率為 1.46，平均光子彈性係數為 0.286，$K = 1.381×10^{-23}$ JK⁻¹，請算出當波長為 1.3 μm 時之雷萊散射係數及雷萊散射損失？

解

$$r_R = \frac{8\pi^3 \eta^3 P^2 \beta_c K T_F}{3\lambda^4}$$

$$= \frac{248.15×20.65×0.082×7×10^{-11}×1.381×10^{-2}×1400}{3×(1.3×10^{-6})^4}$$

$$= 0.0664×10^{-4}$$

$$散射損失 = 10\log_{10}\frac{1}{e^{-r_R·l}}$$

$$= 10\log_{10}\frac{1}{e^{-0.0664×10^{-4}}}$$

$$= 0.3 \ (dB/km)$$

(2) 麥氏散射損失：光纖為圓柱型介質波導，若其結構不均勻，如核心與外殼的介面不規則，核心與外殼的折射率差的變動、核心直徑的變動、受應力、核心內之氣泡等，則會造成麥氏散射，尤其變動元的大小若大於λ/10，其所造成的散射較大，且為入射角的函數，若要減少麥氏散射損失必須在設計、製作過程注意下列幾點：

① 在預型體製作過程，嚴密控制消除不均勻現象。

② 在抽絲及加被覆過程嚴密控制光纖外徑及避免傷害。

③ 增加折射率差比。

3. 非線性散射損失

除了線性散射之外，另外也會產生非線性散射，即光從一個模態轉移到另一個模態，會因波長的不同而異，同時此現象也是光功率的函數，造成非線性散射主要有 Stimulated Brillouin Scattering 及 Stimulated Raman Scattering。

Stimulated Brillouin Scattering 起因於入射光受到熱分子振動的調變，而產生散射光子，其頻率亦產生偏移，此類散射主要發生在光功率大於臨限功率P_B。

$$P_B = 4.4 \times 10^{-3} d^2 \lambda^2 \alpha_{\mathrm{dB}} v \text{ (瓦)}$$

　d：光纖核心直徑 (μm)

　λ：工作波長 (μm)

　α_{dB}：光纖損失 (dB/km)

　v：光源頻寬 (GHz)

且此類散射多發生向後散射，另外一類非線性散射(Stimulated Raman Scattering)與 Stimulated Brillouin Scattering 類似，但它是向前散射，且其臨限光功率(P_R)比P_B大很多。

$$P_R = 5.9 \times 10^{-2} d^2 \lambda d_{\mathrm{dB}} \text{ (瓦)}$$

例 一單模態光纖在波長為 1.3 μm 處損失 0.5 dB/km，光纖核心直徑為 6 μm，雷射光源頻寬 600 MHz，請算出P_B及P_R。

解
$$P_B = 4.4 \times 10^{-3} d^2 \lambda^2 \alpha_{\mathrm{dB}} v$$
$$= 4.4 \times 10^{-3} \times 6^2 \times 1.3^2 \times 0.5 \times 0.6$$
$$= 80.3 \text{ mW}$$

$$P_R = 5.9 \times 10^{-2} \times d^2 \lambda \alpha_{dB}$$
$$= 5.9 \times 10^{-2} \times 6^2 \times 1.3 \times 0.5$$
$$= 13.8 \text{ W}$$

由上例顯見，P_R遠大於P_B約 17 倍，且P_B爲 80.3 mW、P_R爲 1.38 W，若我們愼選適當光功率使之小於P_B及P_R，則可避免非線性散射，一般光功率均小於 10 mW。

4. 洩漏模態(leaky modes)

除了散射使傳導模態轉移成非傳導模態而造成損失外，另外仍有某些模態光因某些不明原因折射入外殼，而無法傳導至接收端，統稱爲洩漏模態，其所致之損失稱爲洩漏損失。

3.2.2　外在因素所引起的損失

1. 彎曲損失(bending loss)

起因於光纖的中心軸彎曲(其曲率半徑約數毫米以上)，而造成傳導模態光折射入外殼，如圖 3.2 所示。當入射光之入射角大於或等於臨界角時，入射光碰到核心與外殼介面時會產生全反射，而不斷的在核心中全反射行進，但當光纖受到彎曲，如圖中 A點，其入射角θ_1則小於臨界角，不滿足全反射條件，部份光功率折射入外殼，而造成損失。

彎曲損失是曲率半徑(R)的函數，如下式所示：

$$\alpha = C_1 \exp(-C_2 R)$$

其中C_1、C_2爲常數

顯然 R 愈大，α 愈大，但參照研究資料顯示，曲率半徑有一臨界值 (R_C)，若 R 大於 R_C，其所致的彎曲損失可以忽略，而 R_C 可由下式估算出：

$$R_C \cong \frac{3n_1^2 \lambda}{4\pi(n_1^2 - n_2^2)^{3/2}}$$

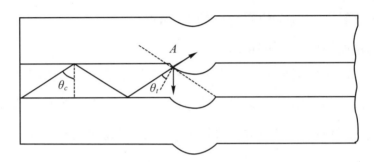

圖 3.2　彎曲損失

例　光纖的核心折射率為 1.5，Δ 為 0.2%，工作波長為 1.55 μm，求 R_C？

解

$$\Delta = \frac{n_1^2 - n_2^2}{2n_1^2}$$

$$n_2^2 = n_1^2 - 2\Delta n_1^2$$

$$= 2.25 - 0.004 \times 2.25$$

$$= 2.241$$

$$R_C \cong \frac{3n_1^2 \lambda}{4\pi(n_1^2 - n_2^2)^{3/2}}$$

$$= \frac{3 \times 2.25 \times 1.55 \times 10^{-6}}{4\pi(0.009)^{3/2}}$$

$$\cong 975 \ \mu m$$

例 光纖的核心折射率為 1.5，Δ為 3%，工作波長為 0.82 μm，求 R_C？

解 $n_2^2 = n_1^2 - 2\Delta n_1^2$

$\quad = 2.25 - 0.06 \times 2.25$

$\quad = 2.115$

$R_C \cong \dfrac{3 \times 2.25 \times 0.82 \times 10^{-6}}{4\pi(0.135)^{3/2}}$

$\quad \cong 9 \ \mu m$

由上述兩個例子可見，Δ愈大或λ愈小，其 R_C 愈小，意即光纖能忍受的彎曲半徑愈小。

2. 微彎曲損失(microbending loss)

即曲率半徑約為光纖的直徑的微彎曲，造成微彎曲的原因如下：

(1) 加第一層被覆不當，而導致光纖微彎曲。

(2) 將光纜佈放入管道時，不當的拖拉而導致微彎曲。

(3) 溫度變化時，外套材料與光纖的溫度係數不同，而造成兩者冷縮不等，導致光纖微彎曲。

微彎曲會造成模態交連而致損失，其改善的方法是使用溫度係數與玻璃相近的被覆材料，及使用較佳的成纜緩衝物質，抗張物質及防應力設計，務使光纖減少受力及溫度變化影響。

3. 輻射效應所致損失

光纖受到高能射線曝射後，會產生離子而形成對光的吸收。

4. 接續損失

接續可區分成永久性接續(俗稱 splicing)及可裝卸連接(connecting)，不論何者，兩根光纖的接面處理不當時即會造成損失，如端面不平，有切角，沒對準，都會造成插入損失，另外兩根待接光纖的外徑、孔徑、折射率分佈不同也會造成插入損失，詳細分析，請參閱附錄三。

5. 光纖在製造、運送或佈放施工時受到傷害，而引起的損失

綜合上述分析，部份損失原因是波長的函數，所以光纖的損失可用下式表之：

$$\alpha = \frac{A}{\lambda^4} + B_1 e^{-B_2/\lambda} + B_3 e^{B_4/\lambda} + C$$

第一項爲雷萊散射損失，與 λ^4 成反比，第二項爲紅外線光域吸收損失，第三項爲紫外線光域吸收損失，第四項代表非波長函數損失。若以圖解示之，可如圖 3.3 所示。

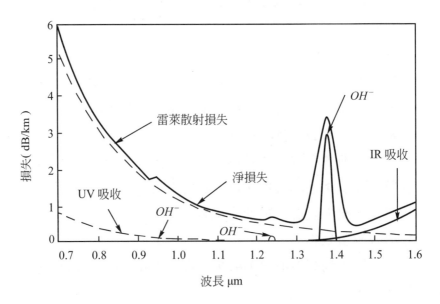

圖 3.3　光纖損失曲線

3.3 光纖的頻寬特性

　　光脈波沿著光纖行進，會發生脈波逐漸色散變寬的現象，這對數位通信系統而言，會造成碼際干擾，接收端檢測誤碼機率增高，即系統誤碼率增加；對類比通信系統而言，造成失真，劣化 SNR 特性，如圖 3.4 所示，圖(a)表輸入光纖的脈波，圖(b)表輸出光纖的脈波，顯然每個脈波都變寬了，圖中虛線部顯示合成脈波，如此一來第二及第三脈波已無法分辨，若行進的距離再加長則如圖(c)所示，依虛線表示之合成脈波，已無零準位，遑論辨識信號階位。

　　由上例可見，欲防止脈波色散所致之碼際干擾，唯有增大脈波週期，即限制信號之最高速率；假設光脈波在光纖中行進分散了 τ (ns)，為使光脈波在接收端不互相重疊，脈波週期至少須 2τ (ns)，則信號之最高比次率為 B_T：

$$B_T \leq \frac{1}{2\tau} \text{ (GHz·km)}$$

　　上述討論僅是一般估算值，欲求精確值，仍須考慮脈波形狀及色散特性，如假設光脈波形狀為高斯狀，行進於斜射率多模態光纖中，色散量為 σ (ns)，依美國貝爾實驗室之研究結果其最高比次率為

$$B_{T(\max)} \cong \frac{0.187}{\sigma} \text{ Gb/s}$$

　　一般評估傳輸媒體的容量都以頻寬表示，而上述所提都以最高比次率表之，兩者的關係又如何呢？這端視所使用之數位信號碼型而定，就不歸零碼而言(none return to zero，NRZ)，如圖 3.5 之圖(a)所示，當"1"時高準位維持整個週期，所以評估其頻率則如虛線所示，因此其最高比次率(B_T)為頻寬(B)的兩倍即：

CH**3**

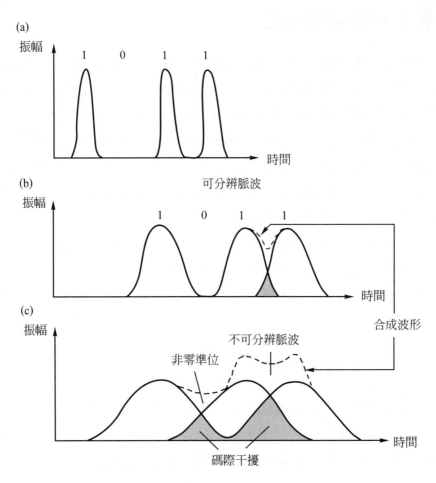

圖 3.4　(a)輸入光脈波；(b)行進了L_1距離的光脈波；(c)行進了L_2距離的光脈波$(L_2 > L_1)$

$$B_{T(\text{max})} = 2B$$

　　若數位碼型爲歸零碼時(return zero，RZ)，如圖(b)所示，當 "1" 時，高準位僅部份週期(端視其工作週期，duty cycle 而定)，所以如虛線所示，其最高比次率(B_T)等於頻寬即：

$$B_{T(\max)} = B$$

在多數商用光纖通信系統中，光信號的碼型多採用歸零碼，因此光纖頻寬即為最高比次率。

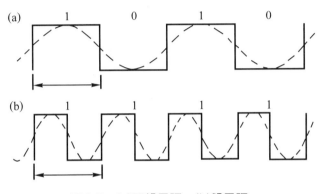

圖 3.5　(a)不歸零碼；(b)歸零碼

造成光脈波色散的成因可分模態間色散(intermode pulse dispersion)及內模態色散(intramode pulse dispersion)，分別敘述如下。

3.3.1　模態間色散(Intramode Pulse Dispersion)

在多模態光纖中，有數個空間模態在光纖核心中行進，如圖 3.6 所示，圖(a)顯示模態 "1" 是沿著中心軸行進，而模態 "2" 則與中心軸成 θ 角，曲折行進，若接收端距原點長為 L，則模態 "1" 光程亦為 L 所需時間延遲為 T_1：

$$T_1 = \frac{L}{C/n_1} = \frac{L \cdot n_1}{C}$$

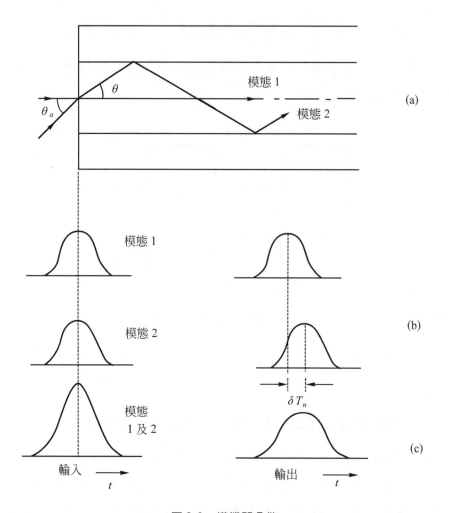

圖 3.6　模態間分散

模態 "2" 因曲折行進，其光程較模態 "1" 大為$L/\cos\theta$，故所需時間延遲為T_2：

$$T_2 = \frac{L/\cos\theta}{C/n_1} = \frac{L \cdot n_1}{C \cdot \cos\theta}$$

$$\delta T_n = T_2 - T_1$$

因為$\cos\theta \leq 1$，所以$T_2 > T_1$，則如圖(b)所示，在發送端模態 "1"、"2"同時出發，但在接收端卻不同到達，而造成如圖(c)所示的脈波色散。其色散量為δT_n。

在級射率光纖中，最低階模態(即沿中心軸行進的模態)其時間延遲最短為$T_{(\min)}$：(請參閱圖 3.7)

$$T_{(\min)} = \frac{L \cdot n_1}{C}$$

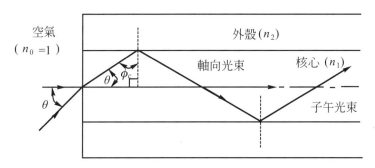

空氣
$(n_0 = 1)$
外殼(n_2)
軸向光束
核心(n_1)
子午光束

圖 3.7　級射率光纖之模態間色散說明圖

最高階級態(即射向核心與外殼界面的入射角等於臨界角)的時間延遲為$T_{(\max)}$：

$$T_{(\max)} = \frac{L/\cos(90° - \phi_c)}{C/n_1}$$

$$\because \sin\phi_c = \frac{n_2}{n_1}$$

$$\therefore \cos(90° - \phi_c) = \frac{n_2}{n_1}$$

$$T_{(\max)} = \frac{Ln_1^2}{Cn_2}$$

$$\delta T_n = T_{(\max)} - T_{(\min)}$$

$$= \frac{L n_1^2}{C n_2} - \frac{L n_1}{C}$$

$$= \frac{L n_1^2}{C n_2}\left(\frac{n_1 - n_2}{n_1}\right)$$

$$\cong \frac{L n_1^2}{C n_2} \cdot \Delta$$

$$\because \Delta \ll 1 \,,\, n_2 \approx n_1$$

$$\therefore \delta T_n \cong \frac{L n_1}{C} \cdot \Delta$$

$$= \frac{L}{C/n_1} \cdot \Delta$$

$$= T_{(\min)} \cdot \Delta$$

如上所述,級射率光纖的色散量為$T_{(\min)} \cdot \Delta$,但在斜射率光纖中,因其核心折射率分佈為拋物線狀,其分析較為複雜,我們僅將其結果提出,其δT_n為:

$$\delta T_n \doteqdot \frac{1}{2} T_{(\min)} \cdot \Delta^2$$

$$T_{(\min)} = \frac{L \cdot n_1}{C}$$

顯然斜射率光纖的模態間色散較級射率光纖改善了許多,同時由上述分析可見,模態間色散取決於Δ,Δ愈小,δT_n愈小,但是Δ也決定孔徑大小(NA $= n_1\sqrt{2\Delta}$),若要容易耦合及接續,則希望Δ愈大愈佳,另外Δ也影響彎曲損失及微彎曲損失$\left(R_C \cong \dfrac{3 n_1^2 \lambda}{4\pi(n_1^2 - n_2^2)^{3/2}}\right)$,$\Delta$愈大則彎曲損失及微彎曲損失愈小，兼顧此三項因素，須適當的選擇Δ值；一般通信用光纖的孔徑值約在0.19～0.24之間。

例 一根一公里長的級射率光纖，其核心折射率為1.5，Δ為0.1%，請算出模態間分散量。

解 $n_1 = 1.5$

$\Delta = 0.001$

$\delta T_n = T_{(min)} \cdot \Delta$

$\quad\quad = \dfrac{L}{C/n_1} \cdot \Delta$

$\quad\quad = \dfrac{1}{3 \times 10^8 / 1.5} \cdot 0.001$

$\quad\quad = 50 \ ns/km$

3.3.2　內模態色散(Intramode Pulse Dispersion)

目前光纖通信用的半導體光源，所產生的光信號，不是單色光，即耦合入光纖的各個空間模態光中都是由若干不同波長的光組成，雖然在同一空間模態中行進，光程一樣，但因不同波長在光纖中所受待遇不同，而造成脈波色散，稱為內模態色散，又稱色散(chromatic dispersion)。內模態色散，又其成因分成材料色散及波導色散分別敘述如後。

1. 材料色散(material dispersion)

光纖核心材料之折射率(n_1)會因入射光波長不同，呈現的折射率不同，即$n_1 = f(\lambda)$，因而造成不同的波長的光脈波，在同一光程的路徑上行進所需的時間不同，如圖3.8所述，圖(a)中假設λ_1及λ_2屬同一空間模態，同時耦合入光纖，行進同一光程，但不同時到達輸出端如圖(b)所示，其輸出端的合成光脈波呈色散現象，如圖(c)所示。

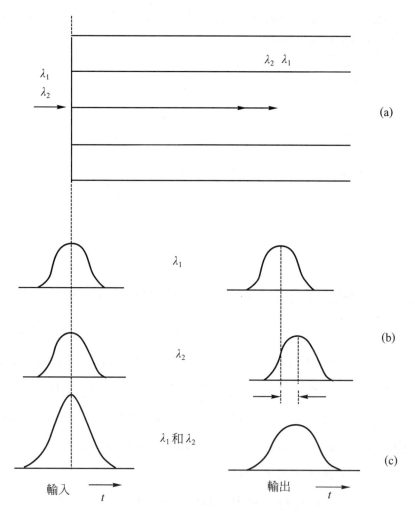

圖 3.8　因材料分散所致之脈波色散

因不同波長在同一路徑上行進的速度不一樣而造成材料色散，所以討論光脈波速度應以群速度τ_g論之，如下式所示：

$$\tau_g = \frac{d\beta}{d\omega} = \frac{1}{C}\left(n_1 - \lambda\frac{dn_1}{d\lambda}\right)$$

n_1為核心折射率，為波長函數，而引起材料色散，所以材料色散所引起的群延遲為τ_m

$$\tau_m = \frac{L}{C}\left(n_1 - \lambda\frac{dn_1}{\lambda}\right)$$

若輸入光信號的有效波譜寬度(rms spectral width)為$\delta\lambda$時，材料色散可表為δT_m。

$$\delta T_m \cong \delta\lambda \cdot \frac{d\tau_m}{d\lambda}$$

$$= \delta\lambda \cdot \frac{L}{C} \cdot \lambda\frac{d^2n_1}{d\lambda^2}\ (\text{ns/km})$$

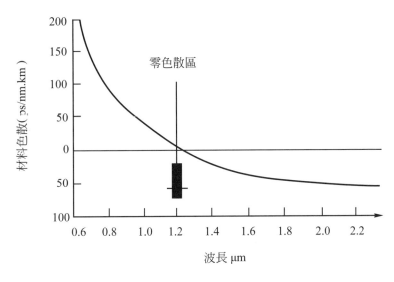

圖 3.9　材料色散與波長的關係

由上式可見，材料色散取決於$\delta\lambda$，意即光源的波譜寬度愈小，材料色散愈小，欲改善材料色散，須改善光源，使其$\delta\lambda$愈小愈好，另外材料色散也是波長的函數，如圖 3.9 所示，我們可選擇適當的工作波長，使材料色散減小。

2. 波導色散(waveguide dispersion)

　　光在光纖中行進單位距離的相位移為β，它為波長的函數，意即不同波長在光纖中之β不同，因而造成脈波色散，稱為波導色散，對多模態光纖而言，波導色散量與其他色散量相較，小到可以忽略，但對單模態光纖而言，模態間色散已消除，自然突顯出波導色散的重要，波導色散量δT_g可用下式表之：

$$\delta T_g = \delta\lambda \cdot L \cdot V \frac{d^2(dV)}{dV^2}$$

$$b = \frac{(\beta/K)^2 - n_2^2}{n_1^2 - n_2^2}$$

$$V = \frac{2\pi \cdot a}{\lambda}\sqrt{n_1^2 - n_2^2}$$

　　顯然波導色散也受$\delta\lambda$影響，$\delta\lambda$愈小，波導色散愈小，同時波導色散也是波長的函數，但它與材料色散不同，波導色散與波長略成反比關係，所以材料色散與波導色散會在某個波長相互抵消，稱之為零色散(zero dispersion)，如圖 3.10 顯示矽族光纖之材料色散與波導色散，其總內模態分散量在工作波長為 1.31 μm 處為零。

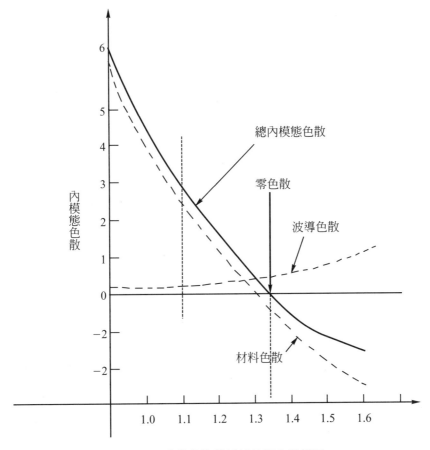

圖3.10　波導色散與材料色散之關係圖

　　在單模態光纖中，除了內模態色散之材料色散及波導色散外，尚有極化色散(polarization dispersion)，因為光纖是圓柱體結構，耦合入光纖的單一基本模態無法維持單一電場極化方向，因此在單模光纖中，其基本模態，實際是由兩個相互垂直的極化波組成，這兩個極化波之傳導延遲時間不盡相同，因而造成極化色散。

綜合前兩小節所述，總分散量δT可表為：

$$\delta T = \sqrt{\delta T_n^2 + \delta T_c^2}$$

δT_n：模態間色散

δT_c：內模態色散

再由δT導出光纖的頻寬，斜射率多模態光纖參考AT&T之貝爾實驗室之論文之頻寬表示為：

$$BW_o = \frac{0.187}{\delta T} \text{ (GHz·km)}$$

δT：ns/km

單模態光纖的頻寬表示為：

$$BW_o = \frac{0.442}{\delta T} \text{ (GHz·km)}$$

δT：ns/km

習題

1. 影響光纖的傳輸特性因素有哪些？
2. 請問光纖可分成哪幾類？
3. 光信號在光纖中傳遞會逐漸減弱，何以致之？
4. 為什麼光脈波在光纖中傳遞會逐漸變寬？
5. 為什麼單模光纖優於多模光纖？
6. 為什麼光纖受到彎曲，損失會增加？
7. 如何減少接續損失？

8. 如何減少脈波色散？

9. 材料色散與波導色散均爲波長函數，兩者有何區別，關係爲何？

10. 二公里長的級射率光纖，其核心折射率爲 1.47，Δ爲 0.1%，請算出模態間色散量？

參考資料

1. Technical Staff of CSELT, Optical Fiber Communication，儒林，chapter 3, P145～296.

2. Stewart P. Personich, Optical Communication System, chapter 1, P3～20.

3. W.B. Gardner "Fundamental Characteristics of Optical Fiber", Telecommunication Journal Vol.48 XI/1981 P638～642.

4. Technical Staff of Bell Lab. Transmission System for Communications，儒林，chapter 34, P821～836.

5. C.P. Sandbank, Optical Fiber Communication System, A Wiley-Intrscience Publication, chapter 2, P25～42.

Optical Fiber Communication

4

光纖的製造、接續及測量

4.1　引　言

　　光纖的導光原理，傳輸特性已在前兩章敘述過，此章將就實際應用所遭遇的問題，提出來討論；希望透過光纖製造的說明，從而瞭解光纖的結構及在施工，維護上如何保護光纜；另外有關光纖的連接、測量也將詳加討論。

4.2　光纖的製造

　　自從康齡玻璃公司製造出損失低於 20 dB/km 的光纖後，引起廣泛的迴響，光纖製造的技術，日新月異，其成果豐碩異常，在 1979 年已製成 0.2 dB/km，1.55 μm 的光纖，已能吻合矽族光纖的理論值，此節將對原料處理及製造過程詳加敘述。

4.2.1　光纖製造的分類

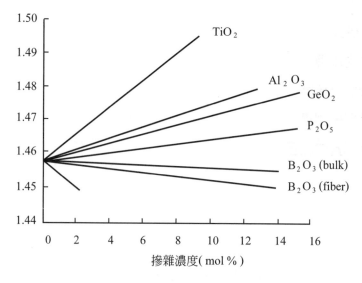

圖 4.1　顯示所摻入氧化物的濃度與折射率的關係

　　光纖的特性主要與光纖的製作處理程序，及材料有密切關係，近十幾年來，已有相當多的論文報導光纖製造成果，我們試以表4.1將其分類。其中改良氣相沉積法，微波加熱沉積法及軸向氣相沉積法廣受採用，將分別敘述之。

表 4.1　光纖材料的分類

光纖的類別	處理程序	成份	原料
矽族光纖	內氣相沉積法(IVPO) 外氣相沉積法(OVPO) 改良化學氣相沉積法(MCVD) 微波加熱化學氣相沉積法(PCVD) 軸向氣相沉積法(VAD)	核心：SiO_2 GeO_2 P_2O_5 B_2O_3 外殼：SiO_2 B_2O_2 Si-F	$SiCl_4$，$GeCl_4$ $POCl_3$，BCl_3 $SiCl_4$，BCl_3 SiF_4
多成份玻璃光纖	Double-Crucible	核心：SiO_2 Na_2O CaO GeO_2	SiO_4，Na_2NO_3 $Ga(NO_3)_2$ $Ge(C_4HaO)_4$
		外殼：SiO_2 Na_2O CaO B_2O_3	$SiCl_4$，Na_2NO_3 $Ca(NO_3)_2$，BCl_3
塑膠外殼光纖	先對矽核心預型體抽絲再加塑膠外殼	核心：Fused Silica	SiO_2，$SiCl_4$
		外殼：矽樹脂	矽樹脂
塑膠光纖	Double-Crucible	核心：PMMA	PMMA
		外殼：VDF＋TEF	VDF，TEF

4.2.2　光纖的原料及處理程序

　　由表 4.1 可見，現階段光纖製造所使用的原料及處理方法；依照所用的原料及各種不同的方法所得的光纖其特性互有差異，各使用於不同的場合，就電信網路所用之光纖而言，所用的材料多以二氧化矽(SiO_2)為主，再摻入少量的GeO_2、P_2O_5、B_2O_3等氧化物以改變其折射率，圖4.1 顯示在SiO_2中摻入氧化物濃度與折射率的關係，因此為提高光纖核心的折射率，我們可選用TiO_2、Al_2O_3、GeO_2、P_2O_5，然而在固態情況要將這些氧化物均勻摻入SiO_2中，是很困難的，但在氣態作摻雜程序則能均勻混合而且容易精確控制，因而發展出氣態沉積的方法。

　　矽族光纖的主要原料為$SiCl_4$，改變折射率的原料為$GeCl_4$、$POCl_3$、BCl_3這些原料在室溫均呈現液態，但為了均勻混合及消除過渡金屬離子污染，可將它們變成氣態，因為如有過渡金屬離子滲入上述氯化物中，若不設法去除，會增加光纖的吸收損失，然而過渡金屬離子的氣化壓力較$SiCl_4$、$GeCl_4$、$PCCl_3$、BCl_3為低，故我們可利用此特性，達到純化原料的目的。

　　在氣態沉積法中，須先將原料氣化，然後精確控制$GeCl_4$或$POCl_3$的氣體流速，如此可有效控制折射率。

　　在複合材料系光纖中，則將粉狀複合玻璃材料熔化於鉗鍋，再抽絲成核心，外加一層塑膠為外殼，此法只限作級射率光纖，此類光纖耐張力佳，但傳輸損失較大約 5 dB/km。

4.2.3　矽族光纖的製造程序

　　矽族光纖的製作可分成四個步驟：

(1)　預型體的製造(preform making)：先製造一根直徑較大，核心與外殼比例與光纖相同的玻璃棒，其折射率分佈(profile)也與光纖相同，所以預型體的結構即爲光纖的放大版，直接影響到光纖的傳輸損失及頻寬。

(2) 將預型體抽絲成裸光纖：此步驟須嚴密控制，它直接影響光纖直徑的均勻度及拉力強度。

(3) 加外套成光纖。

(4) 將多蕊光纖依需要組成光纜。

以下將就此四個步驟分別敘述。

4.2.3.1 改良化學氣相沉積法製造預型體

改良化學氣相沉積法(Modified Chemical Vapor Deposition，MCVD)，是利用管內氣相沉積技術，如圖4.2所示，此法是由美國貝爾實驗室及英國南漢普頓大學發展出來的，它克服了IVPO法(Inside Vapor Phase Oxidation)，含過量水分子的缺點，而廣受使用。

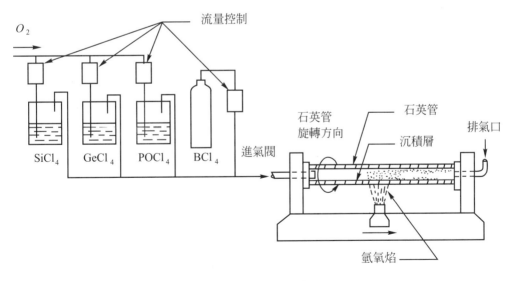

圖4.2 MCVD法

　　MCVD 法是先將液態原料($SiCl_4$，$GeCl_4$，$POCl_3$，BCl_3)先氣化，經流量控制器，依折射率要求嚴密控制其比例，然後導入石英管，石英管(silica tube)被固定在旋轉機座上，不斷旋轉，石英管下方以氫氧焰加熱，溫度約在 $1400°C \sim 1600°C$ 之間，氫氧焰來回移動，管內的混合氣體在被加熱下起化學反應，如下式所示：

(1)　　$SiCl_4 + O_2 \xrightarrow{\text{加熱}} SiO_2 + 2Cl_2$
　　　　　　　　　　　　　　　(固態)　(氣態)

(2)　　$GeCl_4 + O_2 \xrightarrow{\text{加熱}} GeO_2 + 2Cl_2$
　　　　　　　　　　　　　　　(固態)　(氣態)

(3)　　$4POCl_3 + 3O_2 \xrightarrow{\text{加熱}} 2P_2O_5 + 6Cl_3$
　　　　　　　　　　　　　　　　(固態)　　(氣態)

(4)　　$4BCl_3 + 3O_2 \xrightarrow{\text{加熱}} 2B_2O_3 + 6Cl_2$
　　　　　　　　　　　　　　　　(固態)　　(氣態)

　　進入石英管的混合氣體，因在氣態情況下能均勻混合，起化學反應後，所生成的固態化合物亦能均勻混合，沉積於石英管壁，因石英管不斷旋轉，火焰來回推動，固態化合物一層、一層的沉積，若欲改變每一層的折射率，僅須改變摻雜氣體流量，欲控制沉積厚度，則控制沉積時間，這些過程均由迷你電腦控制，亦即可更改其控制軟體，而改變其折射率分佈，這對光纖設計、研究助益菲淺，交通部電信研究所在這方面的發展，有相當豐碩的成果。

　　石英管本身僅為外殼的一部份，在其內壁先沉積一定比例的厚度，與石英管構成外殼，其優點在於可免除石英管內壁，氫氧離子污染核心而影響光纖特性；接著改變混合氣體比例沉積核心，若在製造斜射率光纖，可逐層改變，依所設計的折射率分佈曲線執行，當核心的沉積工作完成後，它仍是中空的玻璃棒，然後升高加熱溫度至 $1700°C \sim 1900°C$，

此時中空的玻璃棒受熱熔縮成實心的預型體(solid fiber preform)。如圖
4.3 所示。

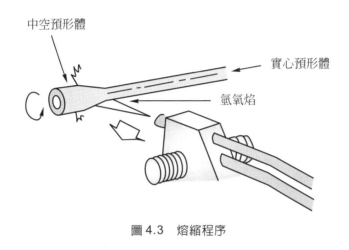

圖 4.3　熔縮程序

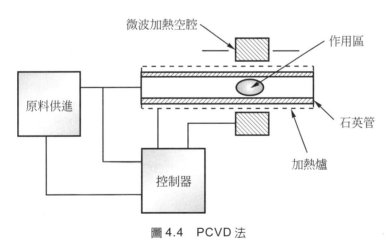

圖 4.4　PCVD 法

4.2.3.2　微波加熱化學氣相沉積法製造預型體

微波加熱化學氣相沉積法(Plasma-activated Chemical Vapor
Ddeposition，PCVD)與 MCVD 法相若，如圖 4.4 所示，僅將氫氧焰改

以微波加熱法，其頻率約 2～3 GHz，功率約 100～500 瓦，這種方法是由材料分子直接吸收微波能量而加熱，熱效率高，加熱迅速，故其沉積速度比 MCVD 快。這對斜射率光纖的製造相當有利，因可使核心的層數增多，相對的其核心折射率分佈更接近理想拋物線曲線分佈，大大的改善模態間分散，一般而言，其核心層數可達 2000 層，脈波色散小於 0.8 ns/km。

4.2.3.3　軸向氣相沉積法製造預型體

軸向氣相沉積法(Vapor Axial Deposition，VAD)不同於上述兩種方法，MCVD 法與 PCVD 法是在石英管內沉積，而 VAD 法是先將氣態原料 $SiCl_4$、$GeCl_4$、$POCl_3$、O_2、H_2 送往氫氧焰噴嘴，這些氣態原料，經加熱，化合成很細的玻璃微粒，即類似煙灰之粉末，附著於旋轉的種晶之端面中心，形成核心，再將氣態原料 $SiCl_4$、BBr_3、O_2、H_2 送入另一支氫氧焰噴嘴，經加熱生成玻璃微粒，亦附著於旋轉的種晶端面，包住核心，如圖 4.5 所示，製成漿狀預型體，此法不必受石英管長度限制，可連續進行，曾作成 100 公里長無須接續的低損失單模光纖。

當漿狀的預型體(porous preform)不斷形成，種晶須不斷往上提，因漿狀預型體含相當多的水份，故在燒結之前，先施行去水份的步驟，即將漿狀預型體加熱，並在加熱時加入 $SOCl_2$ 氣體，其反應如下式：

$$H_2O + SOCl_2 \xrightarrow{\text{(加熱)}} 2HCl + SO_2$$
$$\text{(氣態)} \quad \text{(氣態)} \qquad\qquad\quad \text{(氣態)} \quad \text{(氣態)}$$

能有效的消除水分子，故可避免水分子吸收所造成的損失；經烘乾手續後，再經加熱爐，燒結成透明的玻璃棒，即為預型體。此法不像 MCVD 法先作成中空預型體再經熔縮成實心預型體，而是直接生成實心預型體，故其折射率分佈於核心中心點折射率不會有下降的現象。

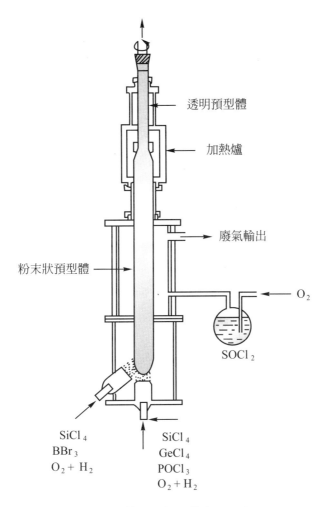

透明預型體

加熱爐

廢氣輸出

粉末狀預型體

O_2

$SOCl_2$

SiCl$_4$
BBr$_3$
$O_2 + H_2$

SiCl$_4$
GeCl$_4$
POCl$_3$
$O_2 + H_2$

圖 4.5　軸向氣相沉積法(VAD)

4.2.3.4　抽絲成裸光纖及預鍍薄膜程序

　　製成的光纖預型體，先經測試其特性，合格後即進行抽絲，首先預型體固定於旋轉夾頭上，以超高溫電氣加熱爐加熱至 2000℃，使預型體軟化，如圖 4.6 所示，再由預型體的尖端抽絲拉出成裸光纖，為了控制光纖的外徑，利用外徑檢出器測量光纖外徑，再將檢出信號經回授電路控制馬達轉速，以控制光纖的外徑，使光纖外徑的誤差小於±1 μm。

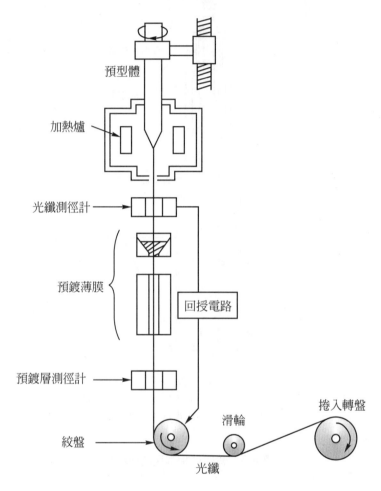

圖 4.6　抽絲成裸光纖及預鍍薄膜程序圖

　　在裸光纖捲繞之前，須先預鍍一層薄膜，即將裸光纖穿過液態預鍍薄膜溶液，經紫外線曝射，將預鍍膜烘乾，才經絞盤捲入轉盤上。預鍍層主要在加強光纖的機械強度及保護光纖免於在去除外被時受到傷害。

4.2.3.5　加套成光纖

　　光纖在抽絲過程已鍍上一層薄膜稱為一次外套(primary coating)，但其機械特性還不夠，須再加上二次外套(secondary coating or jacket)，以保護光纖，抵抗外來機械應力及環境的影響，使光纖的微彎曲損失減至最小；因此外套材質的選定及加外套的方式有下列幾種：

(1) 緊式二次外套(tight buffer jacket)：二次外套與一次外套密合，其主要目的在加強光纖的機械特性，可化解所受之側力，且其防水性亦佳，二次外套一般採用硬塑膠(如Nylon，Hytrel，Tefzed)，也有採用纖維強化塑膠(Fiber Reinferced Plastic，FRP)，其膨脹係數在$-60℃ \sim 200℃$間均極穩定。硬塑膠緊式二次外套之主要缺點，是二次外套與光纖的膨脹係數不同，當溫度變低時會使光纖受彎曲而使傳輸損失增加，其改善之道是採用FRP二次外套，或將加上二次外套後的光纖纏繞在溫度係數較穩的金屬線上。緊式二次外套之剖面示意圖如圖4.7(a)，其直徑約$0.25 \sim 1$ mm。

(2) 鬆式二次外套(loose buffer jacket)：二次外套與一次外套中間有餘裕空間，如圖4.7(b)所示，如此光纖在二次外套內可自由活動，這在溫度變化時，二次外套內有足夠的空間，容許光纖伸縮故其所致之微彎曲損失較小，同時光纖與外套間的磨擦係數也較小，欲剝除二次外套比較容易，此法的缺點是它的直徑較大約 $1 \sim 2$ mm，所以鬆式二次外套的光纖，成纜的包裝密度，比緊式二次外套的光纖小。

(3) 充填緩衝物質之鬆式二次外套(filled loose buffer jack)：此法是在鬆式二次外套內充填防水混合物，使它具有上述兩種方法的優點，如圖4.7(c)所示，其充填的混合物須在很大的溫度範圍內，特性穩定、柔軟、不凝結、不變質，且與二次外套不起化學作用。

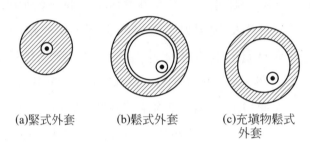

(a)緊式外套　　　　(b)鬆式外套　　　　(c)充填物鬆式外套

圖4.7　二次外套

4.2.3.6　將多蕊光纖依需要組成光纜

在實際應用上，加上二次外套後的光纖，仍嫌脆弱，故在成纜時，須增加其機械特性，即容許較大的拉力、彎曲及扭力，以利佈放與維護，同時對光纖也須善加保護，務使在成纜後，傳輸特性不應溫度變化或微彎曲而過份劣化，所以設計光纜須考慮下列幾點。

(1)　容易製造：可降低成本，增加產能。

(2)　多用途：適用於各種應用場合。

(3)　長壽年：提高系統可靠度。

(4)　易於佈放、維護、接續：施工容易，節省維護人力。

(5)　使因彎曲所引起的額外損失最小。

(6)　光纖之傳輸特性於形成光纜後，仍應在可能的溫度範圍內，保持長期穩定。

(7)　光纜能夠承受機械負載(如拉力、彎曲、側壓、振動等)。

(8)　光纜因老化所造成之傳輸及機械特性劣化之影響應減至最小。

(9)　經濟性。

依上述原則，成纜結構可分成簇型結構如圖 4.8(a)所示及帶型結構 (ribbon structure)，如圖 4.8(b)所示；其中抗張物質可用鋼絞線或強化纖維(kevlar)，有時在光纖中也加入銅導線，稱為介在對，其功能如下：

(1)　當連絡線(order wire)。

(2)　傳送氣壓監測信號用(在充氣光纜中，氣壓感知器的檢測信號，需經銅導線送回主控設備)。

(3)　施工時，傳送測試信號。

(4)　饋電。

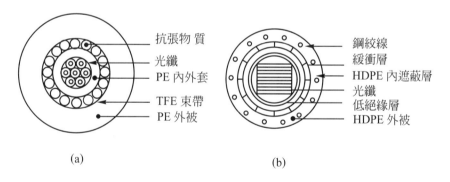

(a)　　　　　　　　　　　　　(b)

圖 4.8　多心成纜

圖 4.9 為多蕊光纜的結構圖(此光纜係由美國一家 General Cable Corporation 製作)，讀者可由此圖大致瞭解光纜的實際結構。

從光纜終端箱到終端設備間，需要單蕊光纜，測試時也須要單蕊光纜，其結構如圖 4.10 所示，機械補強部份都用強化纖維。

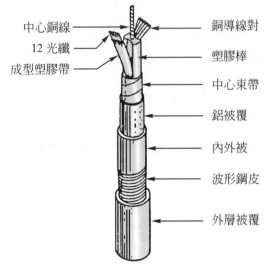

中心銅線　　　　　　　　　銅導線對
12 光纖　　　　　　　　　　塑膠棒
成型塑膠帶　　　　　　　　中心束帶
　　　　　　　　　　　　　鋁被覆
　　　　　　　　　　　　　內外被
　　　　　　　　　　　　　波形鋼皮
　　　　　　　　　　　　　外層被覆

圖 4.9　　多心光纜

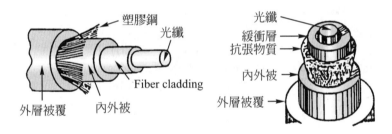

塑膠鋼　　　　　　　光纖
光纖　　　　　　　　緩衝層
　　　　　　　　　　抗張物質
Fiber cladding　　　內外被
外層被覆　內外被　　外層被覆

圖 4.10　　單心光纜

4.3　光纖的接續

　　光纜的佈放因受光纜抗張力的限制，佈放長度約一公里，所以光纜間須作永久性的接續(splice)；一般而言，接續技術可分成熔合接續(fusion splice)及機械接續(mechanical splice)兩類。

1. 熔合接續：先將待接續的兩根光纖，去除外套，並徹底清潔，並以切割工具，切出良好端面，再利用微動校準設備(micropositioner)，將兩根光纖對準，然後由電極先產生一較短的電弧，先將光纖端面清潔，再加一較長的電弧將光纖熔接，如圖4.11所示，從對準到熔接完成的步驟，均由自動控制設備完成，接續工作簡單，且其接續損失極低，對於長途光纖傳輸網路之接續都以熔合接續。

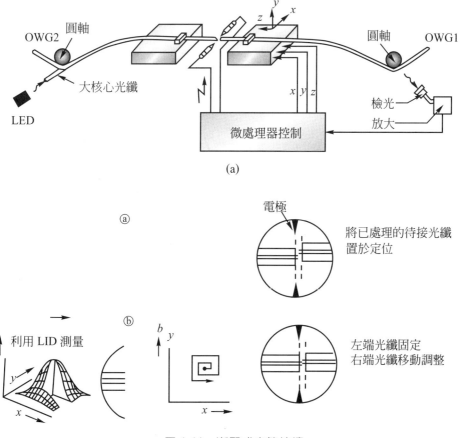

圖 4.11　漸緊式套管接續

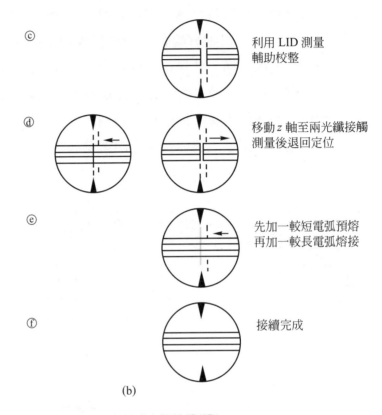

ⓒ　利用 LID 測量
輔助校整

ⓓ　移動 z 軸至兩光纖接觸
測量後退回定位

ⓔ　先加一較短電弧預熔
再加一較長電弧熔接

ⓕ　接續完成

(b)

圖 4.11　漸緊式套管接續(續)

2.　機械接續：利用接續固定元件與接著劑，將光纖對準接合，此法
不須外加熱源，不須精密接續設備，接續容易，且適合整集接
續，其缺點是接續損失較熔合接續大，其接續體積也較大。一般
常用的機械接續法有下列幾種：

(1)　密合套管方式：如圖 4.12 所示，利用內徑等於光纖直徑的套
管，將待接的兩根光纖，插入套管內再注入接著劑，所使用的
接著劑折射率須與光纖相若，如此的接續損失可小至 0.1 dB，

此法對光纖外殼直徑的精密度要求甚嚴，另外一種方式，如圖
4.13 所示，使用套管為方形，利用其內直角調整光纖，如此可
對光纖外殼的直徑誤差，有較大的容許度，其接續損失可小至
0.073 dB。

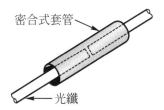

圖 4.12　密合式套管接續

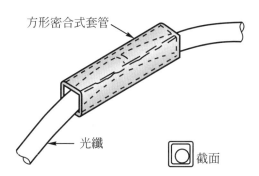

圖 4.13　方形密合式套管接續

⑵　漸緊式套管方式：如圖 4.14 所示，套管內徑由粗變細，能有效
　　因應光纖外徑的誤差，施工也很容易，也同上法一樣注入膠合
　　劑固定光纖，其接續損失約 0.2～0.3 dB。

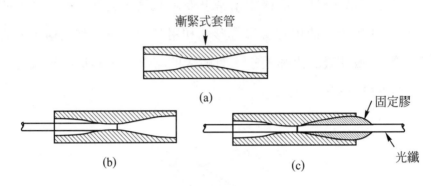

圖 4.14　漸緊式套管接續

(3)　V型槽固定方式：如圖 4.15 所示，在基片上刻 V 型槽，待接光
　　　纖置入槽內，則自然對準，然後注入膠合劑黏合，其接續損失
　　　可低至 0.01 dB，此法也適用於整集接續，如圖 4.16 所示。

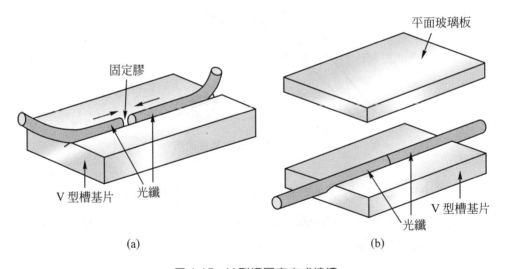

圖 4.15　V 型槽固定方式接續

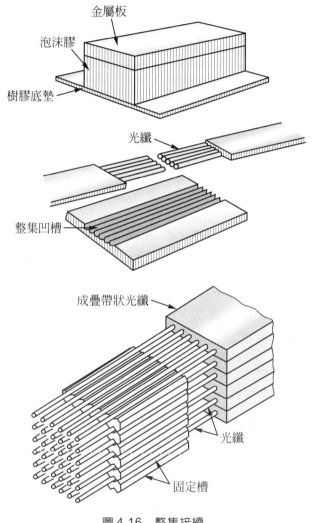

金屬板

泡沫膠

樹膠底墊

光纖

整集凹槽

成疊帶狀光纖

光纖

固定槽

圖 4.16　整集接續

(4)　三圓筒精密校準方式：如圖 4.17 所示，利用三個圓筒夾住待接
　　　光纖，使兩光纖對準，再以熱縮管固定，此法的接續損失約 0.2
　　　dB。

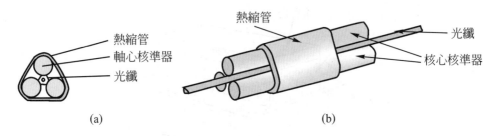

圖 4.17　三圓筒精密校準方式接續

4.4　光纖的連接器

　　光纖的連接器(optical fiber connector)是用於可裝卸的連接之用，一般作為光源、檢光器與光纖間的連接，或是光纖與光分光器、光衰減器等被動元件的連接，主要是便於切換及測試之用，它必須具有高度的精密性，易於操作及高可靠度，亦即它須能防振動、防衝擊，經多次操作或在一定的環境溫度範圍內都能維持相同特性的功能，各種廠牌的連接器紛雜不一，本節試舉較常見的連接器分別討論如下：

(1)　BICONIC 連接器：是 AT&T 公司發展出來的光纖連接器，它是屬於套圈式光纖連接器，套圈內由雙圓錐狀相互銜接形成，如圖 4.18 所示，此類連接器的插入損失經多次測試最低達 0.4 dB。最大低於 0.97 dB。

(2)　ST CYCON II 連接器：是由 DORRAN 公司發展出來的光纖連接器，由陶瓷作成，直徑 2.5 mm，屬於套圈式光纖連接器，其套圈為圓筒形，採鬆式套袖(sleeve)，可因應機械應力，且連結器前端有一插梢(key)，以確保單一方式插入，其結構圖如圖 4.19 所示，此類連接器經重複測試，90%的插入損失低於 0.8 dB。

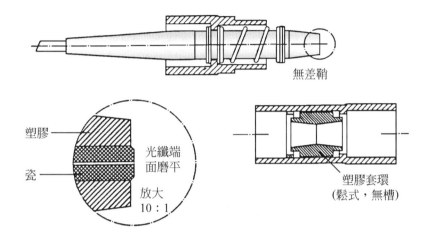

圖 4.18 BICONIC 光纖連接器，取圖自 AT&T 公司

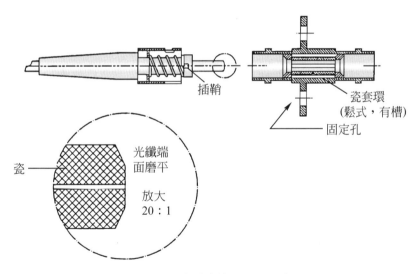

圖 4.19 ST CYCON II 光纖連接器，取圖自 DORRAN 公司

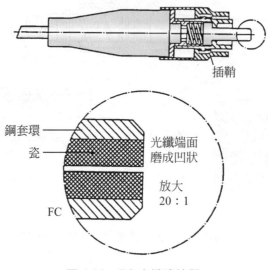

插鞘

鋼套環
瓷
光纖端面
磨成凹狀

放大
20：1

FC

圖 4.20　FC 光纖連接器

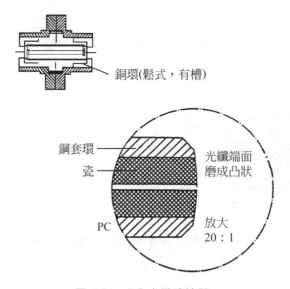

銅環(鬆式，有槽)

鋼套環
瓷
光纖端面
磨成凸狀

PC
放大
20：1

圖 4.21　PC 光纖連接器

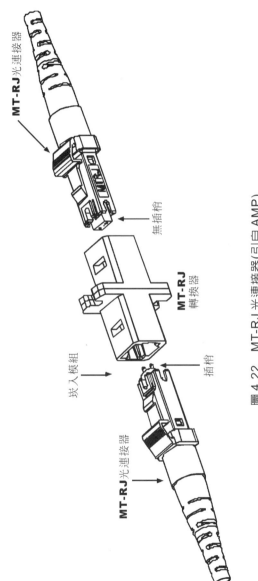

圖 4.22　MT-RJ 光連接器(引自 AMP)

MT-RJ光連接器

無插梢

MT-RJ 轉換器

崁入模組

插梢

MT-RJ光連接器

⑶　FC 連接器：是 Seiko 公司發展的光纖連接器，其連接器之端面，光纖研磨成凹入狀，如圖 4.20 所示，此連接器經重複測試 90%的介入損失均小於 0.89 dB。

⑷　PC連接器：是Seiko公司發展的光纖連接器，其連接器端面，光纖研磨成弧形，如圖 4.21 所示，此連接器的重複測試 90%的介入損失小於 0.61 dB。

⑸　MT-RJ 連接器：以 AMP 公司為首，再結合 HP、Fujikura、USCONEC、Seicor等公司聯盟，為了區域網路光纖化所需，而研發出之光連接器，外型接近傳統的RJ-45雙絞線連接器，如圖 4.22 所示。MT-RJ 不只是將光連接器革新並推出光收發信模組符合 IEEE 802.3 Giga bit Ethernet 之 1000 Base SX 及 1000 Base LX 之應用。

⑹　VF-45連接器：以 3M 為首結合 Corning 及 Siemens 等公司研製提供，又稱為 Volition 或 VG-45 連接器，外型與 RJ-45 相若，適用於光纖到書桌(FTTD)，如圖 4.23 所示，VF-45 採用 V 型槽對焦技術，免除昂貴的套圈及精密元件，因此成本較低，且體積較小，易於操作，防塵效果較佳等優點，亦適用於骨幹光纖網路。

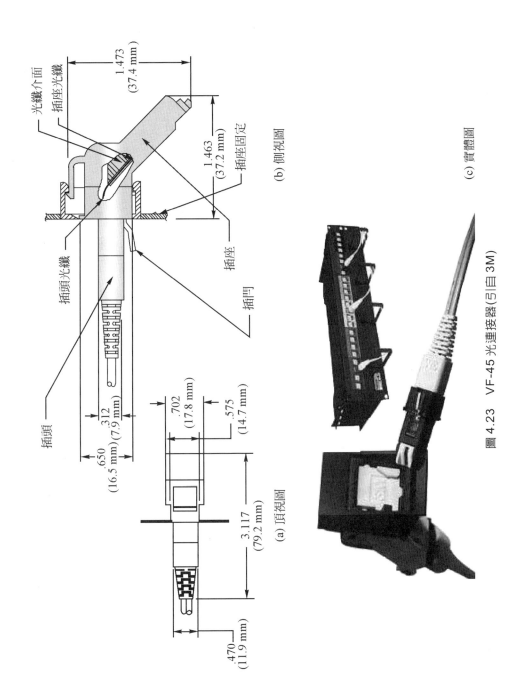

圖 4.23　VF-45 光連接器(引自 3M)

4.5 光纖損失測量

光纖損失的測量可利用回切法(cut back method)及光時域反射法(Optical Time Domain Reflectry，OTDR)測量光纖的傳輸損失及接續損失，回切法可得較精確的測量值，而光時域反射法較爲簡便。

4.5.1 回切法測量光纖傳輸損失

此法是以一穩定光源產生光信號耦合入光纖，再以光功率計測量接收光功率及發送光功率，以求取光纖傳輸損失，而此法乃利用回切方式，避免耦合誤差，故可得精確測量值，其測量步驟如下：

(1) 如圖 4.24 所示，穩定光源一般爲 LED 光源，其輸出先經光模態過濾器，去除非傳導模態光，因爲如讓非傳導模態光也耦合入光纖，它只能行進一小段距離即衰弱掉，無法到達接收端，如此發送端所測光功率含非傳導模態而接收端所測光功率不含非傳導模態，所以測得的損失值介入非傳導模態光所致誤差，因此先經光模態過濾器，以保證耦合入光纖的光均爲傳導模態光。光纖的輸出經光功率計測得的平均光功率爲P_2 (dBm)。

(2) 在距離光模態過濾器輸出至光纖的耦合點一米處，即a點截斷，其用意在不變動耦合點，避免耦合條件變動所造成的誤差，由a點處測得的平均光功率爲P_1 (dBm)，它爲耦合入光纖的光功率。

(3) 待測光纖的傳輸損失(L)爲：

$$L = P_1 - P_2 \text{ (dB)}$$

利用回切法須注意，在測量光功率P_1或P_2時，都須連續測量三次，若三次測量中兩個較大的測量值相差 0.05 dB 以下，則表示最大測量值爲正確測試值，否則表示測量時，光纖端面處理不當，須重覆測試。

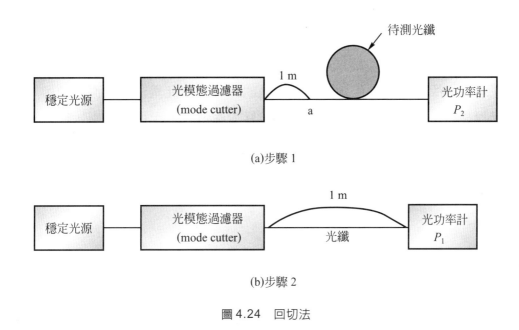

(a)步驟 1

(b)步驟 2

圖 4.24　回切法

4.5.2　光時域反射法測量光纖傳輸損失

　　光時域反射儀之方塊圖如圖 4.25 所示，脈波產生器產生一極窄的脈波約 $0.01 \sim 1 \ \mu s$，去激發雷射二極體產生一光脈波，此光脈波，直接穿過分光器耦合入光纖，另一方面脈波產生器送一同步脈波去觸發示波器之水平掃描信號產生器，光脈波在光纖核心行進時，會因雷萊散射，而有部份光向後散射而折回，此不斷折回的光信號，射向分光器時，會被反射至瀉光二極體，經檢光成電信號，因散射現象不穩定，故須將散射回來的信號先經平均處理，再換算成對數型態，再加至示波器之垂直輸入端，則雷萊散射回來的信號，會顯現在示波器的螢光幕上，如圖 4.26所示，橫軸代表光在光纖中行進來回的時間，縱軸顯示雷萊散射回來的信號功率，由圖可見雷萊散射回來的信號功率隨光脈波行進長度的增長而遞減，如 c 點表示約在 2 公里處被散射回來的信號，d 點表示在 3 公里處被散射回來的信號；兩者光功率差了 10 dB，即光脈波從 c 點走到 d 點損失 5 dB，因示波器顯示的散射信號光功率係光脈波走了來回距離後的光功率，故單程損失係兩點間電平差的一半，因此垂直座標直接顯示單程損失值。若待測光纖，僅四公里，當光脈波行進至四公里處，即光纖末端，因光纖與空氣的折射率差很大，於是產生反射，如圖中之 b 點，其反射光功率 P_3 大於散射回來的光功率 P_2，於是我們很容易辨認出反射信號，同時也可以利用反射突波測量光纖長度及斷落點。

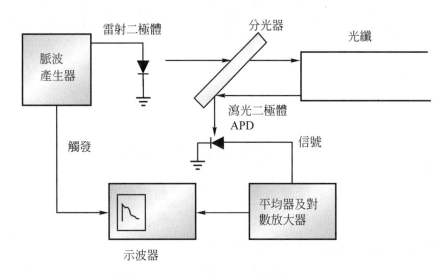

圖 4.25　光時域反射儀(OTDR)

　　由圖顯示，起始點為 P_1，端點為 P_2，則此四公里長光纖之傳輸損失為 $P_2 - P_1$，同時我們也可由曲線斜率求出光纖的單位長損失，如第一、二區段損失為 3 dB/km，第三、四區段損失為 5 dB/km。

　　由橫座標所代表的行進時間，也可推算出距離，如 a 點的延遲時間為 10 μs，而光在光纖的行進速度為

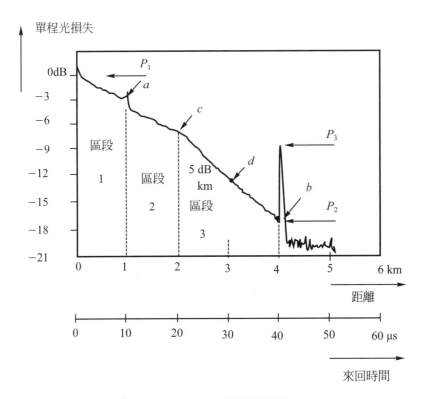

圖 4.26　光時域反射信號圖

$$v = \frac{C}{n_1}，假設 n_1 = 1.5$$

$$v = \frac{3 \times 10^8}{1.5} = 200 \text{ m/s}$$

則 a 點位置為

$$\frac{10 \times 200}{2} = 1 \text{ km}$$

式中除以二是因為 10 μs 的延遲時間是走來回的時間，又如 b 點的延遲時間為 40 μs，依法可求出此光纖長 4 公里。

　　現階段的光時域反射儀，已由微處理器輔助控制和運算，只要設定游標及鍵入欲測參數，即可將結果顯示於螢光幕，就以現場測試得之相片為例，如圖4.27所示，已將測試結果顯示於圖下方，使測試工作大為簡化、省時。

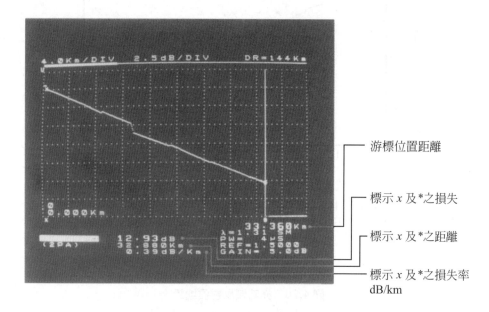

圖 4.27　現場測試實例

4.5.3　光時域反射儀測量接續損失

　　請參閱圖4.28，在接續點處，光功率明顯滑落代表此處為接續點，其損失的測量可估算其滑落的電平值求得，其估算原則是先在前段光纖定兩個標示點$(X_1，X_2)$，如此可求出前段光纖損失曲線斜率及其直線方程式，另在後段光纖也定兩點$(X_3，X_4)$求出後段光纖損失曲線之直線方程式，最後在接續點設定一標示點，即可得接續點之X軸座標，分別代入上述兩直線方程可求出兩Y值$(y_1，y_2)$則接續損失為$y_1 - y_2$，這些計算工

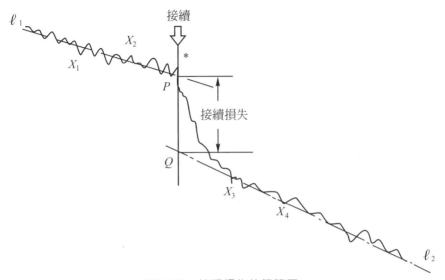

圖 4.28　接續損失估算簡圖

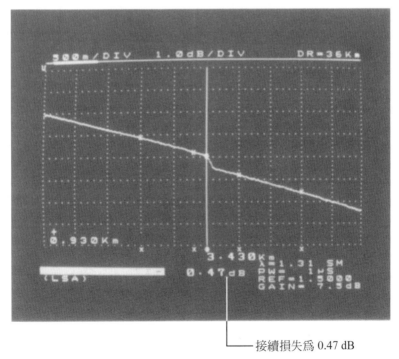

接續損失為 0.47 dB

圖 4.29　接續損失測試實例

作已不勞您費心，現階段的光時域反射儀只要您定好此五個標示點，它
會自動計算出接續損失，並顯示於螢光幕如圖 4.29 所示。

4.5.4　回切法測量接續損失

　　以光纖的接續損失均在 0.2 dB 以下，以光時域反射儀測量接續損失
雖然比較簡便，但其準確度較差，若欲得較精確的測量，宜用回切法，
其操作步驟如下：

(1)　先測量第一段光纖的末端光功率(P_1)，其測量簡圖如圖 4.30 所
　　示。

圖 4.30　步驟 1

(2)　將第一段光纖與第二段光纖先作第一次接續即 a 點處，俗稱假
　　接續(dummy splice)，然後測量出第二段光纖輸出光功率(P_2)，
　　其簡圖如圖 4.31 所示。

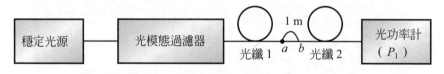

圖 4.31　步驟 2

(3)　在距離假接續點 a 一米處，即圖 4.31 中的 b 點，截斷，並測量
　　其輸出光功率($P_1{}'$)，如圖 4.32 所示。

　　若假設第二段光纖的損失為 L_2，假接續損失為 l_1 則

$$P_2 = P_1 - l_1 - L_2$$

$$P_1{}' = P_1 - l_1$$

圖 4.32　步驟 3

(4)　將 a 點處的假接續截去,重新把第一段及第二段光纖接上,此
　　次接續稱為真接續,須格外謹愼,接妥後再測量第二段光纖的
　　輸出光功率為($P_2{}'$),如圖 4.33 所示,若假設第二次接續損失為
　　l_s 則

$$P_2{}' = P_1 - l_s - L_2$$

$$l_s = P_1 - P_2{}' - L_2$$

$$L_2 = P_1 - P_2 - l_1$$

$$\quad = P_1 - P_2 + P_1{}' - P_1$$

$$\quad = P_1{}' - P_2$$

$$l_s = P_1 - P_2{}' - (P_1{}' - P_2)$$

$$\quad = P_1 + P_2 - P_1{}' - P_2{}'$$

*以回切法測量接續損失

　　由上述分析,真接續損失可由四次測量值求出,可以不必知道假設
接續損失值(l_1),第二次光纖損失值(L_2),因它們在運算中自然消去,如
此測得的直接續損失值(l_s)非常準確,但此種測量法,須多作一次假接
續及測量四個光功率值,費時費力。

圖 4.33　步驟 4

4.6 光纖頻寬的測量

　　光脈波在光纖中行進，會因色散而變寬，為了避免碼際干擾，須限制最大脈波速率，即光纖的基頻帶寬度，欲測量光纖的基頻帶特性，基本上有兩種方式，一為時域測量法，另一為頻域測量法。分別敘述如下：

1.　時域測量法(time domain measurement)

　　　　時域測量法是直接測量光脈波色散的大小，如圖 4.34 所示，激勵級產生一個極窄的脈波，半振幅脈波寬度為 W_1，它去激發雷射二極體產生光脈波，經分光器分成兩個路徑，一方面射向 APD1，經檢出後送至取樣示波器顯示，另一方面耦合入待測光纖，其輸出再經 APD2 檢出，送至取樣示波器，如圖 4.35 所示，比較兩脈波的波寬可求出脈波色散大小(Δt_f)。

$$\Delta t_f = \sqrt{W_2^2 - W_1^2} \ \text{(ns/km)}$$

則光纖頻寬可由下式換算出：

$$BW_0 = \frac{0.187}{\Delta t_f} \ \text{(GHz-km)} \cdots\cdots 斜射率多模態光纖$$

$$BW_0 = \frac{0.442}{\Delta t_f} \ \text{(GHz-km)} \cdots\cdots 單模態光纖$$

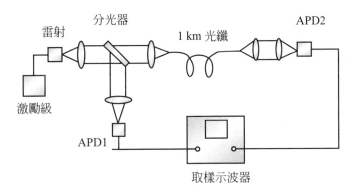

圖 4.34 時域測量法方塊圖

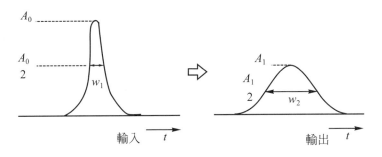

圖 4.35 測量波形

2. 頻域測量法(frequency domain measurement)

由基頻信號產生器產生頻率掃描信號,如圖 4.37(a),此信號經電→光轉換器轉換成光信號耦合入待測光纖,其輸出經光收信機轉換回基頻信號,並畫出其頻率響應曲線如圖4.37(b)所示,則其一 6 dB 之頻寬即為光纖之頻寬,整個測試方塊圖請參考圖4.36 所示。

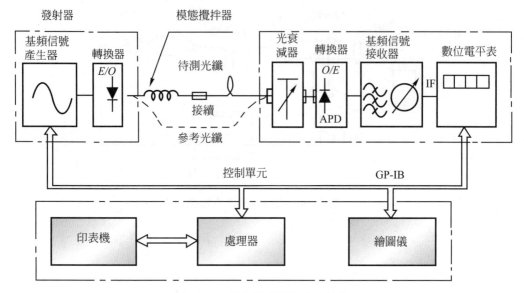

圖 4.36　頻率域測量頻寬方塊圖

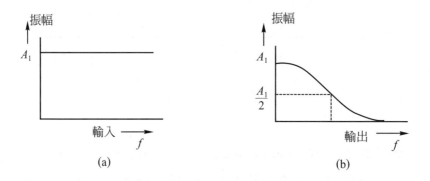

圖 4.37　頻率響應圖

習 題

1. 試述光纖的結構。
2. 如何製出纖細如絲的光纖？
3. 光纖怕水嗎？
4. 光纖怕不怕側壓？
5. 光纖依材料不同可分成那幾類？
6. 試述 MCVD 法。
7. 簡述 VAD 法。
8. 由預型體抽絲成光纖，其大小差距甚大，請問其結構是否改變？
9. 緊式二次外套和鬆式二次外套有何優劣？
10. 用回切法測量光纖損失法的優點何在？
11. 簡述光時域反射儀。它有何功能？
12. 試述時域測量法測試光纖頻寬。

參考資料

1. Motohiro Nakahara, Optical Fiber Fabrication Techniques, Tele-communication Journal, Vol.48 XI, 1981, P643～648.
2. C.P. Sandbank, Optical Fiber Communication System, chapter 3, P42～70.
3. Allen H. Cherin, An Introduction to Optical Fiber, chapter 7, P147～185.
4. Technical Staff of CSELT, Optical Fiber Communication, chapter 4, P309～372, P847～866.
5. Koichi Inada, Fiber Optics Communication, Recent Progress in Fiber Fabrication Techniques by VAD, P62～69.

Optical Fiber Communication

5

光纖通信用的光源及檢光器

　　光纖通信用的光源及檢光器為因應光纖之纖細體形而採用易於調變及耦合的半導體元件，主要的光源為發光二極體(LED)和雷射二極體(laser diode)，主要的檢光器為 PIN 檢光二極體及瀉光二極體(APD)，此章將就這四種半導體元件分別討論。

5.1　光纖通信用光源

適合於光纖通信用的光源須具備下述八個特性：

(1)　光源的體積及結構須適合且高效率的將光耦合入光纖，即它具有很好的聚光性及指向性。

(2)　光源的輸出須精確追隨調變電信號，且將失真與雜訊減至最低，理想光源它應具備線性特性。

(3)　所發射的光波長應吻合光纖損失最小，分散最少及檢光器效率最高的波長。

(4)　光源須便於電信號之調變，且具有寬頻帶調變的特性。

(5)　能有效的耦合入光纖，且其光功率強度，足以克服光纖損失及連接，接續損失，使傳遞至檢光器的光信號，仍能無錯誤的檢出。

(6)　光源的光譜(linewidth)須很窄，使光脈波在光纖中所致的色分散減至最小。

(7)　光源須有很穩定的輸出，且將外界的影響減至最低。

(8)　光源須具備極高的可靠度，較低的價格，使光纖通信優於傳統傳輸方式。

　　為了吻合上述特性，半導體光源被擇定為光纖通信用的光源，一般而言長距離，大容量光纖傳輸系統選用雷射二極體，在短距離，小容量光纖傳輸系統則選用發光二極體。

5.1.1 光的發射和吸收

在敘述光與能的轉換時，將光視爲粒子，稱爲光子(photon)，光子爲具有能量的粒子，它是原子能階轉換下的產物。當一個電子由E_2能階返回較低的E_1能階時，它須釋放出能量E。

$$E = E_2 - E_1 = hf \tag{5.1}$$

而此能量以射出光子的型態釋放，則此光子攜帶的能量爲hf，h爲蒲朗克常數($h = 6.626×10^{-34}$ J-s) f 表射光頻率，意即射光的波長取決於轉換能隙，此種現象如圖 5.1 所示，稱爲自勵射光(spontaneous emission)，如果電子由較低能階(E_1)躍到較高能階(E_2)，它必須吸收能量，即電子可吸收入射光子而轉態，如圖 5.2 所示，此種現象稱爲光的吸收，但此現象須在光子能量大於或等於能隙的條件下才會發生，我們就是利用光吸收特性發展出半導體檢光元件。

當在外來光入射情況下，且其光子能量等於能隙，此時電子由高能階回到低能階而射出光，若射出的光與入射光同極化方向，同相位則光相互增強，此現象稱爲激勵射光(stimulated emission)。我們利用此現象發展出雷射二極體，因在激勵射光的情況下光被增強，或說光被放大，且產生的光爲同調光(coherent radiation)。如圖 5.3 所示。

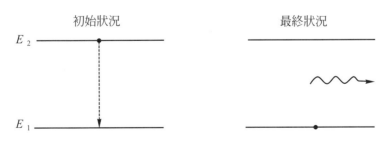

圖 5.1　自勵射光

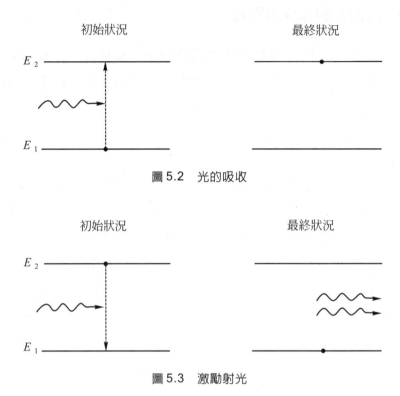

圖 5.2 光的吸收

圖 5.3 激勵射光

5.1.2 發光二極體(light emission diode)

發光二極體是由PN接面組成，且在順向偏壓的條件下發光，欲了解其動作原理，讓我們先討論其能帶分佈，圖 5.4 顯示本質半導體的能帶分佈，在非絕對零度的狀況下，有部份電子受熱激發得到能量，若所得到的能量大到E_g時，則會脫離束縛，躍到導帶，為自由載子(即自由電子)，遺留在價帶的空位稱為電洞，至於電子在溫度T時獲得能量E的機率$P(E)$可由費米-迪克分佈函數(fermi-dirac distribution function)表之，如圖 5.4(b)所示，當$P(E) = 1/2$時之能階稱為費米能階(fermi level)，它能代表電子擺脫束縛的機會。

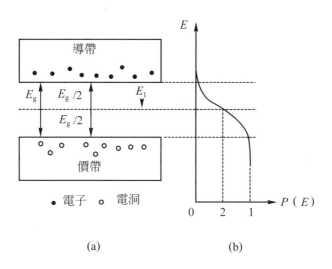

(a)　　　　　　　　　(b)

圖 5.4　本質半導體之能階分佈

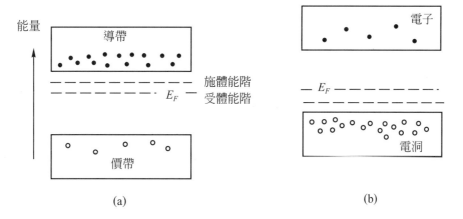

(a)　　　　　　　　　(b)

圖 5.5　(a)N型半導體之能階分佈；(b)P型半導體之能階分佈

$$P(E) = \frac{1}{1 + e^{(E - E_F)/kT}} \tag{5.2}$$

E_F：費米能階

K：Boltzmann 常數，1.38×10^{-23} J/°K

T：絕對溫度

　　若在本質半導體中加入五價雜質稱為N型半導體，其能帶圖如圖5.5(a)所示，此圖中之E_F上升，若在本質半導體中加入三價雜質(即為P型半導體)，則其能帶圖如圖5.5(b)所示，其E_F下降，如果把P型半導體與N型半導體結合，在不加偏壓下，其能帶結構如圖 5.6 所示，接面地區形成空乏區，N型側之自由電子，較難越過位能障礙。

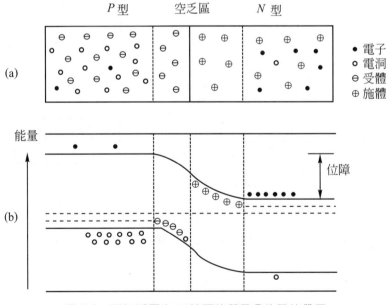

圖5.6　不加偏壓之PN接面的載子分佈及能帶圖

　　在PN二極體兩端加上順向偏壓，則其能帶結構如圖5.7所示，其位能障礙減小了，N型側之自由電子增加了，自然的，自由電子湧向P型側之導帶，同時P型側也因順向偏壓，價帶之電洞數也增加了，導帶的自由電子，與價帶之電洞結合機率變得很高，於是兩者很容易結合而發

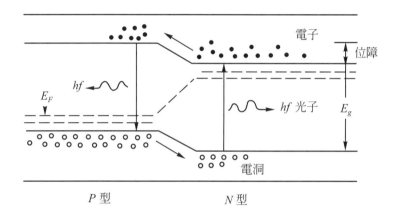

圖5.7　加順向偏壓之PN接面的載子分佈及能帶圖

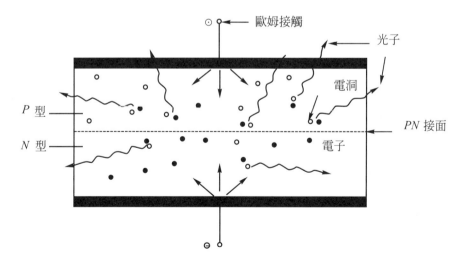

圖5.8　自由電子與電洞重合產生自勵射光

光，當然P型側的電洞也會移至N型側吸引導帶自由電子，復合發光，此狀況乃屬自勵射光，所產生的光為非同調光，如圖5.8所示。

　　前述所提之能帶結構圖為便於說明，均以理想情況敘述，實際上之能帶圖如圖5.9所示，不是很規則，像(a)圖所示，導帶最低點與價帶最高點相對，電子與電洞復合機率較高，此種材料稱為直接能隙材料，若如(b)圖所示，自由電子欲與電洞重合須轉換動量，即圖中之水平向量，其復合機率較低，稱為間接能隙材料，故欲提高自勵射光效率，宜選直接能隙材料。表5.1顯示常見的半導體材料的能隙及複合係數，可供我們參考。

　　由表5.1可見直接能隙材料之複合係數遠較間接能隙材料為高，而其中又以GaAs的複合係數最高，故第一代半導體光源即以GaAs製成，射光波長約在 $0.8 \sim 0.9$ μm。

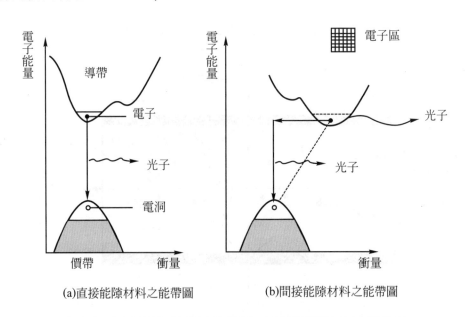

(a)直接能隙材料之能帶圖　　　　(b)間接能隙材料之能帶圖

圖5.9　(a)直接能隙材料之能帶圖，(b)間接能隙材料之能帶圖

表 5.1　材料之能隙

半導體材料	能隙(eV)	複合係數	能隙型態
GaAs	1.43	7.21×10^{-10}	直接能隙
GaSb	0.73	2.39×10^{-10}	直接能隙
InAs	0.35	8.5×10^{-11}	直接能隙
InSb	0.18	4.58×10^{-11}	直接能隙
Si	1.12	1.79×10^{-15}	間接能隙
Ge	0.67	5.25×10^{-14}	間接能隙
GeP	2.26	5.37×10^{-14}	間接能隙

5.1.2.1　發光二極體的結構

　　光纖通信用的發光二極體，可分成正面耦合式及側面耦合式兩類，正面耦合方式為了提高耦合效率，將 LED 與光纖的耦合正面，蝕刻凹陷，使光纖更接近發光區域，如圖 5.10 所示，此類又稱為 Burrus type，其中 N 型半導體有兩層，材料不同，折射率亦不同，P 型半導體亦有三層，材料不同，此種結合稱為雙異構結合(Double Heterojunction，DH)，其目的在構成發光空腔，使發出的光有效耦合入光纖。

　　為了提高耦合效率，也有利用透鏡，將 LED 發出的光聚合入光纖，如圖 5.11 所示，它是將光纖末端製成球形，其耦合效率約 6%，另如圖 5.12 所示，將 LED 正面蝕刻凹槽，再置入一球鏡，其功率轉換率約 0.4%。如圖 5.13 所示為另一種球面鏡耦合方式，球面鏡直接與基片結合，使耦合效率達 15%。

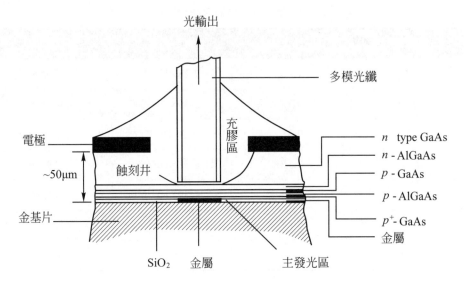

圖 5.10　AlGaAs 正面耦合 LED

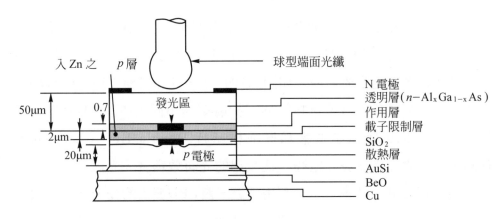

圖 5.11　利用光纖端面製成球狀以利耦合

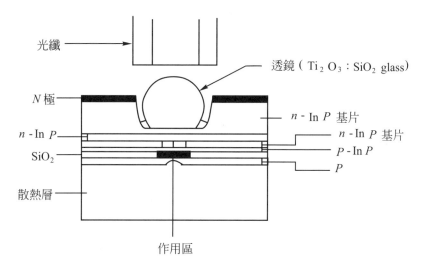

圖 5.12　利用球型透鏡作正面耦合之 LED

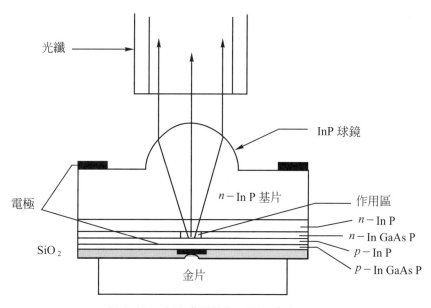

圖 5.13　內建式透鏡作正面耦合之 LED

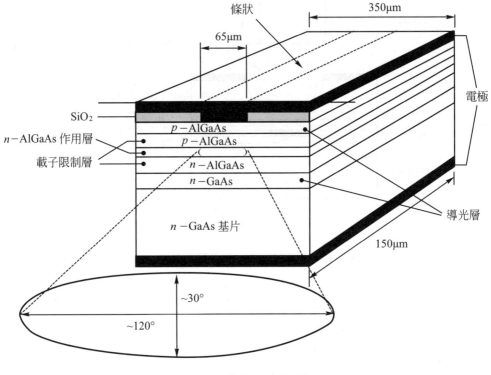

圖 5.14　側面耦合之 LED

　　另一類發光二極體為側面耦合方式，如圖 5.14 所示，此法也是利用 DH 結構限制發光區厚度小至 50～100 μm，擴散角約 30°，至於橫向方面，乃利用金屬接觸部份作成條狀，自然限制作用區，使其射光角度約 120°，由圖中可見其光點為橢圓狀。至於正面耦合與側面耦合之比較可如圖 5.15 所示，顯然正面耦合方式在同一激發電流下輸出功率較大，而側面耦合之線性較佳。

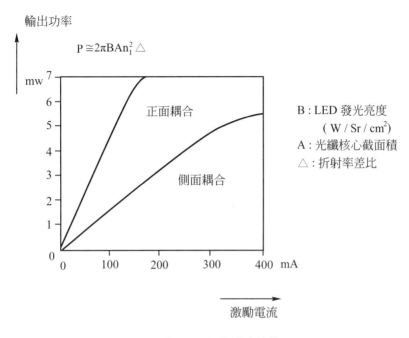

圖 5.15　LED 之輸出特性

5.1.2.2　發光二極體的特性

此節分別討論 LED 的輸出光譜、調變頻寬及可靠度。

1.　輸出光譜：發光二極體是以自勵射光方式產生光，它在室溫環境下，波長範圍在 0.8～0.9 μm 時，它的半功率波譜寬度約 25～40 nm，如圖 5.16 所示，若波長範圍在 1.1～1.7 μm 時，因所有材料能隙較小，使半功率波譜寬度增加到 50～100 nm。半功率波譜寬度也會隨著接面溫度的上升而擴大，約 0.3～0.4 nm/℃。因此 LED 須加裝散熱器。

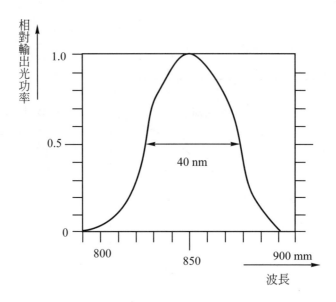

圖 5.16　LED 之典型光譜

2. 調變頻寬：LED的雜散電容，注入載子活期及作用層摻雜濃度，會影響到 LED 的調變頻寬，一般而言，LED 以自勵射光方式發光，而自勵射光的注入載子活期較激勵射光高，所以 LED 的調變頻寬較雷射二極體窄，目前商用LED之調變頻寬約 100 MHz～1 GHz，此處值得強調的是光通信系統的頻寬之定義，可從電的觀點定義及光的觀點定義，電的頻寬是以檢光器的輸出功率(I_{out}^2/R_{out})比輸入光源的電功率(I_{in}^2/R_{in})低 3 dB 即：

$$10 \log_{10} \frac{(I_{out}^2/R_{out})}{(I_{in}^2/R_{in})} = -3 \text{ dB} \tag{5.3}$$

假設 $R_{in} \approx R_{out}$

$$\Rightarrow 10 \log_{10} \left(\frac{I_{\text{out}}}{I_{\text{in}}} \right)^2 = -3 \text{ dB}$$

$$\left(\frac{I_{\text{out}}}{I_{\text{in}}} \right)^2 = \frac{1}{2}$$

$$\frac{I_{\text{out}}}{I_{\text{in}}} = \frac{1}{\sqrt{2}} = 0.707 \qquad (5.4)$$

如圖 5.17 所示，$\frac{I_{\text{out}}}{I_{\text{in}}}$ 比落至 0.707 之頻寬為電的頻寬，若從光的觀點，光的頻寬定義為檢光器接收到的光功率P_{in}比光源發射出的光功率P_{out}低 3 dB 時之頻寬，即

$$10 \log_{10} \frac{P_{\text{in}}}{P_{\text{out}}} = -3 \text{ dB} \qquad (5.5)$$

$$\therefore \frac{P_{\text{in}}}{P_{\text{out}}} \propto \frac{I_{\text{out}}}{I_{\text{in}}} \qquad (5.6)$$

$$\Rightarrow \frac{I_{\text{out}}}{I_{\text{in}}} = \frac{1}{2}$$

$$\Rightarrow 20 \log_{10} \frac{I_{\text{out}}}{I_{\text{in}}} = -6 \text{ dB} \qquad (5.7)$$

顯然光的頻寬較電的頻寬大，相當於－6 dB 之電的頻寬，一般較習慣用電的頻寬衡量。

3. LED的可靠度：LED會因內部雜質漸漸遷移入作用區而漸老化，其老化的速率β_r表示為：

$$\beta_r = \beta_0 e^{-E_a/KT} \qquad (5.8)$$

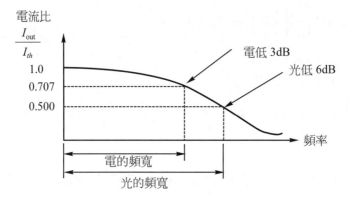

圖 5.17　調變頻寬示意圖

β_0：比例常數

E_a：動能，GaAs/AlGaAs正面耦合之發光二極體$E_a = 0.5 \sim 0.6$ eV，InGaAsP/InP 正面耦合發光二極體，$E_a = 0.9 \sim 1.0$ eV

K：波茲曼常數

T：射光區之絕對溫度

LED 之輸出光功率$P_e(t)$可表為：

$$P_e(t) = P_{\text{out}} e^{-\beta_r t}$$

P_{out}：LED 之最初輸出光功率

t：時間

　　現階段 AlGaAs 發光二極體能在室溫下連續工作$10^6 \sim 10^7$小時($100 \sim 1000$ 年)，而 InGaAsP 正面耦合發光二極體(它的射光波長約 $1.1 \sim 1.7$)能在室溫下連續工作10^9小時。

5.1.3　雷射二極體

　　上節所述的發光二極體是利用自勵射光方式發光，其輸出光功率約−14 dBm，若要增強其輸出光功率，可適當的將所產生的光回授，使之發生激勵射光，如圖 5.18，電子與電洞復合，發生自勵射光，再經端面反射，激發其他電子與電洞復合，發生激勵射光，而產生光的累積放大，如此不斷反射，累積放大的現象稱為雷射作用(lasering)，而LASER (light amplification by stimulated emission of radiation)的意義正是利用激勵射光達成光的累積放大，若我們將發光二極體的結構加以改良，使它能產生雷射作用，使其輸出光功率加大，則此二極體稱為雷射二極體(laser diode)。

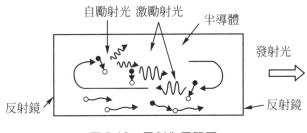

圖 5.18　雷射作用簡圖

　　產生雷射作用的區域稱為雷射共振腔(laser cavity)，共振腔的軸向寬度(L)決定射光波長，因光在兩端面反射鏡間來回行進，則會產生駐波，如圖 5.19 所示，就像你手執一根繩子的一端，將另一端固定在牆上，當你抖動繩子，則會產生駐波，且繩子的長度為駐波之半波長的整數倍，至於雷射作用也是一樣，射光波長取決於下式：

$$\frac{\lambda}{2n} \cdot q = L \tag{5.9}$$

CH **5**

式中 λ：射光波長

　　　　q：整數，表模態數

　　　　n：雷射空腔之材料折射率

q為整數值，亦即每給一個q值，則有一個波長滿足上式，即：

$$\Delta\lambda = \frac{-\lambda^2}{2nL} \tag{5.10}$$

$$|\Delta\lambda| \ll \lambda_q$$

　　如上所述，縱向模態所指的是射光波長的個數，因雷射的輸出不像發光二極體的連續光譜，而是像圖 5.19(b)所示為非連續光譜。

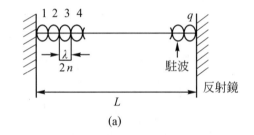

(a)

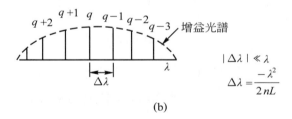

(b)

圖 5.19　雷射共振腔之縱向模態

　　雷射共振腔為長方體，為一棒型介質波導，其橫切向(transverse direction)條件限制了傳導模態，即如棒型波導所述的空間模態，在此稱為橫切向模態。

縱向模態(longitudinal mode)決定雷射二極體的射光波長，即輸出光譜，而橫切向模態(transverse mode)決定輸出的空間模態，影響其聚光性。

5.1.3.1 單接面注入式雷射二極體

最基本的雷射二極體如圖 5.20 所示，由 P-GaAs 及 N-GaAs 構成單接面，加以順向偏壓時，電子被注入P型區而發光，接面區形成 Fabry-Perot 式空腔，兩端面因由晶體切割而形成鏡子，造成雷射作用使輸出光功率增強，此種雷射二極體結構簡單但其臨限電流密度很大($> 10^4$ A/cm^2)，且發光效率低。

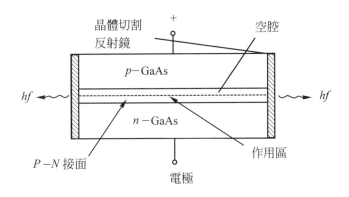

圖 5.20 LD 基本結構圖

5.1.3.2 雙異構物接面注入式雷射二極體

為改善上述雷射二極體的缺點，改以雙異構物接面結構，如圖 5.21 所示，P 型側由P$^+$-GaAs，P-Al$_x$Ga$_{1-x}$As及 P-Al$_y$Ga$_{1-y}$As三層接合而成，N 型側由N$^+$-GaAs 及 N$^-$-Al$_x$Ga$_{1-x}$As組成，當P型與N型半導體接合後，因Al$_x$Ga$_{1-x}$As與Al$_y$Ga$_{1-y}$As兩種材料的折射率不一樣，而使 P-

$Al_yGa_{1-y}As$ 層構成雷射作用層，即為一空腔，兩端面也由晶體切割形成反射鏡面，另外金屬層與半導體的接觸部份，以條狀接觸，限制注入電流範圍，如此可將發光區限制在很小的範圍，一般作用區約 0.3～0.5 µm，條狀金屬接觸寬度約 10 µm，其輸出光束擴散角垂直方向約 45°，水平方向約 9°。

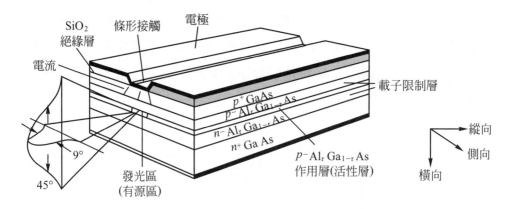

圖 5.21　雙異構物接面注入式 LD(引自參考資料九、十)

5.1.3.3　注入式雷射二極體的特性

　　注入式雷射二極體已為光纖通信系統的主要光源，它的工作特性直接影響傳輸品質，以下就其主要特性分述之。

1.　輸出光功率特性

　　當注入式雷射二極體施以順向偏壓電流時，即會發光，但在電流未達臨限電流值(threshold current，I_{th})之前僅自勵射光，輸出光功率與輸入電流成正比，一直到電流超過臨限電流值，方產生雷射作用，輸出光功率急速上升，如圖 5.22 所示。

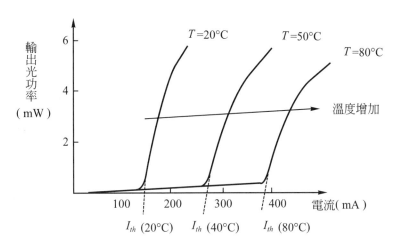

圖 5.22　臨限電流

　　由圖可見，臨限電流值為溫度的函數，溫度愈高，臨限電流值愈大，其關係如下式：

$$J_{th} \propto e^{\frac{T}{T_0}}$$

　　J_{th}：臨限電流密度

　　T：元件的絕對溫度

　　T_0：特性溫度

　　特性溫度因材質而定，AlGaAs 複合半導體之 T_0 為 120～190°K，InGaAsP 複合半導體之 T_0 為 40～75°K，由此可見 InGaAsP 雷射二極體之溫度影響較大。

2. 調變頻寬

　　雷射二極體的發光是以激勵射光方式，其注入載子活期較發光二極體短，故其調變頻寬較大，因而雷射二極體多使用為高速率調變光源。

　　　　影響雷射二極體調變頻寬的原因，如圖 5.23 所示，當偏壓加至雷射二極體時，須有一段時間建立光子密度，方能產生雷射作用，此段時間稱為切換延遲時間(switch-on delay，t_d)，t_d 可能大到 0.5 ns，改善 t_d 的方法是預加偏壓給雷射二極體。

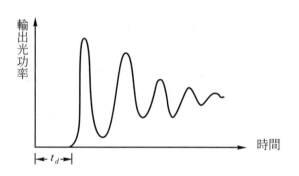

圖 5.23　鬆弛振盪現象

　　　　當雷射二極體產生雷射作用之初，輸出光功率振幅有振盪現象，如圖 5.23 所示，稱之為鬆弛振盪(relaxation oscillations)，此現象也限制了雷射二極體的調變頻寬。改善之道為改良雷射二極體的幾何造形(如 BH、TJS、CSP、CDH 等雷射二極體)。

3. 輸出自我脈動現象(self pulsations)

　　　　此現象有別於鬆弛振盪，它是發生在雷射二極體連續工作數百小時之後，由於元件老化、劣化而發生，其脈動頻率約 0.2～4 GHz，改善的方法可外加一反射鏡將光回授，或改變激勵電路的電抗，但效果不佳。

4. 雜訊

　　　　雷射二極體的雜訊來源有

(1)　量子雜訊(quantum noise)：由於激勵射光及自勵射光的隨機特性所致。

(2) 由輸出自我脈動現象所造成。

(3) 由於輸出耦合元件反射回來信號所造成的雜訊。

(4) 分配雜訊(partition noise)：由於溫度變化時，各模態功率分配發生變化所致，如圖5.24所示，此雜訊只存在於多模態雷射二極體。

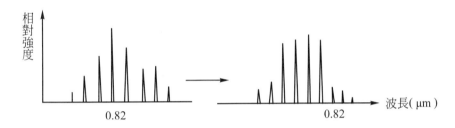

圖5.24　分配雜訊

(1)部份屬固有雜訊，(2)、(3)及(4)部份可藉光隔離器及回授穩定元件改善之。

5. 模態跳躍現象

此現象乃針對單縱向模態雷射二極體而言，當元件接面溫度上升時，輸出會從一個縱向模態，躍升至較長波長的縱向模態，躍升幅度約0.05～0.08 nm/°K，改善之道是加裝元件散熱裝置，或於偏壓電路加入溫度補償電路，此現象如圖5.25所示。

6. 可靠度

雷射二極體的可靠度仍是主要問題，造成元件劣化有二個因素，即驟然劣化(catastrophic degradation)及漸近劣化(gradual degradation)，驟然劣化是由於作用區內光子密度太高，而致端面傷害使雷射二極體立即損壞，至於漸近劣化是由於不射光的電子電洞對重合，其能量造成雷射二極體的內部傷害；這兩種因素造成雷射二極體的壽命很短，最初期的元件壽命僅幾小時，近年

　　來改善端面形成技術、晶體的長成、材料選擇及元件製作技術，
注入式雷射二極體的壽年已改善至＞10^6小時(大於一百年)。

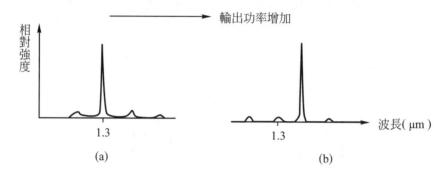

圖 5.25　縱向模態跳躍現象

5.1.3.4　輸出耦合及包裝

　　若欲將雷射二極體之輸出光束有效的耦合入光纖，可利用各式鏡片
將光束聚光射入光纖核心，如圖 5.26 所示，(a)圖是利用 SELFOC 透鏡

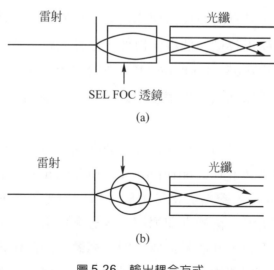

圖 5.26　輸出耦合方式

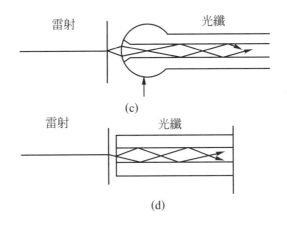

(c)

(d)

圖 5.26　輸出耦合方式(續)

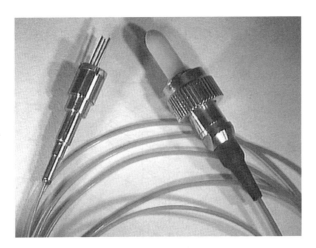

圖 5.27　LD 模組實體圖

作爲聚光元件，它本身即是一段折射率分佈爲拋物狀之光纖，其耦合效率約 60%，(b)圖是利用光纖橫置，也可達聚光效果，其耦合效率約 30%，(c)圖是利用球型鏡作爲聚光元件，其耦合效率約 20%，當然也可利用直接耦合方式如(d)圖所示。圖 5.27 則爲一實體範例，它已含輸出光纖及連接器，便於使用者利用。

5.1.3.5　單模態注入式雷射二極體(Dynamic-Single-mode Laser Diode，DSM Laser Diode)

　　輸出為單模態且能接受高速率調變的雷射二極體稱為 DSM 雷射二極體，尤其在波長為 1.55 μm 處，光纖的損失極低，極須窄光譜的光源使光脈波色散減少，DSM 雷射因而應運而生。

　　DSM 雷射二極體必然包括縱向雷射選擇諧振器(longitudinal mode selective resonator)及橫切向模態控制器(transverse mode control mechanism)，所謂縱向模態選擇諧振器，其目的在使雷射二極體的輸出為單一的縱向模態，其結構有 DBR(Distributed Bragg Reflector)及 DFB(Distributed Feedback Bragg)，意即於雷射作用空腔之波導刻槽，使其具有光柵作用，則雷射作用空腔選擇單一縱向模態諧振，圖 5.28 即

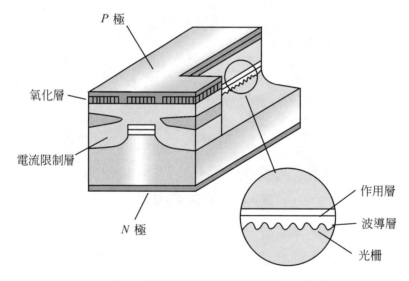

(a) DFB LD 的結構圖

圖 5.28

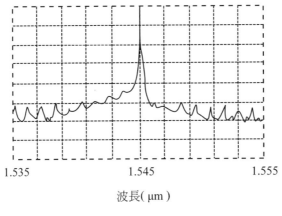

(b)DFB LD 的輸出光譜

圖 5.28　(續)

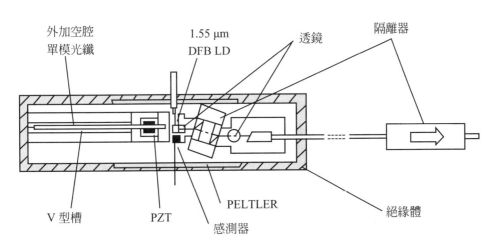

圖 5.29　外加空腔式 LED

為DFB Laser的簡圖。至於橫切向模態控制器是將雷射作用空腔製成窄長條折射率導引式波導，其目的在使雷射的輸出為單一橫切向模態。

　　另一種能有效縮減輸出光譜寬度的有效方法，是使用外加空腔方式，即將雷射二極體的部份輸出打入外加空腔，過濾掉其他模態，僅餘單一模態再回授激發雷射二極體，圖 5.29 即為一範例，為一 1.55 μm DFB LD，它的外加空腔為一小段單模態光纖。

5.1.4　發光二極體與雷射二極體之比較

(1)　耦入光纖之光功率：發光二極體為自勵射光，其耦入光纖之光功率較低約數微瓦($\sim$μW)，雷射二極體採激勵射光有較大的輸出約數毫瓦($\sim$mW)。

(2)　調變頻寬：雷射二極體的調變頻寬大於發光二極體。

(3)　半功率光譜寬度：發光二極體之半功率光譜寬度(約 30$\sim$40 nm)遠大於雷射二極體(約 1 nm)，此特性雷射二極體較優。

(4)　聚光性：雷射二極體優於發光二極體。

(5)　同調性：雷射二極體的輸出光之同調性佳，適於作為同調光纖通信系統的光源，而發光二極體的輸出光為非同調光。

(6)　可靠度：發光二極體的可靠度優於雷射二極體，因它受驟然劣化和漸近劣化的影響較小。

(7)　線性：發光二極體的線性較佳，而雷射二極體須經雷射作用，為非線性特性。如圖 5.30 所示。

(8)　溫度影響：發光二極體受溫度的影響小於雷射二極體。

(9)　激勵級電路：發光二極體的激勵級電路較簡單，而雷射二極體為了穩定其輸出，其電路非常複雜。

(10)　結構：發光二極體的結構較雷射二極體簡單。

(11)　價格：發光二極體的價格比較便宜。

由以上比較可知發光二極體適用於短距離、小容量的光纖通信系統，如用戶迴線系統，而雷射二極體適用於長距離、大容量光纖通信系統，如長途中繼系統。

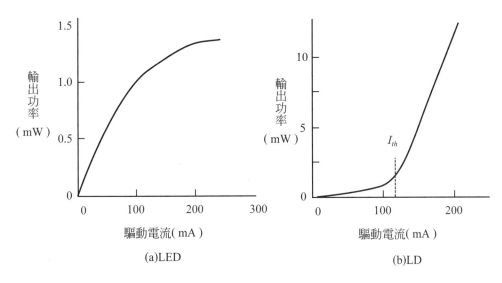

圖 5.30　光源之驅動電流與輸出功率之關係

5.2　光纖通信用之檢光元件

　　檢光器的作用是將光信號還原成電信號，其工作特性之良窳直接影響系統特性，所以檢光器必須具有以下條件：

(1)　在工作波長範圍，須具有高靈敏度特性。

(2)　高傳真度。

(3)　高量子效率：在一定的光射入，能有最大的電信號輸出。

(4)　高速率響應，即具有很短的響應時間。

(5)　在檢光過程介入的雜音愈小愈佳。

(6)　具有穩定的工作特性，即不受外界條件影響，如溫度變化。

(7)　體積小：適合與光纖耦合。

(8)　低偏壓：使所須電源容易達成。

(9)　高可靠度。

(10)　低價格。

現階段能滿足上述要求者為PIN檢光二極體及瀉光二極體(avalanche photodiode，APD)二種。

5.2.1 檢光原理及特性

若將*PN*接面二極體施以反向偏壓則如圖5.31所示，會形成空乏區，區內無自由電子，即區內所有電子均處價帶(E_V)，當入射光的光子能量

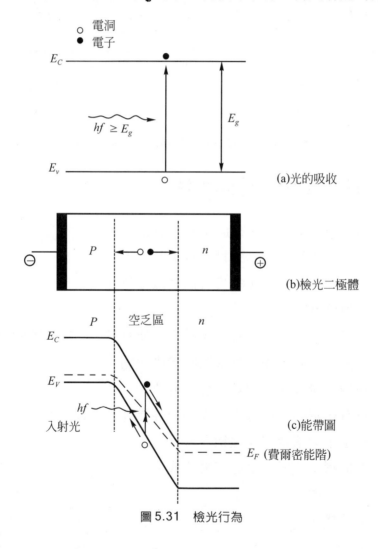

圖 5.31   檢光行為

(hf)大於或等於能隙(E_g)時，光子會激發電子躍升至導帶(E_c)，而產生自由電子、電洞對，此自由電子及電洞分別受兩邊電場之吸引，而產生位移電流，如此即可將入射光檢測成電流。

檢光行為的特性可分下列幾項：

1. 吸收係數

   檢光二極體吸收入射光子以產生檢光電流，取決於檢光二極體的材料吸收係數(α_0)，其關係可如下式：

   $$I_P = \frac{P_0 e(1-r)}{hf}[1 - \exp(-\alpha_0 d)] \tag{5.11}$$

   I_P：檢光電流

   P_0：入射光功率

   r：Freshnel 反射係數

   d：吸收區寬度

   α_0為波長函數，圖 5.32 顯示現用檢光二極體材料的吸收係數，顯然矽(Si)適用於短波長，鍺(Ge)適用於長波長。

2. 量子效率(quantum efficiency)

   量子效率(η)定義為被激發產生的自由電子數除以入射光子數，即

   $$\eta = \frac{光激發產生的自由電子數}{入射光子數} \tag{5.12}$$

   $$= \frac{r_e}{r_p}$$

   r_p：入射光子率(每秒入射光子數)

   r_e：自由電子率(每秒產生的光激發自由電子數)

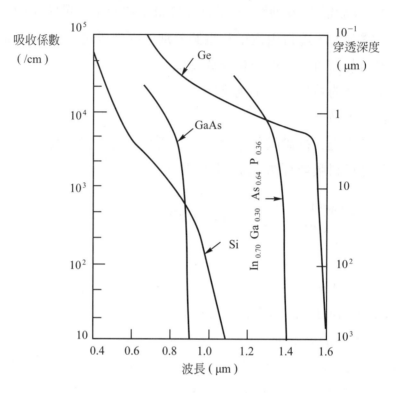

圖 5.32　吸收係數與波長關係

　　量子效率取決於吸收係數(α_0)，亦為波長函數，一般都小於一。

3.　響應度

　　響應度(R)表示檢光器之光電轉換特性，可定義為

$$R = \frac{I_p}{P_0} \ (\text{A/W}) \qquad (5.13)$$

(5.12)式中的r_p、r_e可寫成：

$$r_p = \frac{P_0}{hf}$$

$$r_e = \eta r_p$$

$$\Rightarrow r_e = \frac{\eta P_0}{hf}$$

$$\therefore I_P = r_e \cdot e = \frac{\eta P_0 e}{hf}$$

e：電子荷電量

$$\Rightarrow R = \frac{\eta e}{hf}$$

$$\because f = \frac{e}{\lambda}$$

$$\Rightarrow R = \frac{\eta e \lambda}{hc} \qquad\qquad (5.14)$$

顯然由(5.14)式可見響應度為波長及量子效率的函數。

例 0.85 μm 波長的光子 4×10^{10} 個入射至檢光器，產生 1.2×10^{10} 個自由電子，請算出量子效率及響應度？

解 $\eta = \dfrac{1.2 \times 10^{10}}{4 \times 10^{10}}$

$\quad = 0.3$

$R = \dfrac{\eta e \lambda}{hc}$

$\quad = \dfrac{0.3 \times 1.602 \times 10^{-19} \times 0.85 \times 10^{-6}}{6.626 \times 10^{-34} \times 2.998 \times 10^{8}}$

$\quad = 0.2055 \text{ A/W}$

4. 截止波長

入射光子的能量必須大於或等於能隙(E_g)方能激發出自由電子電洞對，即

$$\frac{hC}{\lambda} \geq E_g$$

$$\Rightarrow \lambda \leq \frac{hC}{E_g} \tag{5.15}$$

由(5.15)式可看出，檢光器對入射光的波長有一個臨限點(λ_c)稱為最長截止波長。

$$\lambda_c = \frac{hC}{E_g} \tag{5.16}$$

如圖 5.33 所示，檢光器的響應度在波長為λ_c時，降為零。即其工作波長須小於截止波長(λ_c)。

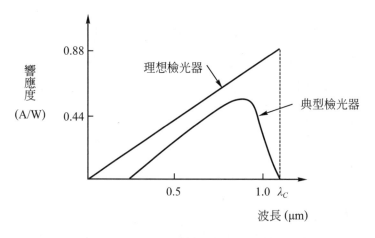

圖 5.33　檢光器之截止波長

5.2.2　PIN 檢光二極體

在(5.11)式中，檢光電流與吸收區寬度(d)成正比，因此加寬空乏區寬度，即會增加檢光電流，為了增加空乏區寬度可在PN接面中間插入本質半導體，如圖 5.34 所示，此種檢光二極體依其結構稱爲 PIN 檢光二極體，若在其兩端施以逆向偏壓，即可有效增大空乏區寬度或吸收區寬度。圖 5.35 爲 PIN 檢光二極體的結構圖，光由 P 層射入，而其表面鍍上一層抗反射膜，空乏區部份約 20～50 μm，能使量子效率達 85%，響應速率小於 1 ns，暗電流小於 1 nA。

　　PIN 檢光二極體一般工作於兩種模式，一爲在不外加偏壓的情況下，作爲微弱光檢出器，即所謂「photovoltaic mode」，另一爲外加逆向偏壓情況下，即用於光纖通信之檢光器，稱爲光導模式(photoconductive)，其輸出特性曲線如圖 5.36 所示。

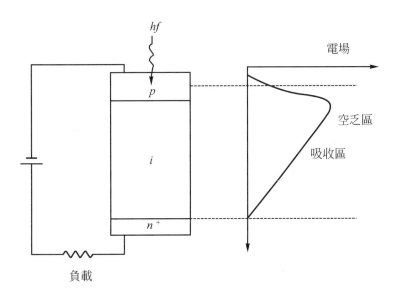

圖 5.34　PIN-PD 的檢光行為

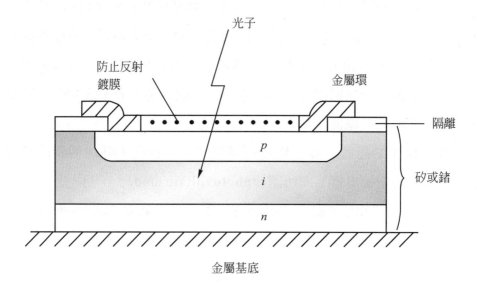

圖 5.35　PIN 檢光二極體

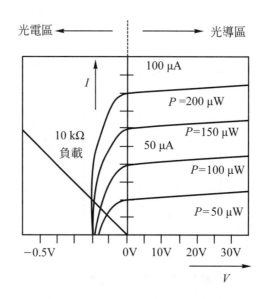

圖 5.36　PIN 檢光二極體之輸出特性曲線

5.2.3　瀉光二極體(Avalanche Photo Diodes，APD)

　　一般的光接收機所接受的光功率僅數奈瓦(nW)，就一個高響應度的
PIN檢光二極體而言，僅能產生數奈安(nA)的位移電流，這麼微弱的信
號電流，極易受放大器雜音掩蓋，因此我們希望加大檢光器之輸出，而
發展出瀉光二極體，如圖 5.37 所示，n^+層與 p 層的接面區形成高電場
區，Ⅰ層為光吸收區，當光射入Ⅰ層，產生一次自由電子電洞對，受外
加電場的吸引，使自由電子游向高電場區，即朝p層與n^+層方向位移，
此時自由電子受高電場引力而加速，並與週圍之原子碰撞，而再游離出
新的電子電洞對，稱為二次電子電洞對，新的電子亦受加速而碰撞其他
原子，再產生電子電洞，如此將一次電子加速而不斷綿續繁衍出新的二
次電子的動作，猶如雪崩一般，此過程稱之為累積崩潰過程(avalanche
process)，乃屬隨機過程(random process)，其與檢光器材料、高電場
區電場強度及寬度、溫度有關，在短波長光域(0.8～0.9 μm)使用矽-瀉
光二極體，在長波長光域(1.1～1.6 μm)使用鍺-瀉光二極體，此類 Ge-
APD 的暗電流較大(在累積增益為 10 時之暗電流約 1 μA)，故新的發展
朝向Ⅲ-Ⅴ複合材料之瀉光二極體(如 InGaAsP/InP-APD)，它的暗電流
較小(在累積增益為 10 時，暗電流約為 200 PA)；因瀉光二極體須要高
的加速電場，故其兩端之反向偏壓值約100～400 V。

　　受光區須限制於瀉光二極體的空乏區內，因如光在非空乏區被吸
收，所產生的電子、電洞對，將會向空乏區擴散，使空乏區產生之位移
電流受延遲，如瀉光二極體工作於高速傳輸狀況下，則其檢出脈波會變
形，所以受光區寬度須在空乏區範圍內。圖 5.38 所示為一實用瀉光二極
體的實體圖。

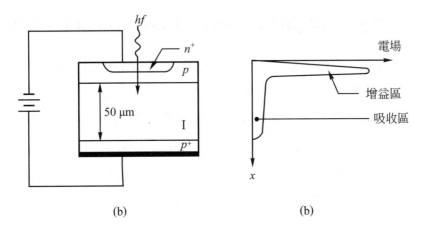

(b)　　　　　　　　　　　　　(b)

圖 5.37　瀉光二極體示意圖

圖 5.38　瀉光二極體實體圖

　　二次電子電洞對總數與一次電子電洞對總數之比稱為累積增益(mul-tiplication factor，*M*)，

$$M = \frac{I}{I_P}$$

I：在正常的工作電壓下(即已產生累積崩潰時)的輸出電流

I_P：一次位移電流

例　一矽製瀉光二極體，工作於 0.9 µm 波長，量子效率為 80%，當入射光為 0.5 µW 時其輸出電流為 11 µA，請算出累積增益？

解

$$R = \frac{\eta e \lambda}{hC}$$

$$= \frac{0.8 \times 1.602 \times 10^{-19} \times 0.9 \times 10^{-6}}{6.626 \times 10^{-34} \times 2.998 \times 10^{8}}$$

$$= 0.581 \text{ A/W}$$

$$I_P = R \cdot P_0$$

$$= 0.5 \times 10^{-6} \times 0.581$$

$$= 0.291 \text{ µA}$$

$$I = 11 \text{ µA}$$

$$M = \frac{I}{I_P}$$

$$= \frac{11 \times 10^{-6}}{0.291 \times 10^{-6}}$$

$$= 37.8$$

故其累積增益為 37.8。

　　累積增益屬隨機過程，故一般以平均累積增益表示之，它會隨溫度的升高而降低，這是因為電子在兩次撞擊的間隔，隨溫度增加而縮短，因此電子在較短的時間內獲取足夠能量，作游離性撞擊的機率降低，圖 5.39 顯示累積增益與溫度之關係。

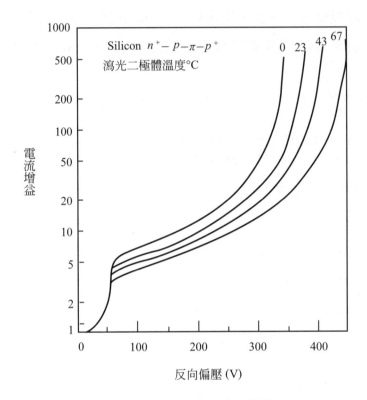

圖 5.39 累積增益與溫度的關係

5.2.3.1 瀉光二極體的缺點

瀉光二極體能透過累積崩潰過程，得以放大，使輸出電流較大，但也因此而有幾項缺點：

(1) 由於其結構複雜，不易製造，故其成本較高。

(2) 因累積崩潰過程屬隨機過程，所以在經累積放大過程中，會介入雜音。

(3) 需外加較高的偏壓。

(4) 累積增益受溫度影響，故須加複雜的溫度補償電路。

(5) 一般而言，瀉光二極體工作在反偏 300 V時，其增益範圍從10至 100 以上，其響應時間約 1 ns，其響應速度是因瀉光二極體，須經累積崩潰過程而較PIN檢光二極體慢，故在高速之光接收機則用PIN＋FET，也就是利用PIN之高速檢光及FET之低雜音放大，而得較佳之檢光特性。

習 題

1. 光纖通信用的光源需具備什麼條件？
2. 何謂自勵射光及激勵射光？
3. 發光二極體如何射光？
4. 何謂直接能隙及間接能隙？
5. 如何提高發光二極體的輸出耦合效率？
6. 要產生雷射作用有何條件？
7. 何謂縱向模態？如何減少縱向模態？
8. 為何雷射二極體的調變頻寬優於發光二極體？
9. 雷射二極體為何受溫度影響？
10. 雷射二極體與發光二極體相較優劣如何？
11. 光纖通信用的檢光器需具備哪些條件？
12. 光纖通信用的檢光器有哪些？請簡述之？
13. 試述 PIN 檢光二極體與 APD 的優劣？
14. 檢光器的響應度與何有關？
15. 何謂檢光器的截止波長？
16. 瀉光二極體是否受溫度影響？
17. 檢光器介入哪些雜訊？

18. 檢光器之暗電流如何改善？

參考資料

1. Technical Staff of CSELT, Optical Fiber Communication, part II, P377~496.

2. D.H. New Men M.R. Matthews & I. Garrett, Sources for Optical Fiber Communication, Telecommunication Journal Vol.48 XI/1981.

3. Hans Melchior, Photodetector for Optical Communication Systems, proc. IEEE Vol.58, No.10 Oct. 1970, P1466~1486.

4. T.P. Lee, Recent Developments in Light Emitting Diodes for Optical Fiber Communication Systems, Proc. SOC. Photo Opt. Instrum. Eng. (USA), 224, P92~101, 1980.

5. M. Abe, I. Umebu, ect. Highly Efficient Lang Lived GaAlAs LED, for Fiber Optical Communications, IEEE Trans. Electron. Devices, ED-24(7), 1977, P990~994.

6. R.C. Goodfellow, A.C. Carter, I. Griffith and R.R. Bradley, GaInAsP/InP with Efficient Lens Coupling to Small Numorical Aperture Silica Optical Fibers, IEEE Trans. Electron. Devices ED-26(8), 1979, P1215~1220.

7. O. Vada, S. Yamakoshi, A. Masayuhi, Y. Nishitani and T. Sakurai, High Radiance InGaAsP/InP Lensed LEDs for Optical Communication Systems at 1.2~1.3 μm, IEEE J. Quartum Electron QE-17(2), 1981, P174~178.

8. D. Marcuse, LED Fundamentals: Comparison of Front and Edge Emitting Diodes, IEEE J. Quantum Electron, QE-13(10), 1977, P819~827.

9. J.C. Dyment, L.A. D'Asaro, J.C. Norht, B.I. Miller and J.E. Ripper, Photon Bombardment Formation of Strip Geometry Heterostructure Lasers for 300K CW Operation, Proc. IEEE, 1972, P726~728.

10. H. Kressel and M. Eltenburg, Low Threshold Double, Heterojunction AlGaAs/GaAs Laser Diodes Theory and Experiment, J. Appl. Phys. 47(8), 1976, P3533~3537.

Optical Fiber Communication

6

光纖通信系統設計

6.1　光纖通信系統之設計考慮

　　光纖具有損失小、頻寬大、質輕細徑等優點，當然光纖通信系統的設計須善用這些優越特色；一般依信號傳輸方式可分成數位傳輸方式及類比傳輸方式，但就光纖通信系統的特性而言，較適合數位傳輸方式，而就頻寬的使用率而言，類比傳輸方式較佳。

　　光纖通信系統主要考慮是光纖的損失及色散，因為損失的大小，直接影響到中繼距離，而目前光纖在 1.3 μm 波長的損失僅 0.5 dB/km，在局間中繼應用上，不須加裝局外中繼器，這正是光纖通信系統最吸引人的優點。另外脈波色散，限制了傳輸容量，因此在系統的設計考慮上，可依這兩項特性分成損失限制系統(loss limited system)及色散限制系統(dispersion limited system)，損失限制系統一般是在較長距離的系統，因光纖的損失限制了系統的最大中繼距離，而色散限制系統則是指較大容量的系統會因脈波色散而限制了系統的傳輸距離。

　　光纖通信系統的基本規格要求如下：

(1)　傳輸方式：指類比方式或數位方式。

(2)　系統傳真度：數位系統評估其收信誤碼率(BER)；類比系統評估其收信訊號雜音比。

(3)　所需傳輸頻寬。

(4)　最佳中繼距離。

(5)　成本。

(6)　可靠度。

6.1.1　元件的選擇

為了達成系統規格要求，須審慎選擇系統元件，下列為各元件的考慮因素，作為選擇元件之參考。

⑴　光纖的選擇：首先決定單模光纖或多模光纖，一般在大容量、長距離的系統選用單模光纖，在小容量、短距離的系統選用多模光纖，決定此因素之後再依網路的預測決定光纜的蕊數、大小，然後決定光纖的參數如孔徑、損失、色散、截止波長、核心直徑、外殼直徑、模場直徑、抗張強度、佈纜、接續等。

⑵　光源的選擇：在長距離、大容量系統選用雷射二極體，在短距離、小容量系統選用發光二極體，然後決定其特性要求如耦合入光纖的光功率、上升及下降的響應時間、穩定度等。

⑶　光發射機的組態：決定數位傳輸方式或類比傳輸方式，再決定輸入阻抗、供給電壓、動態範圍、光回授控制方式等。

⑷　檢光器的選擇：決定選用PIN檢光二極體或瀉光二極體，再決定檢光器參數如響應度、響應時間、受光區範圍直徑、偏壓及暗電流等。

⑸　光接收機的組態：前置放大器的特性要求、誤碼率或訊號雜訊比的要求、動態範圍等參數。

⑹　調變方式及信號傳輸碼型的選擇。

為達成系統特性的要求，各元件的選擇須相互配合，相輔相成，以達最佳、最經濟的選擇。

6.1.2　多工方式

　　為了充分利用光纖之體積小、大頻寬的優點,須利用多工技術將多路信號集結,共用一蕊光纖,此節將四種多工方式列述如下。

(1)　分時多工法(Time Division Multiplexing,TDM):此法係用於數位傳輸方式,將各路低速數位信號,以字穿插方式或比次穿插方式加以多工成高速的數位脈波列,即將每一時間區間分割若干個時槽(time slot)等分給各路低速信號佔用,如圖6.1所示。

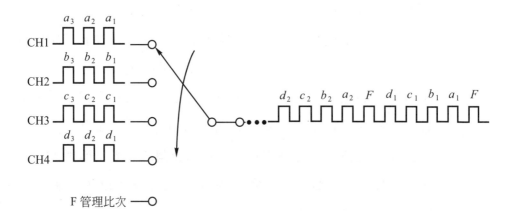

圖6.1　分時多工法

(2)　分頻多工法(Frequency Division Multiplexing,FDM):將可用的頻段分割成多個頻帶,每個頻帶承載一路信號,即每路信號均以不同的載波信號調變,分佔不同頻帶,在接收側,再和相對應的本地載波信號拍差,得以解調還原,如圖6.2所示。

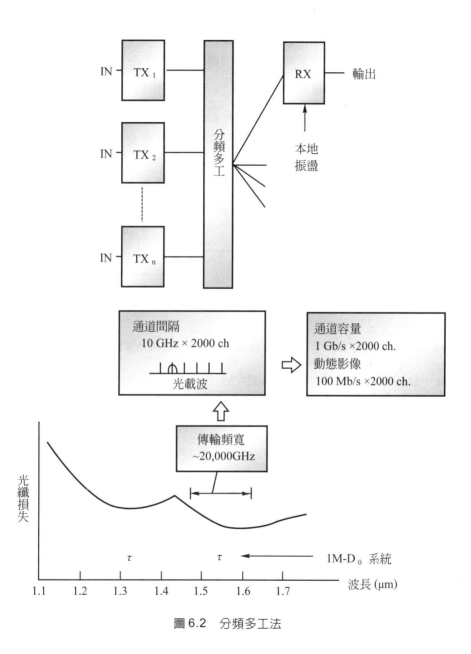

圖 6.2 分頻多工法

(3)　分波多工法(Wavelength Division Multiplexing，WDM)：各路
信號分別對不同波長的光源調變，然後經合波多工器集合，耦合
入光纖，接收側再以分波器將不同波長信號分離，分別檢光還
原，常用的分波器有干涉濾光鏡、光柵濾光鏡及三菱鏡，此法具
有較大的融通性及能有效提高容量，如圖6.3所示。

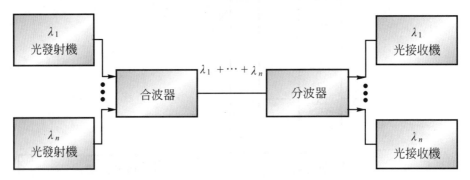

圖6.3　單向分波多工光纖傳輸系統方塊圖

(4)　分域多工法：即每一路信號佔用一蕊光纖，然後將多蕊光纖集束
成纜，此法之優點是有效隔離各路間的干擾，如圖6.4所示。

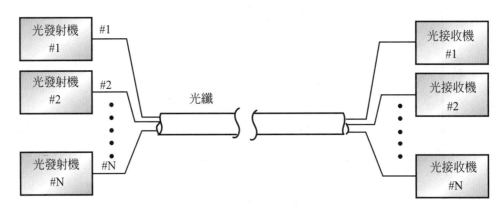

圖6.4　分域多工法

6.2　數位光纖通信系統的設計考慮

　　光纖通信系統之設計，必須兼顧技術上、工程上、維護上之種種問題，週詳縝密的考慮，尤其應用在電信網路上，系統壽年要求都在 20 年以上，因此設計考慮須儘可能保守估計。首先以圖 6.5 說明數位光纖系統，光纖的頻寬達數百 GHz·km，為充分利用此優點，須先將低階數位信號先予多工(TDM)，如 4 kHz 之語音信號先經博碼調發(PCM)成 64 Kb/s 之二元碼數位信號，稱為 DS0，然後將 24 個 DS0 經通話路排(channel bank)多工成 1.544 Mb/s 之原級 PCM 信號，俗稱 DS1(Digital Singal 1) 如圖 6.5 所示，再依需要將數個 DS1 多工成 DS2、DS3 及 DS4 等高階數位信號，此欲傳送之高階數位信號，再經 B/U 轉換器將雙極性信號轉換成單極性信號，以便對光源調變，此處的光源可選 LED 或 LD，調變方式可用強度調變成 ASK、FSK、PSK 等，其輸出之光信號耦合入光纖傳送，若傳送的距離太長，損失超過動態範圍，則須加裝中繼器，將光信號放大再生，再經光纖傳送至光收信機，將光信號檢光成電信號，再經 U/B 轉換器，變成雙極性信號，然後再經解多工器，還原成 DS1 信號，經通話路排變回 DS0 信號，最後經解碼器得 4 kHz 的語音信號，此圖為便於說明，是最簡單的數位光纖通信系統，其中 DS0 信號除了經 PCM 之語音訊息外，也可將數據信號插入 DS0 信號，另外視訊信號也可經信號處理插入 DS3、DS2 或 DS1，甚至可壓縮到僅佔用一個 DS0 通路。

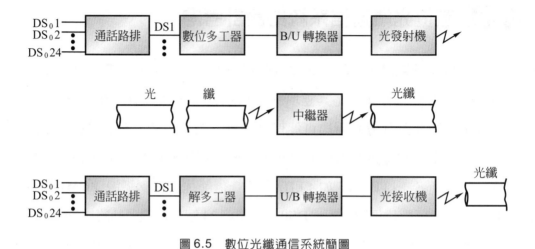

圖 6.5　數位光纖通信系統簡圖

6.2.1　系統架構

目前國內採行之數位光纖通信系統之架構，由民國 70 年起引入的準同步數位系統架構(Plesiochronous Digital Hierarchy，PDH)，演進至民國 89 年引入的同步數位階層架構(Synchronous Digital Hierarchy，SDH)，進而於民國 91 年起引入分波多工架構(Wavelength Division Multiplex，WDM)。

6.2.1.1　PDH 架構

早期的PDH架構係以北美數位系統架構為藍本，如圖 6.6 所示，是以DS1為基底，再依需要經分時多工至DS2、DS3 或 DS4，至於實際的光纖通信系統實例則如圖 6.7 所示，其中DSX-1表收容DS1 之標準數位配線架(DDF)，M13MUX將 28 個 DS1 多工成 DS3，收容在DSX-3，即DS3 之標準數位配線架，LPSW(line protection switching equipment)表線路保護切換設備，他的功能是保護現用系統，當現用光纜線路故障

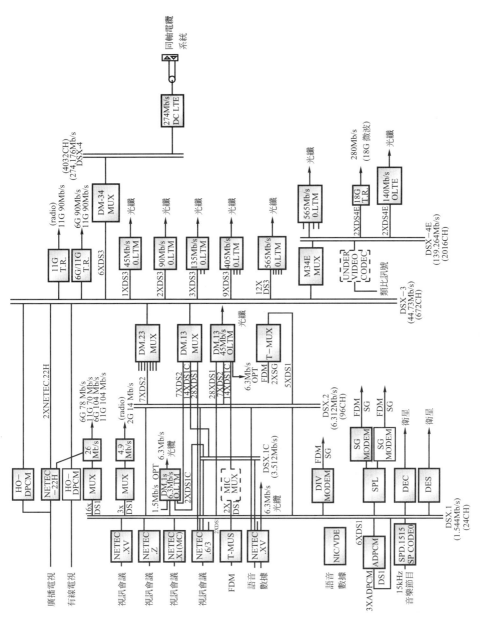

圖 6.6　北美數位系統架構

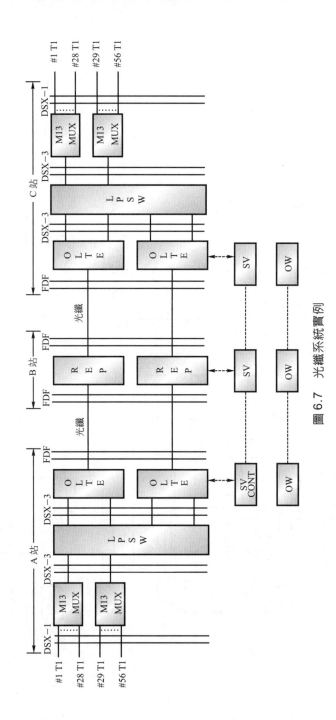

圖 6.7　光纖系統實例

時，自動切換至備用線，OLTE(Optical Line Terminating Equipment)
為光終端設備將電信號轉換成光信號耦合入光纖，即將從光纖收到的光
信號轉換回電信號，FDF(Fiber Distribution Frame)為光纖分配架，作
為光纜與光終端設備的銜接介面，REP(reapter)為線路中繼器，是當傳
輸距離太長時，須加入 REP 將光信號再生，SV&CONT(fault locating
supervisory and control)為障礙探索及控制設備，以利有效查測障礙，
OW(order wire system)為連絡電話系統，提供維護人員連絡用。

6.2.1.2　SDH 架構

準同步數位系統架構(PDH)分為歐洲架構及北美、日本架構，前者
以E_1(2048 Kb/s)為基底，4 個E_1多工成E_2(8448 Kb/s)，4 個E_2多工成E_3
(34368 Kb/s)，4 個E_3多工成E_4(139264 Kb/s)，4 個E_4多工為E_5(564992
Kb/s)；後者北美、日本架構以DS_1(1544 Kb/s)為基底，再依需求以不
同倍數多工如圖 6.6 所示，這兩種體系在編碼規則、碼框結構及多工方
式等方面都不一樣，體系間的互通，引起信號轉換的困擾，且 PDH 標
準的訂定雖由 CCITT 在 1972 年提出 G.703、G.711、G.712 等建議，又
在 1976 年及 1978 年提出兩批建議，標準方面堪稱完備，但這些標準大
都在設備供應廠產出商用產品後，調和各方利益，訂出折衷標準，自然
存在一些缺點，例如傳統的 PDH 光纖終端設備(Optical Line Terminating
Equipment，OLTE)的光介面，缺少共通標準，使不同廠牌的光纖終端
機難以互連；為了解決 PDH 網路架構的缺失及網路維運管理的複雜性，
同步數位階層架構(SDH)應運而生。

美國貝爾通信研究所於西元 1985 年二月提出同步光纖數位網路(Syn-
chronous Optical Network，SONET)的數位傳輸架構之新觀念，有效

解決PDH之缺失，經三年的研討修訂，於西元1988年美國國家標準委員會(ANSI T1 Committee)審核通過第一階段 SONET 標準，規範了SONET架構之傳輸速率、信號格式、光介面參數、酬載(Payload)方式及網路運作管理維護與調度(OAM&P)，其進度為：

1.　光介面速率達 OC-48。

2.　將PDH數位信號DS_n映射入SONET。

3.　訂出光線路保護切換標準(Line Protection Switching)。

4.　訂出網路之線(Line)、段(Section)及路徑(Path)等之傳輸性能監控機制的標準。

5.　維護人員操作及作業系統之擷取介面標準。

6.　OAM&P之終端機功能，告警定義、折回測試、性能監控報表格式等之標準。

7.　中繼器之告警及障礙定位之標準。

　　SONET的第二階段標準於西元1991年完成，其進度為：

1.　時閃(Jitter)及飄移(Wander)規格。

2.　不同廠牌SONET設備間之電及光互連標準。

3.　不同廠牌SONET設備之OA&M共同規格。

4.　控制通路之七層通信協定。

5.　多區段系統維護納入營運公司內部企業網路之規範。

6.　維運人員遠端監控及折回監測規範。

　　SONET的基本碼框為STS-1(the Synchronous Transport Signal - level 1)，如圖6.8所示。

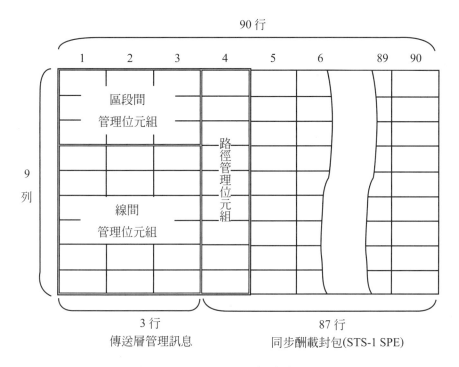

圖 6.8　STS-1 碼框格式

　　STS-1 碼框佔 125 μs，每秒 8000 個 STS-1 碼框，每個 STS-1 含 9 列，每列 90 行，每行為 8 bit，即 1 個 byte，總計每個 STS-1 碼框為 9×90 = 810 (bytes)，或 9×90×8 = 6480 (bits)，再以每秒有 8000 個 STS-1 碼框計算出 STS-1 信號速率為 6480×8000 — 51840000 bits/s ＝ 51.84 Mb/s。

　　STS-1 碼框的 1～3 列之 1～3 行共 9 bytes 載入區段間管理位元組 (Section Overhead)，第 4～9 列之第 1～3 行共 18 bytes，載入線間管理位元組 (Line Overhead)，另每列的第 4 行共 9 bytes，載入路徑管理位元組 (Path Overhead)。意即 SONET 傳輸網路將區間 (span) 分為三層，光中繼器間稱為區段 (Section)，光終端機間稱為線間 (Line)，數位多工器間稱為路徑 (Path)，其定義如圖 6.9 所示。

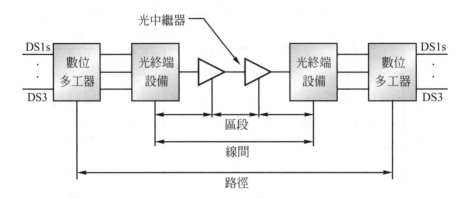

圖 6.9　區段(Section)、線間(Line)、路徑(Path)的定義

　　STS-1 碼框的第 1~3 行為傳送層管理訊息(Transport Overhead)，第 4~90 行(共 87 行)為同步酬載封包(Synchronous Payload Envelope，STS-1 SPE)，STS-1 轉換成光信號稱為 OC-1(Optical Carrier level 1)。

　　將 N 個 STS-1 以位元組穿插多工(Byte-interleaving)成 STS-N，再轉換為光信號 OC-N，相關的速率及酬載容量如表 6.1 所示。

表 6.1　OC1~48 速率及酬載容量

OC 層階	光信號速率 (Mb/s)	酬載容量
OC-1	51.84	28 DS1s or 1 DS3
OC-3	155.52	84 DS1s or 3 DS3s
OC-9	466.56	252 DS1s or 9 DS3s
OC-12	622.08	336 DS1s or 12 DS3s
OC-18	933.122	504 DS1s or 18 DS3s
OC-24	1244.16	672 DS1s or 24 DS3s
OC-36	1866.24	1008 DS1s or 36 DS3s
OC-48	2488.32	1344 DS1s or 48 DS3s

　　國際電報電話諮詢委員會(CCITT)有鑑於PDH的缺失，採納SONET的概念，並統合各會員國的意見，針對同步數位架構重新定義相關規格，提出同步數位階層架構(Synchronous Digital Hierarchy)，規範一系列國際通用的 SDH 碼框及速率，SDH 的光訊號與電訊號碼框稱為同步傳送模組(Synchronous Transport Module，STM-N)，基本碼框為STM-1，速率為 51.84 Mb/s，對應於 SONET 架構之 STS-3 或 OC-3，目前SDH為國內之主要寬頻傳輸系統，已引進STM-1、STM-4、STM-16及 STM-64 等架構，其與 PDH 及 SONET 的相關性如圖 6.10 所示。

ANSI OC	線路速率(Mbit/s)	ITU-T SDH
OC-192	9953.28	STM-64
OC-96	4696.64	
OC-48	2488.32	STM-16
OC-36	1866.24	
OC-24	1244.16	
OC-18	933.12	
OC-12	622.08	STM-4
OC-9	466.56	
OC-3	155.52	STM-1
OC-1	51.84	STM-0

圖 6.10　SDH 與 SONET、PDH 關連

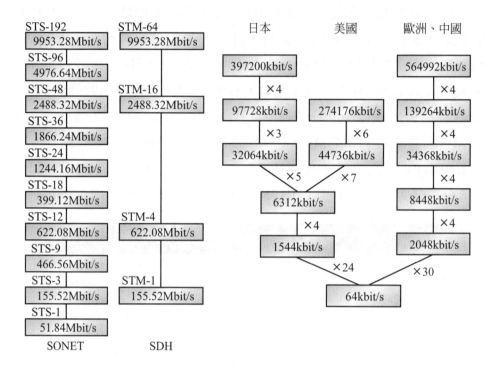

圖 6.10　SDH 與 SONET、PDH 關連(續)

SDH 與 PDH 之比較：

1. 由圖 6.10 可見，PDH 是逐級多工，SDH 則是一步到位，所以 SDH 之網路架構及設備較為簡單及經濟。

2. PDH 網路的電介面有標準化，但光介面沒有標準化；在 SDH 網路，其電介面及光介面均已標準化，使不同廠牌的 SDH 設備在光鏈路上均能互通。

3. PDH 架構之碼框中，提供的管理比次(Overhead)較少，不能提供足夠的系統運作、管理及維護功能，在 SDH 架構的碼框中，則插入大量的管理比次，可以提供很強的 OAM&P 功能。

4.　PDH有歐洲及北美、日本兩大系列，而SDH是世界統一的標準，能兼容兩大系列，實現完全互通。

STM-1的碼框結構如圖6.11所示，每個碼框爲270行9列，碼框長度爲270×9＝2430位元組＝19440位元，每秒碼框重複率爲8000次，因此STM-1的傳輸速率爲19440×8000＝155.52 Mb/s；每個碼框的前9行爲區段管理位元組(SOH)，第10～270行(即261行)爲酬載封包(Payload)，SOH的第1～3列爲中繼器段管理位元組(RSOH)，第4列爲管理單元指標(AU)，第5～9列爲多工器段管理位元組(MSOH)。

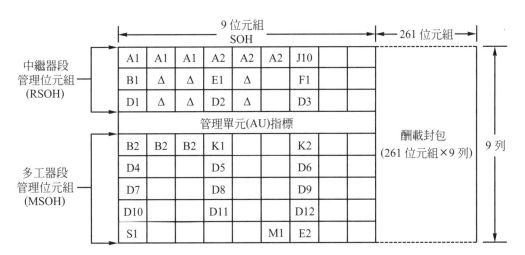

圖 6.11　STM-1 碼框結構

將N個STM-1以位元組穿插多工成STM-N，則前9×N行仍爲SOH，酬載封包爲261×N行，就以STM-4爲例，其SOH結構如圖6.12所示，前36行爲SOH，第1～3列爲RSOH，第4列爲AU，第5～9列爲MSOH。

36 位元組 ／ 9 列

A1	A1	A1	A1	A1	A1	A1	A1	A1	A1	A1	A1	A2	A2	A2	A2	A2	A2	A2	A2	A2	A2	A2	A2	J0	Z0	Z0	Z0	×	×	×	×	×	×	×	×
B1				Δ	Δ	Δ	Δ	Δ	Δ	Δ	Δ	E1				Δ	Δ	Δ	Δ					F1	×	×	×	×	×	×	×	×	×	×	╲
D1				Δ	Δ	Δ	Δ	Δ	Δ	Δ	Δ	D2				Δ	Δ	Δ	Δ					D3											
管理單元指標																																			
B2	B2	B2	B2	B2	B2	B2	B2	B2	B2	B2	B2	K1												K2											
D4												D5												D6											
D7												D8												D9											
D10												D11												D12											
S1														M1										E2	×	×	×	×	×	×	×	×	×	×	×

圖 6.12　STM-4 SOH 結構

SDH網路採用酬載定位校準及同步指標技術，將各類支路信號流，映射入STM-N碼框之酬載封包內，其作業流程分三個步驟：

1. (C-n)→(VC-n)：將PDH信號流，即DS1、DS2、DS3、E_1、E_3、E_4、ATM 封包或其他資料流，以(C-n)表示，加上路徑管理位元組(POH)構成虛擬信號框(VC-n)。

2. (VC-n)→(STM-1)：將虛擬信號框(VC-n)，經數位多工調適處理，映射入 STM-1 酬載區。

3. STM-1→STM-N：依傳輸需求，將N個 STM-1 經位元組穿插多工成 STM-N。

因此 SDH 網路之分層結構，如圖 6.13 所示，各支路信號之電路層載入通道層，再將多通道多工後再載入中繼層，再經光纖層傳送。

圖 6.13　SDH 網路分層架構　　　　圖 6.14　WDM 分層架構

因應網際網路及其內容應用的蓬勃發展，頻寬需求急速增加，基於成本考量及技術的突破，已由電路多工演進至分波多工，進一步拓展光纖頻寬，其分波多工(WDM)的分層架構如圖 6.14 所示。

ITU-T基於光纖通信的整體發展，整合PDH、SDH、各虛擬通道、光通路層管理、光分波多工及傳送管理，提出ITU-T G.872 建議，完整說明光傳送網分層架構如圖 6.15 所示。

電路層	電路層	虛通道
PDH 通道層	SDH 通道層	虛通道
電多工層	電多工層	(沒有)
光層	光通路層(OCK)	
	光分波多工層(OMS)	
	光傳輸段層(OTS)	
實體層(光纖)		

圖 6.15　光傳送網分層架構

6.2.2　數位光纖通信系統性能

　　本節討論數位光纖通信系統的幾項主要性能，含光纖傳輸路損失、暫態響應、傳輸信號碼型、可靠度、錯誤率、時閃、時間滑脫、延遲等，作爲系統設計者之參考。

1.　光纖傳輸路損失(channel losses)

　　　光纖傳輸路損失決定系統中繼距離，定義爲光發信機與光收信機間的總損失，若不考慮脈波分散罰損(dispersion penalty)，則光纖傳輸路損失可用下式表之：

$$C_L \ (\text{dB}) = \alpha_j \cdot N_j + \alpha_c \cdot N_c + \alpha_{fc} \cdot L$$

C_L：光纖傳輸路損失 (dB)

α_j：接續損失(splice loss) (dB)

N_j：接續次數

α_c：連接器損失 (dB)

N_c：連接器總數

α_{fc}：一公里長光纖傳輸損失 (dB)

L：光纖總長度

例 有一光纖通信系統，長 4.6 km，約每公里接續一次，每次接續損失 0.2 dB，而光纖傳輸損失為 0.5 dB/km，主光纜兩端與含連接器的 3 m 長單蕊光纖(pigtail optical fiber)接續，成端於光纖分配架(FDF)，從FDF到光收發信機均以跳接光纖(jumper fiber)連接，每個連接器損失 0.5 dB，請算出光纖傳輸路損失？

解 光纖長 4.6 km，須接續 4 次，另外與 pigtail optical fiber 接續 2 次，故

$N_j = 6$，$\alpha_j = 0.2$ dB

連接器每端各二個，故

$N_c = 4$，$\alpha_c = 0.5$ dB

$C_L = 0.2 \times 6 + 0.5 \times 4 + 0.5 \times 4.6$

$= 5.5$ dB

2. 暫態響應

光脈波在光纖中傳遞會隨距離增長逐漸變寬，而致碼際干擾，劣化系統誤碼特性，若欲改善此缺點，則須犧牲收信靈敏度，此以犧牲收信靈敏度以補償分散所致系統特性烈化之影響的電平值，稱為分散罰損(dispersion panalty，D_L)，若假設光脈波的波形為高斯狀(gaussian shaped pulses)，則：

$$D_L = 2\left(\frac{\tau_e}{\tau}\right)^4 \text{ (dB)}$$

τ_e：在收信端脈波高度在最大值之 $1/e$ 點之寬度

τ：週期

σ：高斯狀脈波之 xms 寬度

$\tau_e : 2\sigma\sqrt{2}$

$\Rightarrow D_L : 2(2\sigma B_T\sqrt{2})^4$ dB

$B_T : 1/\tau$

光纖傳輸路損失若考慮色散罰損時，則

$$C_{LD} \text{ (dB)} = \alpha_j \cdot N_j + \alpha_c \cdot N_c + \alpha_{fc} \cdot L + D_L$$

另外一種評估系統頻寬限制的方法，是計算系統之暫態響應，含光發信機、光纖及光收信機的暫態響應，下式為系統高斯響應之 10～90% 上升時間(T_{syst})：

$$T_{syst} = 1.1(T_s^2 + T_n^2 + T_c^2 + T_D^2)^{1/2}$$

T_s：光發射機的上升時間

T_n：模態間色散所致之光纖上升時間

T_c：內模態色散所致之光纖上升時間

T_D：光接收機的上升時間

由上升時間可導出最大比次率[$B_{T(\max)}$]，因 $t_r = 0.35/B$，就歸零碼(RZ pulse format)，其 B_T 等於系統頻寬(B)，所以

$$B_{T(\max)} = \frac{0.35}{T_{syst}}$$

就不歸零碼(NRZ pulse format)而言，$B_T = B/2$

$$B_{T(\max)} = \frac{0.7}{T_{syst}}$$

3. 傳輸碼型(line coding)

在數位傳輸系統中，傳輸碼型的設計在於提供接收信機能有效率從接收信號中抽取定時脈波(timing recovery)及同步碼框校整，同時還能提供偵誤碼及校正的功能，另外傳輸碼型也能調整信號之功率頻譜使之適合傳輸媒體特性。

光纖通信系統的傳輸碼型一般均以單極性之二元碼，因二元碼對光源及檢光器受溫度影響的抵抗力較大，而且光纖具有很大的頻寬便於採行二元碼。

表 6.2 為商用化北美架構系統範例，由光介面傳輸碼型欄可歸納出常用傳輸碼型種類，含 NRZ、SB.NRZ、RZ、SB.RZ、n BmB $(m>n)$ 等。它們均為單極性碼，將分述如下：

(1) 不歸零碼(NRZ)：如圖 6.16(a)所示，信號為 "1" 時，高準位持續整個時槽，信號為 "0" 時，整個時槽保持低準位。不歸零碼的 $B_{T(\max)}$ 較大。

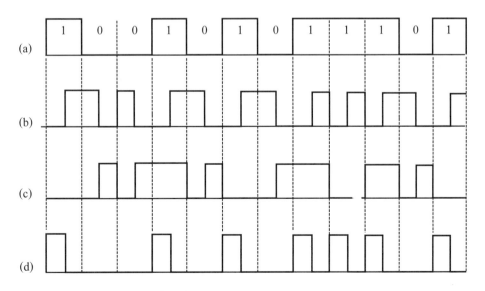

圖 6.16　傳輸碼值(a)NRZ；(b)1B2B；(c)CMI；(d)RZ

表 6.2　商用化北美架構光纖通信系統

| 代號簡稱 | | 電氣介面 | | | 光介面 | | |
代號	簡稱	低速率 Mb/s	分支數	高速率 Mb/s	速率 Mb/s	碼型	製造廠商
FT-3	45M	1.544 3.152 6.312	28 14 7	44.736	45.091	RZ SB.RZ	NEC FUJITSU
FT-3C	90M	44.736	2	90.148 90.944 100.80 90.524	90.148 90.944 100.80 90.524	SB.NRZ SB.RZ NRZ SB.NRZ	TELCO NEC/SB.NRZ(FUJITSU) ITT AT&T
FT-4E	135M	44.736	3	139.264 139.264 139.264 135.510	167.117 168.443 139.264 135.510	5B6B.NRZ 5B6B.NRZ SB.RZ NRZ	Ericsson NEC/FUJITSU NEC/FUJITSU Northern(Canada)
FT-4	280M	44.736	6	274.174	295.60	7B8B.NRZ	
	405M	44.736	9	409.316 417.792	409.316 417.792	SB.RZ SB.RZ	FUJITSU NEC
	565M	44.736	12	564.625 564.625 564.992 600	564.625 570.480 564.992 600	NRZ NRZ SB.RZ SB.RZ	Northern(Canada) Northern(USA) NEC, Collins Ericsson
	810M	44.736	18				
	1130M	44.736	24		1129.984	SB.RZ	collins
	1640M	44.736	36				

(2) 歸零碼(RZ)：如圖6.16(d)所示，在信號為 "0" 時整個時槽保持低準位，但在信號為 "1" 時，高準位僅持續部份時槽，其優點是使雷射二極體射光持續時間較短，壽命較長，並可減少反射光功率對光源之干擾。

(3) 攪拌碼：如SB.NRZ或SB.RZ，其目的在使傳輸信號中之 "1" 與 "0" 的分佈均勻，利於收信端定時信號之回復效率，減少回復時間，其工作原理如圖6.17所示，先將待傳送信號(A)與假隨機信號(B)經斥或閘，其輸出為(C)，則：

$$C = A \oplus B$$

其中B為 "1" 與 "0" 各佔50%的假隨機信號，如此可使C中之 "1" 與 "0" 均勻分佈，此動作稱為攪拌，攪拌後的信號C很適於光纖傳輸系統，因不會使 "0" 太多造成收信端定時信號回復困難，也不會因 "1" 太多使雷射二極體壽年減低，在收信端再將C與假隨機信號B經斥或閘得D

$$D = C \oplus B$$
$$= A \oplus B \oplus B$$
$$= A$$

D即信號A，此動作稱去攪拌，使信號還原。

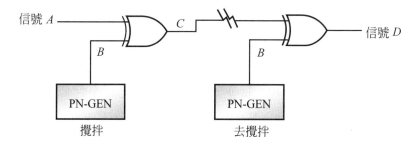

圖 6.17

(4)　$nBmB$ 碼：是將 n 比次的信號轉換成 m 比次，而 $m>n$，其用意是在使傳輸信號中 "1" 與 "0" 的差距趨近於零，其中最簡單的型式為 1B2B碼，即 "0" 以 "01" 取代，而 "1" 以 "10" 取代，如圖 6.16(b)所示，顯然 "1" 與 "0" 各佔 50%，此種碼型又稱為曼徹斯特碼(Manchester encoding)。另一種 1B2B 碼為 CMI 碼(coded mark inversion code)，此方式是 "0" 以 "01" 取代，而 "1" 則以 "00" 或 "11" 交替取代，如圖 6.16 (c)所示。上述兩種方法的傳輸比次率比信號比次率大一倍，所以更經濟的方式還有 3B4B、5B6B 及 7B8B 等，其中 m/n 比即所需頻寬增加率，相對的也是色散罰損改善率，如 5B6B 的頻寬增加 1.2 倍，而色散罰損改善 0.8 dB。

4.　可靠度

　　近年來通信需求不斷成長，用戶的觀念也不斷改變，其要求的服務已由可用的程度提昇到高品質的程度，而要提高服務度，系統可靠度即為很重要的一環。

　　可靠度的反面即為停用率(outage)，定義如下：(此式是假設系統無保護線作切換)

$$停用率 = \frac{MTTR}{MTBF + MTRR}$$
$$\doteqdot \frac{MTTR}{MTBF}, \because MTBF \gg MTTR$$

式中

MTTR(Mean Time To Repair)：即系統的平均修護時間

MTBF(Mean Time Between Failure)：即系統的平均可用時間

若系統具有自動切換保護功能時，則其停用率定義為：

$$停用率 = \frac{(N+M)! \, P^{M+1}}{N!(M+1)!} \, , \, P \ll 1$$

N：使用線數

M：保護線數

P：線路失敗率(line failure rate)

一般而言P值很小，往往以另一參數R代表，即定義為10^9小時之線路失敗次數。

$$R = \frac{10^9}{\text{MTBF}} \, (\text{Fits})$$

其單位為 Fit(failure in time)表示10^9小時內失敗次數。

例 一條 900 公里長分五段自動保護之光纖載波系統，其系統停用率為 0.015%，當使用線為 10，保護線為 1，每一區段含 20 個線路中繼器，每個中繼器的 MTTR 為 4 小時，求中繼器的R？

解 此例是一種以 Topdown 的方法，先訂出系統停用率為 0.015%，再推算系統中各組件所容許的失敗率，此系統分成五段則每段停用率為：

$$0.015\% \div 5 = 0.00003$$

$$N = 10 \, , \, M = 1$$

$$0.00003 = \frac{(N+M)! \, P^{M+1}}{N!(M+1)!}$$

$$= \frac{11! \, P^2}{10! \, 2!}$$

$$P = 0.0023237$$

P為每一區段中，每一線的失敗率，定義為：

$$P = 2 \cdot \frac{\text{MTTR}}{\text{MTBF}} \cdot N_R$$

$$= 2 \cdot (\text{MTTR}) \cdot N_R \cdot R \cdot 10^{-9}$$

$$= 0.0022237$$

$$R = 14600 \ (\text{Fits})$$

即每一個中繼器之10^9小時內的失敗次數為 14600 次，若假設其中 3000 Fits為中繼器所有零件(雷射二極體除外)所造成，而雷射二極體失敗率為 11600 Fits，即

$$11600 = \frac{10^9}{\text{MTBF}}$$

MTBF = 9.83 年

綜合上述討論得知改善可靠度的方法為：

(1)　增加系統保護線數，但須考慮成本及維護費用。

(2)　有備用雷射二極體(hot standby laser)。

(3)　縮短自動保護段程。

(4)　更精確、更有效的查修系統障礙，以縮短 MTTR。

(5)　具備性良好的自動切換保護設備。

良好的北美架構自動切換保護系統必須考慮下列幾點：

(1)　確定需要使用保護切換，所需時間，即切換前判斷時間。

(2)　完成保護切換動作所需時間，在 DS3 系統須小於 50 ms。

(3)　啟動保護切換裝置之錯誤率限定值，如在 FT3 系統為10^{-6}。

(4)　復原保護切換裝置之錯誤率限定值，如在 FT3 系統為10^{-7}。

(5)　須有保護優先順序設定裝置。

(6)　保護切換裝置之可靠度。

5. 誤碼率特性

數位傳輸系統中傳送n個比次，而在接收端檢出K個錯誤比次的或然率為：

$$P_e(K) = \binom{n}{k} P^K (1-P)^{n-k}$$

P：每一個比次發生錯誤之或然率

所以$P \ll 1$，且$n \gg 1$則上式可用 poisson 分佈表之：

$$P_e(K) \approx \frac{e^{-np}(np)^K}{K!}$$

當$K = 0$之錯誤比次或然率稱為%EFS(error free second percentage)，代表在一時間區間，無錯誤秒所佔百分比，所謂無錯誤秒是指在一秒鐘內均無誤碼

$$\%EFS = P_e(K = 0) = e^{-np}$$
$$= e^{-R\,BER}$$

R：傳送比次率

BER：Bit Error Rate，是指長期平均誤碼率

誤碼率是在各標準交接架(DDF)測定，如傳送數位化語音訊息系統，其錯誤率須小於10^{-6}就可忍受，但傳送數據信號，其錯誤率須小於10^{-8}。即系統對誤碼的要求有一定的門限值(threshold)，因而定義%T如下式：

$$\%T(BER \leq 門限值) = 100 \sum_{x=0}^{T_0 \cdot R \cdot BER} \frac{(T_0 \cdot R \cdot BER)^x}{x!} e^{-(T_0 \cdot R \cdot BER)}$$

T_0：測量時間

x：T_0 時間內之誤碼數

$\%T$ 稱為誤碼率不超過門限值的時間百分比。

參照 ITU-T G.821 建議，對 27500 km 之端對端通道，在最壞情況之下，其誤碼性能如表 6.3 所示。

表 6.3　G.821 建議誤碼性能規範

傳送信號類別	平均誤碼率(BER)
數位電話	10^{-6}
數據(2 Mb/s～10 Mb/s)	10^{-8}
視訊電話／視訊會議	10^{-6}
廣播電視	10^{-6}
Hi-Fi 立體聲	10^{-6}

BER 是顯示系統的長期平均誤碼特性，但對於傳送之信號雜訊比變差及收訊功率變動以致影響信號判別，造成隨機誤差，BER 難以顯現此種誤碼特性，因此另以誤碼秒(Errored Second，ES)及嚴重誤碼秒(Severely Errored Second，SES)來表示隨機誤碼特性。

誤碼秒(ES)：在該秒至少有一個誤碼出現的秒數。

嚴重誤碼秒(SES)：針對由外部干擾所引起的嚴重誤碼，即

$\quad$ BER $\geq 1\times10^{-3}$ 的秒數。

在同步數位階層架構(SDH)，其酬載分配是以區塊方式，因此 ITU-T G.82X 建議三個顯示區塊誤碼特性參數，即誤碼區塊秒比(ESR)、嚴重誤碼區塊秒比(SESR)及背景區塊錯誤率(BBER)。

誤碼區塊秒比(ESR)：是當 1 秒期間有一個或多個區塊有錯誤
　　　出現時，就稱為誤碼區塊秒，在測量期間的誤碼區塊秒數
　　　與總秒數之比。

嚴重誤碼區塊秒比(SESR)：在測量期間，出現嚴重誤碼區塊的
　　　秒數與總秒數之比。

背景區塊錯誤率(BBER)：先定義 BBE，即背景錯誤區塊數，
　　　是指扣除不可用時間和SES期間後，所餘時間內出現錯誤
　　　區塊數稱為 BBE 數，再與此時間之總區塊數之比，稱為
　　　BBER。

　　G.821 建議之 64 Kb/s 數位信號傳送 27500 km 端討論連接之
誤碼性能規範如表 6.4 所示。

表 6.4　64 Kb/s 數位信號之誤碼性能規範

誤碼參數	性能要求
誤碼秒(ES)	ES 佔可用時間比例 ES% < 8%
嚴重誤碼秒(SES)	SES 佔可用時間比例 SES% < 0.2%

　　表中可用時間為扣除不可用時間，而不可用時間是指檢測到
連續 10 秒都是 SES 時，開始算作不可用時間(含這 10 秒)，一直
到連續 10 秒都未檢測出 SES 時，不可用時間結束。此建議的總
測量時間為 1 個月。

　　隨著頻寬需求的不斷提高，ITU-T 針對 SDH 高速率信號端
對端連接之誤碼性能，提出 G.82X 建議，如表 6.5 所示。

表 6.5　G.82X 建議 SDH 高速率信號誤碼性能規範

速率(Mb/s)	1.5~5	> 5~15	> 15~55	> 55~160	> 160~750	> 750~3500	> 3500
位元／塊	2000~8000	2000~8000	4000~20000	6000~20000	15000~30000	15000~30000	待訂
ESR	0.04	0.05	0.075	0.16	未訂	未訂	待訂
SESR	0.002	0.002	0.002	0.002	0.002	0.002	待訂
BBER	3×10^{-4}	2×10^{-4}	2×10^{-4}	2×10^{-4}	$\times10^{-4}$	$\times10^{-4}$	待訂

6.　時閃(time jitter)

　　在數位傳輸系統中會因數位多工機、終端設備及再生式中繼設備之時間還原電路(timing extraction circuit)失調，造成時脈(clock)不準確，或傳輸路速度瞬時發生變化而引起時閃，也可以說取樣定時(sampling timing)及數位傳輸定時(digital transmission timing)的不規則所引起，如圖6.18所示，圖(a)為發射端脈波列，圖(b)為接收端實際脈波列，顯然接收脈波與理想脈波有時間差，即介入時閃，圖(c)則顯示時閃函數圖$j(t)$。這現象使決策時間偏離信號眼的正中央，如圖6.19所示，減少信號對抗雜訊的餘裕，使傳輸品質劣化。

　　時閃造成傳輸品質劣化的影響如下：

(1)　偏移理想決策時間，劣化系統誤碼率及減少系統雜訊餘裕。

(2)　時閃太大造成鎖相迴路失控，而造成滑脫(slip)。

(3)　對數位化之類比信號在解碼後，失真增大。

　　CCITT 對時閃的定義以下列三個參數表之：

(1)　可容忍之最大輸入時閃。

(2)　在無輸入時閃的情況下之輸出時閃。

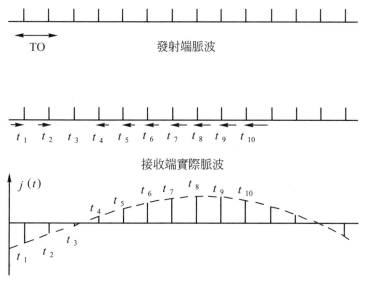

圖 6.18　時閃

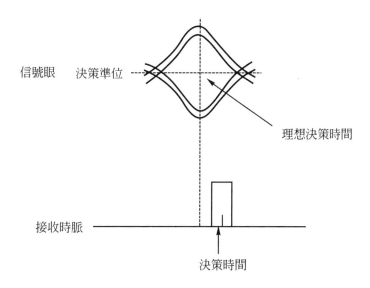

圖 6.19　決策時間與信號眼

(3)　時閃轉換函數。

就以光纖通信系統之 DSX-3 的時閃為例，如圖 6.20 表其輸入時閃容忍度，圖 6.21 表接收器時閃轉換特性，它們的橫座標稱為 $j(t)$ 的頻率。

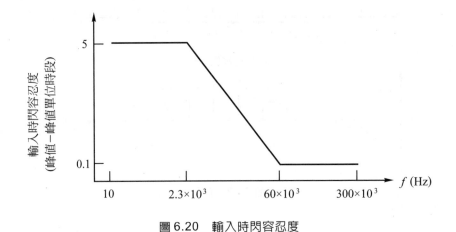

圖 6.20　輸入時閃容忍度

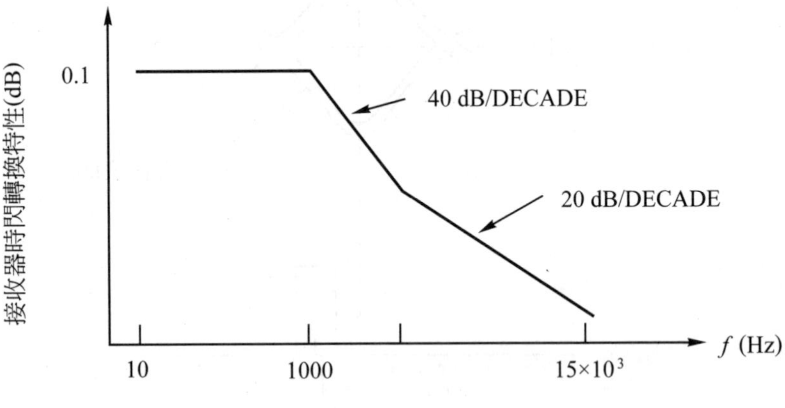

圖 6.21　接收器時閃轉換曲線

7. 滑脫(timing slip)

　　在數位傳輸網路中會因時間、傳輸延遲或鐘訊不良造成滑脫，而滑脫對電話傳輸的影響較小，但影響數據傳輸甚鉅，其對電信網路的影響如表 6.6 所示，為了控制滑脫率，須建立網路同步系統，就單模光纖通信系統之頻率穩定特性須小於 0.08 ns/℃/km。

表 6.6　滑脫對服務之影響及其要求之目標值

服務項目	滑脫之影響	滑脫率標準
電話	只有 5%滑脫會造成聽見之卡嗒聲。	每分鐘 1 個滑脫。
PCM編碼之音頻頻帶數據	不連續之錯誤或成群之錯誤，但不會造成數據滑脫。	依據數據性能目標，每 4 分鐘 1 個滑脫。
數位數據	對固定段長之數據而言，可能會失落兩段數據；約 80 毫秒。對可變段長數據而言，可能失落多達 6 秒。	對固定段長數據而言，每小時 1 個滑脫；對可變段長數據而言，每 3 小時 1 個滑脫。
傳真	對無錯誤處理機能之系統而言，可能造成整頁之極端劣化。若設有錯誤處理機能，多達兩條掃描線可能是被前一掃描線所取代。	無錯誤處理機能之系統為每 6 小時 1 個滑脫，有錯誤處理機能之系統為每 2 1/2 分鐘 1 個滑脫。

6.2.3　最佳中繼距離設計

　　設計光纖載波系統可將局內部份及局外部份分開考慮，如圖 6.22 所示，G 參數代表局內部份稱為系統增益，L 參數代表局外部份為光纜總損失，當 $G \geq L$ 時，系統可運作良好，而 $G = L$ 時的傳輸距離稱為最佳中繼距離。

　　計算中繼距離可採(1)保守估算法(worst-case approach)；(2)統計估計法(statistical approach)。

保守估算法

　　系統增益(G)是指光發射機至光纜分配盤，及接收端之光纜分配盤到光接收信機之間，終端機所能提供之光功率，如下式：

$$G = P_T - P_R - M - N_C \cdot \alpha_c - N_j \cdot \alpha_j - \alpha_0 \cdot l_0 - U_{\text{WDM}}$$

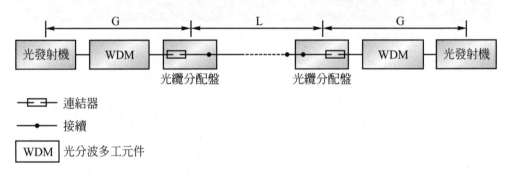

圖 6.22　光纖載波系統簡圖

　　P_T：光發信機耦合入光纖之光功率

　　P_R：光收信機在一定誤碼率要求下的最低收信光功率，稱爲光收信靈敏度

　　M：系統餘裕度，在大容量光纖通信系統的餘裕度建議值爲 3 dB

　　N_C：連接器數

　　U_{WDM}：爲兩端分波多工元件之插入損失

　　α_c：連接器損失的最劣值

　　N_j：接續數

　　α_j：接續損失最劣值

α_0：成端光纜的傳輸損失 dB/km

l_0：成端光纜的長度

L指光纜總損失，定義如下式：

$$L = (1 + K)(l_t + l_r)(\alpha_f + \alpha_{fT} + \alpha_F + \alpha_W)$$
$$+ (N_s + N_r) \cdot (\alpha_j + \alpha_{jT}) + D_L$$

K：光纖長度測定誤差

l_t：接續後光纜總長

l_r：預留修護用之光纜長度

α_f：光纜在室溫下可能的最大損失

α_{fT}：在工作溫度範圍內，光纜損失的最大變化量

α_F：光纜損失最大測定誤差

α_W：光纜損失受發信機之波長變化影響之最大偏移量

N_s：光纜之接續總次數

N_r：預留修護用之接續次數

α_j：光纖在室溫下最大接續損失

α_{jT}：在工作溫度範圍內，光纖接續損失的最大變化量

D_L：分散所致罰損

　　此法係把所有參數均考慮其最壞值較為悲觀，而在某些應用上，可採統計估計法，至於統計估計法較為繁複，可參閱參考資料(1)所述。

6.3　類比光纖通信系統

　　在某些特殊的應用裡，數位傳輸方式不太有利，如欲傳送一個FDM主群(含 600 路語音通話路)，原則上信號可經量化、編碼成數位信號，

但因量化、編碼、解碼的非線性特性會造成嚴重串音，故以類比傳輸為宜，又如視訊傳輸，其頻寬為 5 MHz，若經博碼調變，則取樣率為 10 MHz，每一樣品以 9 位元編碼，則須佔用 90 Mb/s，就頻寬使用而言不太經濟，所以在某些應用，仍以類比方式較合適。

　　類比傳輸方式，有多種調變方式，以下列常用的幾種，說明類比光纖通信系統。

1.　直接強度調變

　　　　這是最簡單的類比調變方式，如圖 6.23 所示，信號 $S(t)$ 直接調變 LED 或 LD 之偏壓電流，使光源輸出功率 $P_s(t)$ 為 $S(t)$ 之函數。如圖 6.24 所示。

$$P_s(t) = P_{os} \cdot [1 + K_1 S(t)]$$

　K_1：調變指數，$K_1 < 1$

此系統之特性，常以訊號雜訊比評估之

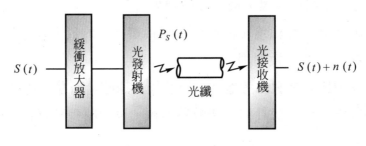

$n(t)$：雜訊

圖 6.23　直接強度調變系統簡圖

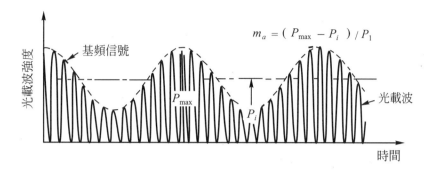

圖 6.24 $P_s(t)$波形

$$S/N = \frac{K_1^2 \cdot P_{or}}{2h_f B}$$

P_{or}：接收光功率平均值

h_f：光子能量

B：訊息頻寬

　　由上式顯見頻寬(B)愈大，S/N愈劣化，而且傳輸路由較長時，S/N隨鏈路之增加，雜訊不斷累加而劣化。

2. 副載波調頻方式(FM-IM)

　　為改善直接強度調變之S/N，可將$S(t)$先對中頻(70 MHz)調頻(FM)，經調變後之中頻再對光源作直接強度調變，如圖 6.25 所示。

$$P_s(t) = P_{os}\Big[1 + K_1\cos\Big(\omega_{If}t + \beta_m \int_0^t \cdot s(u)du\Big)\Big]$$

P_{os}：輸出光功率平均值

K_1：強度調變指數

ω_{If}：副載波頻率

β_m：調頻指數

　　FM-IM 對雜訊的抵抗力較強，對失真不太敏感，且易於與 FDM 之微波系統銜接，故為大家所鍾愛。

3. 脈波位置調變法(PPM-IM)

　　將信號$S(t)$經濾波器限制其頻寬，再經取樣保持電路，變成 PAM 信號，才去控制輸出脈波位置，調變後之 PPM 信號，對光源作強度調變，成 PPM 光脈波，經光纖送至接收側，經光收信機還原成 PPM 脈波，經解調器變回 PAM 信號，最後經低通濾波器，取回$S(t)$信號，如圖 6.26 所示，PPM 系統的優點是犧牲頻寬以換取S/N。

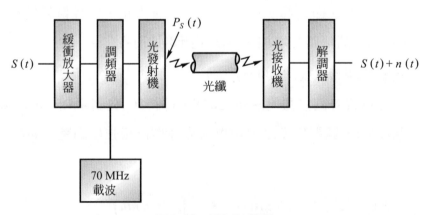

圖 6.25　FM-IM 簡圖

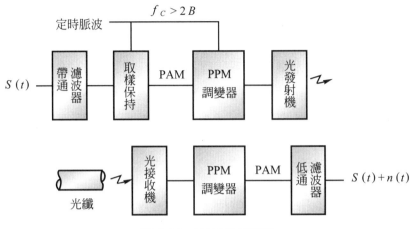

圖 6.26　PPM 系統簡圖

4.　脈波頻率調變(PFM-IM)

　　　信號$s(t)$直接依其振幅大小去控制輸出脈波傳送率，再對光源作強度調變，變成 PFM 光脈波，其輸出平均光功率，類比於信號振幅；經光纖傳送至接收側，光接收機與直接調變接收機一樣，所須頻寬也相同，此系統的優點是發射機之線性特性，主要取決於脈波傳送率與振幅變化的傳真度，故較直接強度調變優越，其系統方塊圖，如圖 6.27 所示。

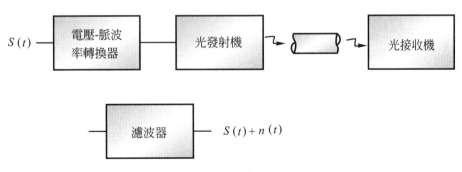

圖 6.27　脈波頻率調變系統

6.4　光纖通信系統的操作與維護

　　一個設計完整的光纖通信系統應提供系統維護、修護、監視及測定等功能，而整個維護計劃應包括特性監視、故障查修流程、測試設備、輔助系統功能、本端告警指示、遠端告警、介面電路處理等項目。

6.4.1　特性監視

　　特性監視是在顯示系統障礙位置、原因及徵候，而障礙一詞泛指設備功能失常及系統特性偏移超出限定規範，因此障礙原因可能是：

(1)　硬體故障如電路或機件等，此種障礙容易發現，可利用告警指示燈判斷。

(2)　軟體故障如操作軟體故障或雷射二極體劣化等，此種障礙亦可用指示燈顯示。

(3)　斷續故障：此種障礙最難處理，一般以送出"0"與"1"不均勻分配之假隨機信號，將障礙找出，此法稱為"stress"法。

特性監測的項目含：

(1)　誤碼率。

(2)　框同步信號走失指示。

(3)　時脈失去(loss)指示。

(4)　自動切換保護狀況顯示。

(5)　工作環境情報顯示(如溫度、濕度、門禁等)。

(6)　輸出光功率顯示。

(7)　雷射二極體之偏壓電流、恆溫器等特性顯示等。

這些項目更可利用集中監視，以提高工作效率及節省維護人力。

6.4.2　故障診斷

系統故障發生後，必須利用測試設備找出故障位置，再從告警指示燈或特性指示，發現障礙原因及裝置、或障礙軟體，即刻將其更換或訂正，直到系統能正常工作才算完成故障診斷。

就以貝爾系統之FT3系統為例，敘述其故障診斷，首先由測試器送出n個時閃脈波，以測試及判斷n個中繼器，何者發生故障，n個脈波依次由1～n個中繼站逐一折返，如此很容易找出中繼器障礙位置，若中繼器均無障礙，再送出DS-3之信號測出系統誤碼率，若系統餘裕度不夠，則以stress法找出障礙，即早診治。

至於光纖障礙，則以光時域反射儀(OTDR)，測試損失、光接續損失及斷落點。

6.4.3　遠端計測及連絡線

遠端計測是用以遙視各中繼器或遠端終端機之告警及工作現況，進而遙控各設備，使系統能正常運作或找出障礙所在，聯絡線主要供維護所需，它可送語音或數據信號，聯絡信號可經由光纜中之介在對銅線傳送，若怕電磁干擾更可由另一根光纖傳送，或插入現用及備用光纜系統之管理比次中傳送，其選擇端視系統經濟性及環境適應性而定。

習題

1. 目前國內數位通信系統之架構有哪幾種？
2. 數位光纜載波系統調變光源是用何種方式？
3. 類比光纜載波系統調變方式有哪些？

4. 數位光纜載波系統的中繼距離受何限制？

5. 計算光纜總損失，須考慮哪些因素？

6. 光發信機之輸入光纖之光功率爲 0 dBm，光收信機靈敏度爲 -37 dBm，系統餘裕度爲 5 dB，$N_c = 4$，$\alpha_c = 0.5$ dB，局內側接續二次，$\alpha_j = 0.2$，$\alpha_0 = 0.5$ dB/km，$l_0 = 100$ m，$K = 0.01\%$，$l_r = 500$ m，$N_r = 2$，$\alpha_f = 0.5$ dB/km，$\alpha_{fT} = 0.05$ dB/km，$\alpha_F = 0.01$ dB/km，$\alpha_W = 0.01$ dB/km，$\alpha_{jT} = 0.01$ dB，信號速率爲 90 Mb/s，脈波分散量爲 16 PS/Å-km，求最佳中繼距離。

7. 試述改善可靠度的方法。

8. 試述時閃所致傷害。

9. 試述特性監測項目。

10. 爲何要監視雷射二極體之偏壓電流？

參考資料

1. Technical Staff of CSELT, Optical Fiber Communication part IV, P647～768.

2. A. Mone and R. Pletroiusti, Transmission Systems Using Optical Fibers, Telecommunication Journal, Vol.49 II/1982, P84～93.

3. 鄭瑞雨博士主講，林仁紅記錄，光纖傳輸系統設計。

4. 吳靜雄博士主講，邱武志記錄，數位傳輸系統的閃耀問題。

5. Bell Telephone Lab. Transmission Systems for Communications, chapter 34, Optical Fiber Transmission Systems, P821～836.

6. 黃明珠，長途光纖通信系統設計，電信技術季刊第6卷第一期，民國75年8月，P14～27。

7.　M. Chown etc., System Design, in C.P. Sandbank(ED), Optical Fiber Communication Systems, P206～283.

8.　李銘淵譯，光纖通訊系統——原理設計與應用，聯經出版事業公司，第四章，系統，P125～165。

9.　林維木，同步數位階層網路技術概論。

10.　Bellcore, Telecommunication Transmission Engineering Volume 2, P351～437.

CH **6**

Optical Fiber Communication

7

光纖通信系統之應用

7.1　光纖通信技術的優越性及應用領域

　　光纖通信技術的不斷革新及光電元件的快速發展，光纖通信系統已大量湧入各種通信網路，具有優越的特性，必將主導整個網路，圖 7.1 顯示其優越性及應用測試。

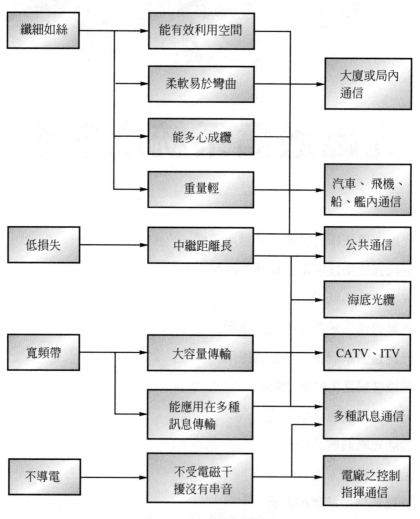

圖 7.1　(a)光纖的優越性

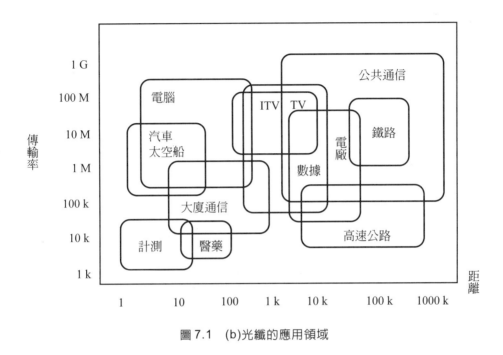

圖 7.1　(b)光纖的應用領域

　　從這些應用領域中，可區分成兩大類，一類為價格導向，一類為特性導向。

　　所謂價格導向應用是一種技術的競賽，我們可用各種不同的技術來達成使用者的要求，而每種技術各有其優缺點，只要成本低，特性符合應用要求，即是我們樂於追求的，所以光纖通信系統在低成本網路優於其他傳輸媒體。

　　所謂特性導向應用，是由於光纖通信具有較佳的特性，適用於對特性要求較嚴的網路，如軍事應用領域。

　　光纖通信挾其成本及性能的優勢，已隨著電子科技的腳跟，悄然進入我們的生活，從 PDH 光纖通信，演進到 SDH 光纖通信，進而導入高密度分波多工系統(DWDM)，已取代傳統的同軸通信系統及微波通信系統，成為國內通信系統的主力。

　　在過去十年，積體電路(IC)成長 60 倍，同期光纖通信頻寬成長近 200 倍，單模光纖的頻寬已達 50 THz 以上，顯然光纖通信足以扮演高可靠度及保證服務品質(Quality of Service，QoS)之多元服務傳送媒體，可將各種PDH數位信號及IP、ATM、STM等數據封包，搭配多元網路協定(MPLS 或 GMPLS)，建構成 IP-based的網路層，再利用 TDM 或 WDM 多工技術，結合光塞取多工機(OADM)、全光交接設備及光交換機，形成全光化網路。

7.2　光纖通信系統在電信網路的應用

　　光纖通信系統極適合電信網路，尤其它的傳輸損失低，中繼距離長對國內的網路而言，不須加入線路中繼器，有效提高系統維護效率及系統可靠度，另外光纖的頻寬大，承載容量大，可大大的減低中繼電路成本，因此光纖通信系統在長途傳輸網路及局面間中繼網路的應用優於其他傳輸媒體，且在不久的將來，亦將成為用戶迴線的主力。

　　由於網際網路(Internet)蓬勃發展，各種應用服務提供者(Application Service Provider，ASP)及內容提供者(Internet Content Provider，ICP) 競相投入，百家爭鳴，致使網路各環節頻寬需求遽增，依統計每隔3～4月，頻寬需求倍增，網路提供業者(Network Provider)因應頻寬需求，適時引入光纖通信系統，滿足各網路環節的需要，在客戶接取環路提供 FTTX光纖接取網路，針對校園網路提出FTTS(Fiber To The School)，提供e化學習及高速上網服務；對集合式住宅及大樓，提出FTTC(Fiber To The Curb)及FTTB(Fiber To The Building)，提供e化社區方案，滿足客戶e化生活；針對個人工作室，提出FTTD(Fiber To The Desk)，提供量身打造服務。

在都會網路，採用光纖乙太網路(Optical Ethernet)，結合 DWDM 構成 E-MAN(Ethernet-based Metropolitan Area Network)。

在長途網路，則以高密度分波多工系統(DWDM)結合全光化交接設備(Optical Cross Connection，OXC)構成 IP 化骨幹鏈路。

7.2.1　光纖通信系統在長途中繼網路的應用

過去國內長途傳輸網路以同軸電纜及微波爲主，這兩種傳輸媒體的電路成本均較光纖通信系統高，如圖 7.2 所示，而且光纖通信在光纖的施工、佈放、維護的技術都已成熟，其中繼距離遠優於其他傳輸媒體，表 7.1 顯示 PDH 光纖通信應用於中繼系統的概況。

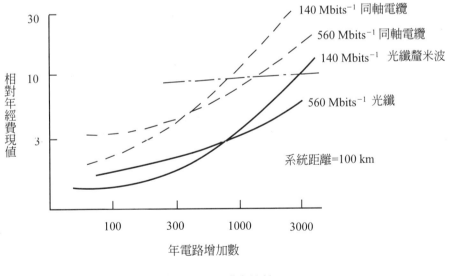

圖 7.2　成本比較

表 7.1   PDH 光纖通信在中繼系統之應用

代	光纖通信系統	備註
第一階段	0.8～0.9 μm 短波長光纖通信系統 中繼距離約 15 km(100 Mb/s)	光源：LD、LED 檢光器：APD、PIN 上兩者材料：GaAlAs/GaAsSi 光纖：多模態 頻寬：1 GB/s-km
第二階段	1.3 μm 長波長光纖通信系統 中繼距離約 40 km(100 Mb/s) A.中小容量 B.大容量	光源：LD、LED 檢光器：APD、PIN 上兩者材料：GaInAsP/InPGe 光纖：多模態 頻寬：1 GB/s-km 光源：LD 檢光器：APD、PIN· 光纖：單模態 頻寬：100 GB/s·km
第三階段	1.55 μm 長波長光纖通信系統 中繼距離約 60 km(100 Mb/s) A.中小容量 B.大容量	光源：多模態 LD 檢光器：APD、PIN 上兩者材料：GaInAsP/InPGe 光纖：單模態 頻寬：5 GB/s·km 光源：DSM LD 檢光器：APD、PIN 光纖：單模態 頻寬：180 GB/s·km

　　國內的準同步數位網路架構(PDH)採用北美架構，表 7.2 則顯示商用化之北美架構系統，其中 405M 及 565M 已引進，由國內廠商與美國 AT&T、Telco，及日本 Fujitsu 等合作生產，此試以 U405M 系統為例說明在長途中繼網路之應用，如圖 7.3 顯示系統方塊圖，一個系統能承載 9 個 DS3，即相當於 6048 個語音通話路，至於 565M 則可承載 8064 個語音通話路，顯然光纜通信系統的容量遠大於其他傳輸媒體。

表 7.2　商用化北美架構光纖通信系統範例

代號簡稱		電氣介面			光介面		製造廠商
代號	簡稱	低速率 Mb/s	分支數	高速率 Mb/s	速率 Mb/s	碼型	
FT-3	45M	1.544 3.152 6.312	28 14 7	44.736	45.091	RZ SB.RZ	NEC FUJITSU
FT-3C	90M	44.736	2	90.148 90.944 100.80 90.524	90.148 90.944 100.80 90.524	SB.NRZ SB.RZ NRZ SB.NRZ	TELCO NEC/SB.NRZ(FUJITSU) ITT AT&T
FT-4E	135M	44.736	3	139.264 139.264 139.264 135.510	167.117 168.443 139.264 135.510	5B6B.NRZ 5B6B.NRZ SB.RZ NRZ	Ericsson NEC/FUJITSU NEC/FUJITSU Northern(Canada)
FT-4	280M	44.736	6	274.174	295.60	7B8B.NRZ	
	405M	44.736	9	409.316 417.792	409.316 417.792	SB.RZ SB.RZ	FUJITSU NEC
	565M	44.736	12	564.625 564.625 564.992 600	564.625 570.480 564.992 600	NRZ NRZ SB.RZ SB.RZ	Northern(Canada) Northern(USA) NEC, Collins Ericsson
	810M	44.736	18				
	1130M	44.736	24		1129.984	SB.RZ	collins
	1640M	44.736	36				

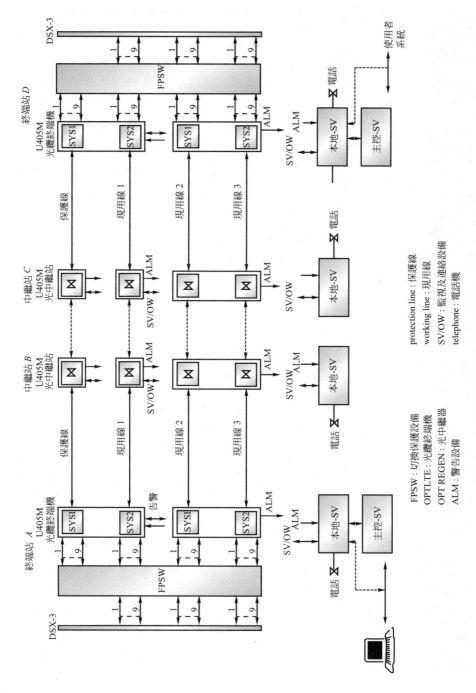

圖 7.3　U-405M 光纖通信系統在長途中繼上的應用

FPSW：切換保護設備
OPTLTE：光纖終端機
OPT REGEN：光中繼器
ALM：警告設備

protection line：保護線
working line：現用線
SV/OW：監視及連絡設備
telephone：電話機

　　為克服PDH網路的缺點，民國89年起，國內長途網路引入SDH網路，以 SDH 光纖系統為主，再輔以 SDH 數位微波系統備援，如圖 7.4 所示。

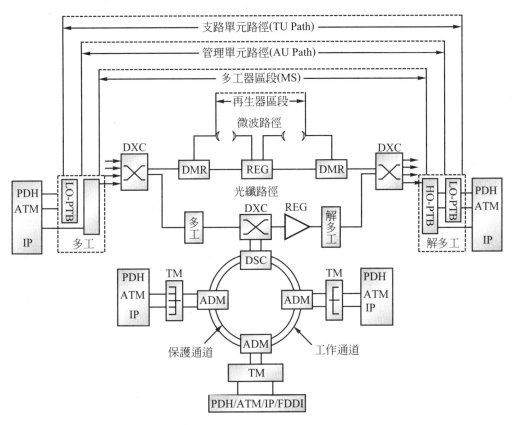

ADM：塞取多工機	TU Path：支路單元路徑
DMR：SDH 數位微波機	AU Path：管理單元路徑
REG：中繼設備	MS：多工器區段
LO-PTE：低階層路徑	HO-PTE：高階層路徑

圖 7.4　SDH 網路(引自參考資料 11)

　　SDH光纖網路扮演起資訊高速公路的角色，滿足與日俱增的頻寬需求，尤其民國 92 年起，國內導入多媒體隨選服務(Multi-media On

CH 7

Demand，MOD)，頻寬需求更是鉅幅成長，致使傳輸設備往高速分時多工發展(如 10 Gb/s 或 40 Gb/s)，同時也朝高密度分波多工發展(如16λ、32λ、40λ等)，依此發展趨勢，現役的標準單模光纖(ITU-T 之 G.652 建議規格)因色散及非線性等因素，無法滿足更快的信號速率及更多傳輸波長的傳輸需求，代之而起的非零色散光纖(NZDSF，ITU-T 之 G.655 建

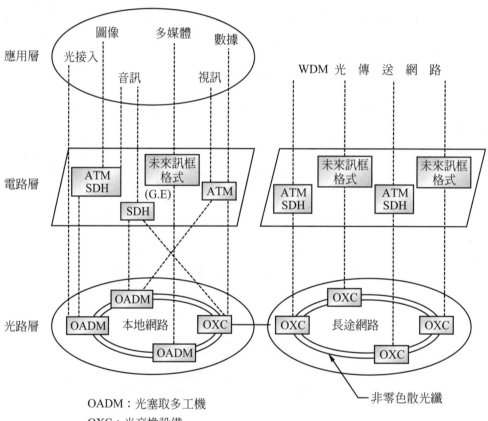

圖 7.5　高密度分波多工系統之應用(引自參考資料11)

議規格)將為下一代寬頻網路的主要傳輸媒體，圖7.5顯示高密度分波多工系統(DWDM)在本地網路及長途網路的應用。

7.2.2　光纖通信系統在局間中繼的應用

　　局間中繼網路的距離多在5～20 km間，過去是以T_1傳輸線為主力，即使用局間中繼電纜傳送DS1數位信號，此類系統須1.6公里加入一個再生線路中繼器，增加不少維護上的負擔，且系統可靠度也不好，如今光纖通信系統引入局間中繼網路，可免除線路中繼器的困擾，提高系統可靠度。

　　早期引入交換局與交換局間的光纖傳輸系統為 PDH 架構，僅提供端對端中繼，彙接局與端局間採星形網路，系統保護多採各自一對一保護，如圖 7.6 所示。在此情況下，現用光纖中繼系統故障，則自動保護切換至備援光纖中繼系統，但在彙接局與端局間之管道光纜受損，兩局間之通信中斷，必須等光纜搶救修復，才恢復通信。為改善此缺點，SDH 網路架構導入都會環狀網路，如圖 7.7 所示。

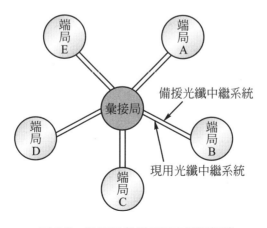

圖 7.6　彙接局與端局間之星型網路

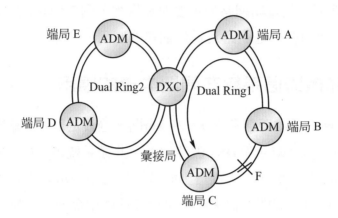

DXC：數位交接設備
ADM：塞取多工機

圖 7.7　都會環狀網路

　　環狀網路可確保局間光纜波挖斷時，訊務可繞著環路的另一方向傳送，如圖中端局 B 與端局 C 間，光纜在 F 點被挖斷，則端局 B 與 C 間之訊務，繞經端局 A 及 DXC 傳送。達到系統保護功能，但在此架構中，信號在 ADM 中塞入或取出，以及在 DXC 中交接，均先將光信號轉換成電信號，再進行處理，即在每一處理節點，光信號均經再生過程，但隨著頻寬需求的不斷增加及尋求更經濟的傳送方式，各節點的信號塞取或交接，直接以光信號處理，即演進成透通性的都會環路(Transparent metropolitan network)，如圖 7.5 中之本地網路，能提供語言、數據及視訊等多媒體服務，且支援 ATM、SDH、MPLS Gigabit Ethernet 等網路協定，更為提高容量，採用高密度分波多工方式(DWDM)，顯然都會網也將演進完全光化網路。

7.2.3 光纖通信系統在用戶迴線的應用

用戶迴線是指交換局與用戶間之電信電路，為用戶專用之電路，與中繼電路不同，中繼線為需要者共同使用，目前的用戶迴線均使用銅線電纜，以一對平行銅線作雙向傳輸，利用兩端的岔路線圈，分離收發信訊號，其頻寬須大於音頻頻帶，且須執行"BORSHT"之功能。

"BORSHT"功能為：

B：在用戶提起話機時，交換局能供給直流電源

O：過電壓保護功能

R：提供鈴流信號至用戶話機

S：提供監視功能

H：兩端以岔路器分離收發信訊號

T：提供測試功能

凡欲取代平行銅線電纜之傳輸媒體，也必須能提供"BORSHT"之功能。

當用戶與交換局的距離較長時，傳輸品質不佳且線路的費用很高，由一個用戶負擔並不合適，於是引入用戶載波系統，如圖 7.8 所示，一群遠距離的用戶迴線，集結於用戶端機，再經用戶載波系統，傳送至局端，用戶端機能受局端指揮，提供"BORSHT"的功能，且其服務品質也較高。

光纖傳輸系統正適合作數位用戶迴線載波系統因它的頻寬大，不受雷擊及電磁干擾，又不須線路中繼器，更有進者，它的體積小，有效提高管道使用效率，由於上述優點再加上它的經濟性，已為網路設計者樂用，圖 7.9 顯示國內引進之數位迴線光纖載波系統(AT&T SLC-96)，它以光纖傳送 DS-2 數位信號(6.312 Mb/s，96 CH)，光源以 LED，波長

1.3 μm，可有效改善色分散，且光源電路簡單，受溫度影響較小、穩定等優點，極適合大樓、社區與交換局間之載波系統。

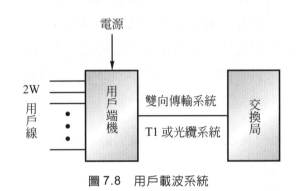

圖 7.8　用戶載波系統

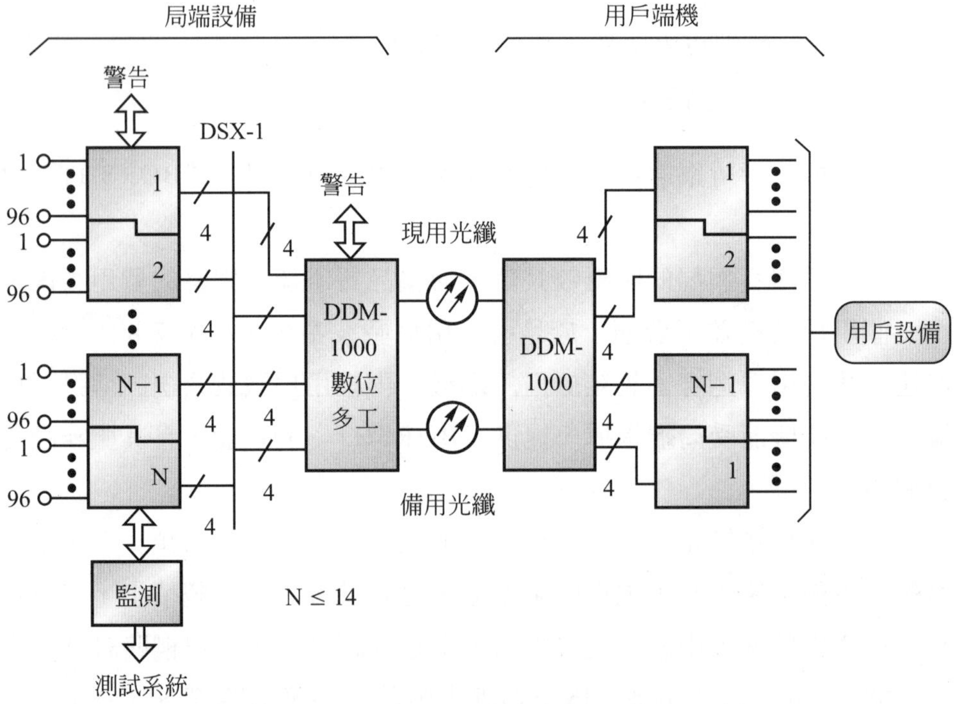

圖 7.9　SLC-96 數位用戶迴線光纖系統

　　光纖引入用戶迴路(Fiber In The Loop，FITL)的應用經不斷演進，趨向被動式星形光纖迴路(Passive Optical Network，PON)，其提供的服務由陽春的電話服務(TPON)，演變至提供寬頻服務的(Broadband PON，BPON)，漸漸主宰用戶接取網路。

　　在用戶接取網路光纖化的過程，配合客戶的需求，逐次將光終端設備向客戶端推進，以期提供全方位接取服務(Full Service Access Network，FSAN)，如圖 7.10 所示，包含 FTTExch(Fiber To The Exchange)，為光纖達遠端交換機；FTTCab(Fiber To The Cabinet)為光纖達配線箱；FTTC(Fiber To The Curb)為光纖到路邊；FTTB(Fiber To The Building)為光纖到大樓；FTTH(Fiber To The Home)為光纖到家。

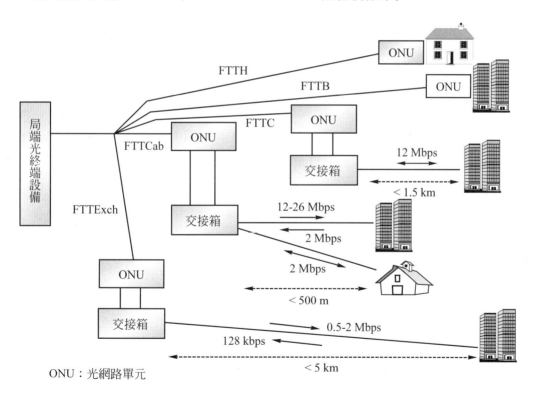

圖 7.10　全方位接取服務網路(FSAN)(引自參考資料 13)

7.3　光纖海纜系統

以海底電纜作為國際通信網路，始於 1850 年，初期是以電纜，進而以同軸海纜；隨著用戶需求的快速成長，同軸海纜系統受其傳輸特性及中繼器頻寬、累積失真、雜音等限制，已不敷使用，此時光纖海纜系統挾其低損失、寬頻帶、細徑、重量輕等優點，立刻成為海纜通信的新寵。圖 7.11 顯示海纜系統的進化，引自參考資料 7，由圖中可見將來的國際通信將是光纖海纜的天下，尤其 DWDM 技術的成熟及網際網路頻寬需求的推波助瀾。

全球海纜總頻寬統計至西元 2002 年止為 11943 Gbps。

光纖海纜系統必須具備以下條件：

(1)　系統可靠度期望大於 25 年。

(2)　光纜須具有高強度的特性：因它必須忍受海底的高水壓、海流拉力、魚類碰撞、啃咬等外來應力，而能保持穩定的傳輸特性。

(3)　光纖的損失必須極低，且特性穩定：損失低可加長中繼距離，減少中繼器成本，且可有效提高可靠度。

(4)　中繼器須具有高可靠度，因中繼器的修護費時、費力，因此中繼器的設計須朝向高度積體化，以減少元件數，在選用元件時，須經篩選試驗，對較不穩定的元件，採多重保護，如雷射二極體須具有備用模組，且能由局端控制切換及自動切換的功能。一般中繼器可靠度的要求是其故障率小於 80 FITs。另外中繼器箱的設計也須適應深海環境。

光纖海纜系統的方塊圖如圖 7.12 所示，至於光纖海纜的構造如圖 7.13 所示，依賴雙層鎧裝加強其強度，其設計也須使海纜輕量化，並防止破裂時海水滲透。

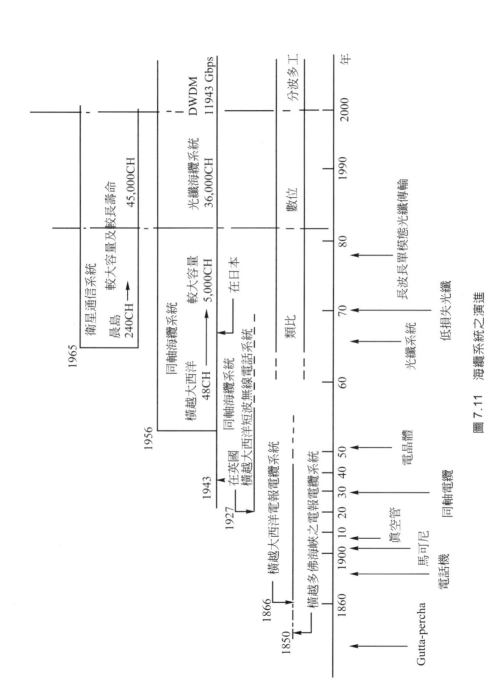

圖 7.11　海纜系統之演進

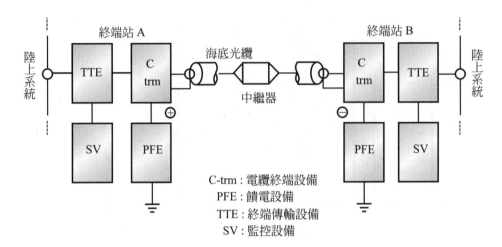

C-trm：電纜終端設備
PFE：饋電設備
TTE：終端傳輸設備
SV：監控設備

圖 7.12　光纖海纜通信系統之構成

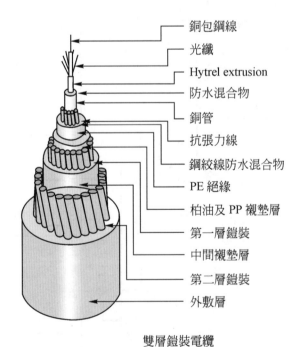

銅包鋼線
光纖
Hytrel extrusion
防水混合物
銅管
抗張力線
鋼絞線防水混合物
PE 絕緣
柏油及 PP 襯墊層
第一層鎧裝
中間襯墊層
第二層鎧裝
外敷層

雙層鎧裝電纜

圖 7.13　光纖海纜結構

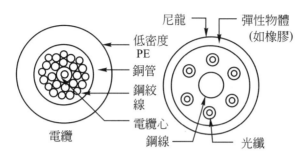

(a)光纜構造 ── 光纖 core 嵌入式

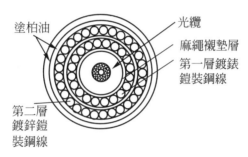

(b)雙層鎧裝電纜

圖 7.13　光纖海纜結構(續)

7.4 光纖通信系統在軍事上之應用

在軍事通信應用上，如語音通信、視訊通信、數據通信都與商業應用相似，只是需要加強其保密性、機動性，這些特性光纜比電纜或同軸電纜還優越，且其質量輕、高頻寬、低損失的特性，極適合導向飛彈使用，如圖 7.14 顯示光纖導向飛彈，在彈體上有一具攝影機將飛行前景攝取，此視訊信號經處理後，由光纖傳送回控制台，由操作員參考送回之前景影像，引導飛彈命中目標，此系統的導引傳輸媒體為高強度光纖，它不受電磁干擾、質輕，唯有它方能擔負此工作。

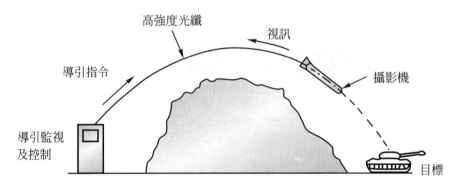

圖 7.14　光纖導引飛彈

7.5　光纖通信系統在工業上的應用

一般工業上的應用多傳送控制信號或視訊服務，它具有以下特徵：

(1)　在類比信號傳輸方面，頻寬約在 0～10 MHz 之間，須具備良好的線性及低雜音特性。

(2)　在數位信號傳輸方面，信號速率約在 0～20 Mb/s 間，誤碼率須＜10^{-9}。

(3)　傳輸距離約一公里以內。

(4)　須能抵抗電磁干擾。

光纖的特性正適合上述要求，且優於其他傳輸媒體，以下試舉數例說明。

7.5.1　光纖應用於偵測系統(sensor system)

如圖 7.15 所示，光源的光耦合入光纖後，如光纖末端未接觸液面，則光會反射回檢光器，如圖(a)所示，若光纖末端接觸到液面則入射光會因光纖折射率與待測液體之折射率相近，而射入液體，不能反射回檢光器如圖(b)所示，如此可測量液面高度。

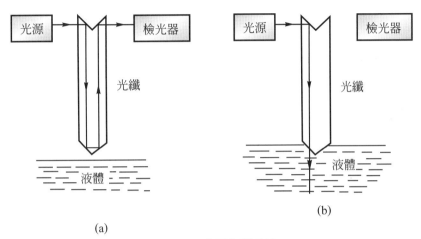

(a)

(b)

圖 7.15　液面偵測系統

另外一例如圖 7.16 所示，光源發射的光脈波經光纖#1 傳送至 A 點射出，然後經目標反射，再經光纖#2 傳送到檢光器，如此可依檢光器收到脈波的延遲時間計算 d，然後推算目標位移量。

圖 7.16　位移檢測系統

7.5.2　工業電視監視系統(ITV supervisory system)

工業電視監視系統主要利用攝影機攝取監視標的場景，再經電變光轉換器(E/O)變成光信號，利用光纖傳送至控制端，再利用光變電轉換器O/E換回視訊信號，由電視監視器顯像，操作員下達控制指令信號，或連絡信號亦經E/O變成光信號經光纖傳送至監視現場，再經O/E及解調器還原成控制指令及連絡信號，系統方塊如圖7.17所示。

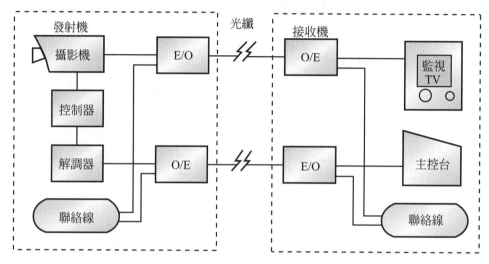

圖 7.17 ITV 系統方塊圖

光纖工業電視監視系統多用於鐵公路系統、電力系統，因它不受電磁干擾，優於同軸電纜，另外水庫監理系統、智慧大樓監理系統、生產線管理系統也都廣泛採用。

7.5.3 有線電視及數據通信系統的應用

光纖應用在有線電視及數據服務之用戶分配網路，能提供用戶更廣泛的多元服務，光纖通信系統在此領域的應用上，能利用分波多工方式，傳送不同調變型態的信號，如圖7.18所示，視訊交換中心能利用中繼線接收其他中心訊號分配給社區用戶，CATV中心能播放自己製作的節目或由天線接收電視台節目，再透過此系統分配給用戶。

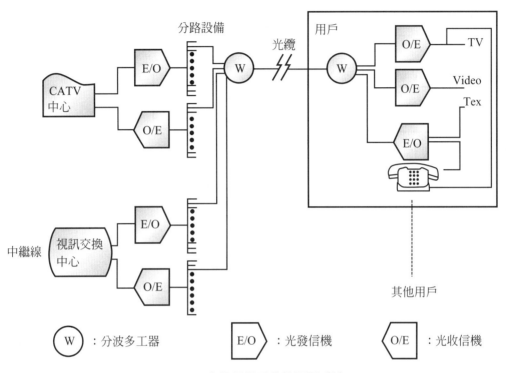

圖 7.18　有線電視及數據通信系統

7.5.4　視訊會議系統之應用

　　在辦公室自動化的浪潮中，需要視訊會議系統加速達成，它可改善人員長途跋涉之苦及提高會議效率，最重要的它可掌握會議的時間性，其系統方塊如圖 7.19 所示。

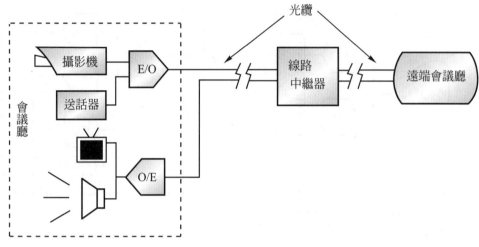

圖 7.19　會議電視系統

7.6　區域性網路(LAN)之應用

　　在一有限區域內，連接電腦主機、終端機、週邊設備、工作站間之
網路，稱為區域性網路，其範圍約在 10 公里範圍以內，信號速率約在

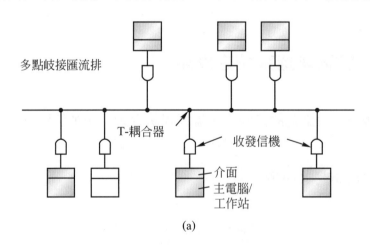

(a)

圖 7.20　區域性網路架構

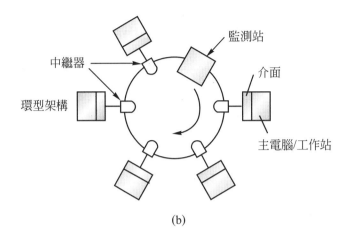

(b)

圖 7.20　區域性網路架構(續)

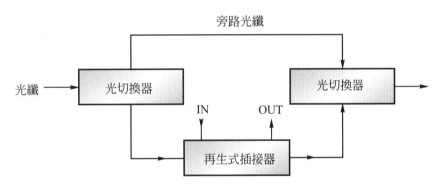

圖 7.21　光纖區域性網路節點插接器

100 Kb/s～100 Mb/s 之間，網路型態主要為星型、環型、匯流排型，它除了達成區域內資訊共享之功能外，尚能與電信網路銜接，提供各 LAN 間之通信，其系統方塊圖如圖 7.20 顯示常被採行的網路架構，(a)圖為 Ethernet，(b)圖為 Cambridge ring，其中的插接器結構如圖 7.21 所示。

7.6.1　光纖乙太網路(Optical Ethernet)

　　區域性網路最廣為採用的是乙太網路(Ethernet)，其由 IEEE 802.3 之 10 Base T 網路提供 10 Mbps 數據傳送服務，演進為 Fast Ethernet (FE)，提供 100 Mbps 數據傳送服務，FE 標準簡稱為 100 Base T，如圖 7.22 所示，訊框仍為 802.3 CSMA/CD，但傳輸媒體可為雙絞線(UTP 或 STP)或光纖，至西元 1995 年 IEEE 之 802.3 工作小組開始發展 Gigabit Ethernet(GE)，訊框仍為 802.3 CSMA/CD，傳送速率提昇為 1 Gbps，GE 之網路結構如圖 7.23 所示，GE 可與 10 Mbps 的 Ethernet 及 100 Mbps 的 Fast Ethernet 共容。

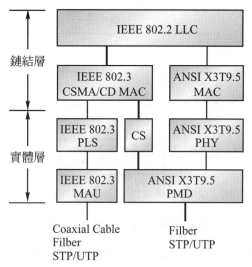

(a) 100 Base T 網路通信協定架構(引自 IEEE802.3)

圖 7.22　FE-100 Base T 通信協定

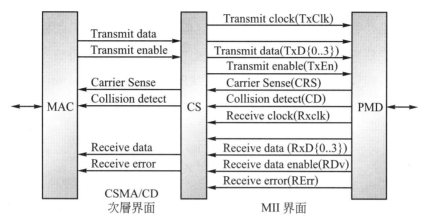

(b) 100 Base T 網路通信協定界面訊號(引自 IEEE802.3)

圖 7.22　FE-100 Base T 通信協定(續)

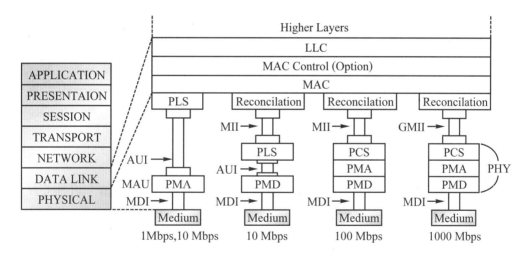

圖 7.23　Gigabit Ethernet 網路協定架構(引自 802.3Z)

　　FE及GE均支援光纖介面，又稱為光纖乙太網路，其應用範圍也由
區域性網路(LAN)，擴展至都會網路(Metropolitan Area Networks)，
又稱為E-MAN(Ethernet-based Metropolitan Area Networks)，其最主

要目的是將乙太網路使用於 LAN 的優點，即網路簡單易學、好用及成本低的優點移轉至 MAN，當然必須克服 MAN 的要求，如網路規模變大、安全性要求較嚴格及障礙復舊的能力，同時挾其頻寬成本較低的優勢，導入多媒體寬頻服務，即結合 FTTB、Optical Ethernet 及 SDH 構成 E-MAN，如圖 7.24 所示。

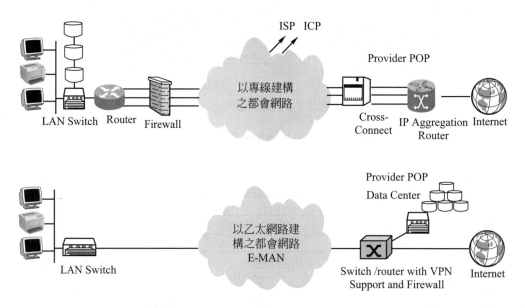

圖 7.24　E-MAN 網路(引自參考資料 11)

　　圖中 E-MAN 網以 FTTB 方式銜接用戶端之 LAN Switch，可採 GE 介面，再將 Ethernet 碼框加上管理位元組(RPR Header)載入 SDH 酬載區，E-MAN 可採 SDH 雙環架構如圖 7.25 所示，再以路由器銜接應用內容提供者及 Internet。

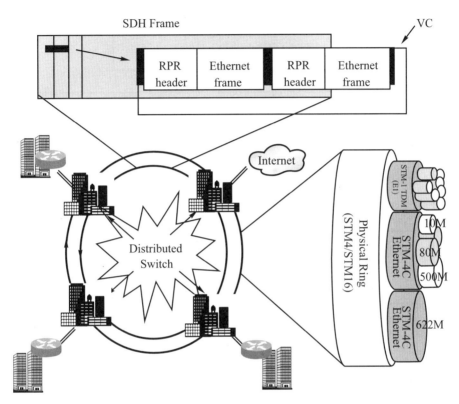

圖 7.25　Ethernet 承載於 SDH 之 E-MAN(引自參考資料 12)

7.6.2　光纖分散數據介面(FDDI)

　　美國國家標準局(ANSI)針對環狀網路,制定光纖分散數據介面(Fiber Distribution Data Interface,FDDI)標準(ANSI X3T9.5)傳輸速率為 100 Mbps,採雙環架構(Dual ring),容錯性高,通信協定為訊標傳遞模式(Token passing),通訊結構如圖 7.26 所示,包含鏈結層的 MAC,負責傳輸媒介擷取控制,實體層的 PHY,負責實體層通信協定及 PMD 負責實體層媒介相關作業,另有 LMT 負責層次管理。

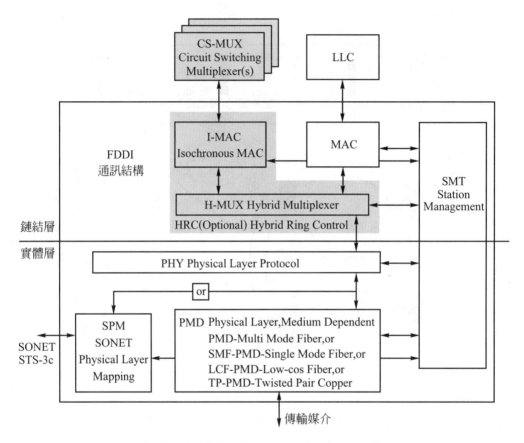

圖7.26　FDDI 通訊結構(引自 ANSI X3T9.5)

　　FDDI網路以中樞器(Concentrator)為主，再以光纖環路銜接各工作站，有主環(Primary ring)及次環(Secondary ring)，部份工作站同時與主環及次環銜接稱為 Class A 工作站，有些工作站只與主環連接稱為 Class B 工作站，其網路架構如圖 7.27 所示。

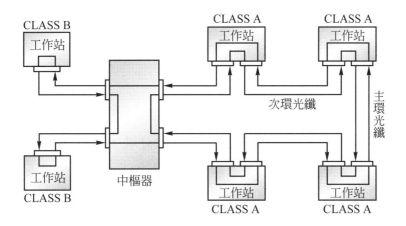

圖 7.27 FDDI 網路架構示意圖

FDDI 網路可接受二種不同位址碼長的工作站同時存在，因此可利用橋接器銜接不同通訊協定的區域網路，如圖 7.28 所示，FDDI網路扮演骨幹網路(Backbone Network)，廣泛使用於校園網路。

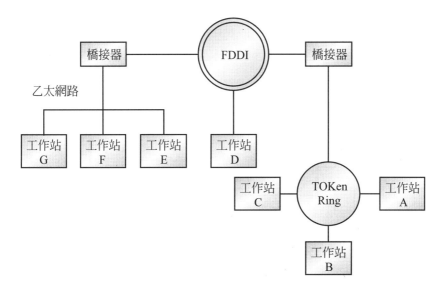

圖 7.28 FDDI 網路作為骨幹網路

圖中乙太網路之位址碼長16位元，而Token Ring則為48位元，兩者均利用橋接器將 IEEE 802.3 及 IEEE 802.5 的訊框送入 FDDI 網路相互通信。

7.7　分波多工光纖傳輸系統

提高光纖通信系統的容量，過去多以分域多工(SDM)或分時多工(TDM)方式，分域多工受管道限制，而分時多工會受光纖頻寬限制，近年來大家積極的發展分波多工方式(Wavelength Division Multiplexing，WDM)，即利用合波器將不同波長的各通道信號多工起來送入單根光纖中，收端再以分波器(Optical Demultiplexer)將各通道分出如圖 7.29 所示。

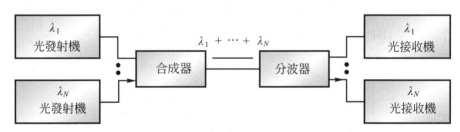

圖 7.29　單向分波多工光纖傳輸系統方塊圖

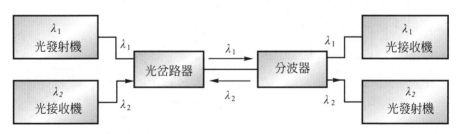

圖 7.30　雙向分波多工光纖傳輸系統方塊圖

分波多工技術亦可應用於雙向傳輸系統，以光岔路器(Optical Hybrid)分離發送及接收兩方向之光信號，如圖 7.30 所示。

7.7.1　分波多工光纖傳輸系統的優點

　　利用分波多工方式，可有效提高系統容量，卻不會增高脈波速率，故不會受制於光纖之頻寬，又各通道的信號速率、調變方式不須一致，故其融通性高，再者分波多工系統可作單向及雙向傳輸，便於用戶迴路之應用。

7.7.2　分波元件

　　一般而言分波器可利用三菱鏡(prism)、反射光柵(reflected grating)及干涉濾光鏡(interference filter)等元件，至於元件之選擇取決於下列參數：

(1)　多工通道數。

(2)　選用波長。

(3)　通道間隔。

(4)　單向或雙向。

以下分別說明三種分波器之結構：

(1)　三菱鏡式分波器：三菱鏡式分波器是屬於角度色散型分波器，是利用二菱鏡對不同波長的光有不同折射角的特性，達成分波功能，如圖 7.31 所示，其缺點是體積較大及不易調整。

(2)　反射光柵式分波器：反射光柵式分波器仍屬角度色散型分波器，主要是利用反射光柵對不同波長的光有不同的反射角的特性，達成分波功能，它能以合適的體積，符合光纖通信之所需，且適用於較多通道之多工，其簡圖如圖 7.32 所示。

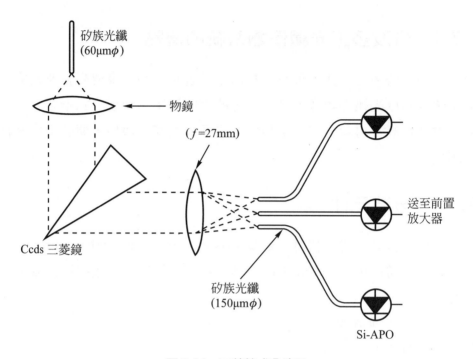

圖 7.31　三菱鏡式分波器

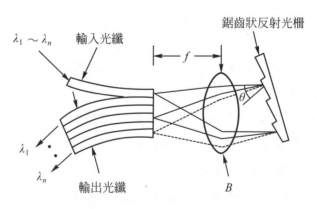

圖 7.32　反射光柵型分波器

(3)　干涉濾光鏡型分波器：此類分波器屬於不完全反射濾光鏡
　　　(frustrated total reflection filter)，是利用多重介質鍍膜技術，
　　　在玻璃基板上，由兩種不同折射率之物質交互蒸鍍而成，它具
　　　有使特定波長反射或透射的特性，只要在薄膜之層數、厚度、
　　　折射率等參數作適當選擇，可作出特性良好之短波長濾光鏡
　　　(SWPF)、長波長濾光鏡(LWPF)以及帶域通過濾光鏡(BPF)，
　　　此類分波器之介入損失較小，且易耦合，最適合於單模態光纖
　　　之分波多工系統，如圖 7.33 所示，它適用於較少多工通道之系
　　　統。

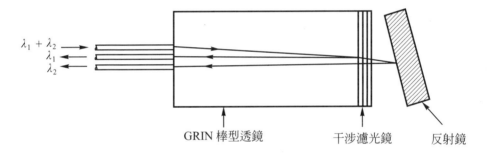

圖 7.33　干涉濾光鏡型分波器

　　分波器除了上述三種之外，會因耦合、集合方式之不同，衍生出多
種分波器，在此不多作贅述。

7.7.3　合波元件

　　上述之分波器，將輸出端變成輸入，再由原輸入端改成輸出，即爲
合波器，但若只爲合波目的不必具波長選擇功能時，更可利用三端耦合
器、半面鏡式合波器、透鏡集聚式合波器及波導合波器等。

1. 三端光耦合器

　　先將兩根光纖絞在一起，再以氫氧焰加熱，使兩根光纖約有 2 mm 長之表面熔接，如圖 7.34(a)所示，再將熔接處中點切斷與另一根光纖熔接，即如圖 7.34(b)所示，其插入損失 3 dB。

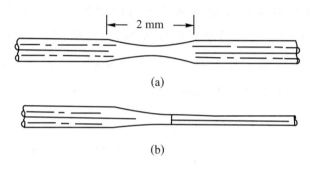

圖 7.34　三端光耦合器

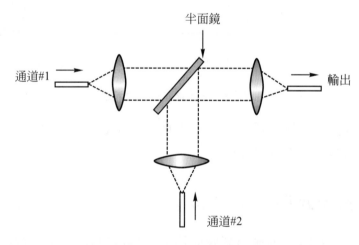

圖 7.35　半面式合波器

2. 半面鏡式合波器

　　利用半面鏡將通道#2 之光信號，反射入輸出光纖，但對通道#1 之光信號，卻令其直接穿透入輸出光纖，如圖 7.35 所示，

此種合波器之聚焦透鏡可改用GRIN棒型透鏡，其介入損失約3.7
dB。

3. 透鏡集聚式合波器

　　先將通道#1及通道#2之光信號分別經 GRIN 棒型透鏡變成
平行光束，投射入聚焦透鏡，而集聚入輸出光纖如圖7.36所示。

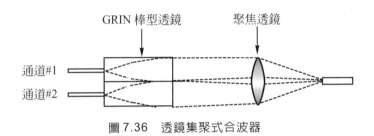

圖 7.36　透鏡集聚式合波器

4. 波導式合波器

　　如圖7.37所示，利用積體光學技術，作成波導式合波器，其
困難在於光纖與波導間之耦合，仍有待突破。

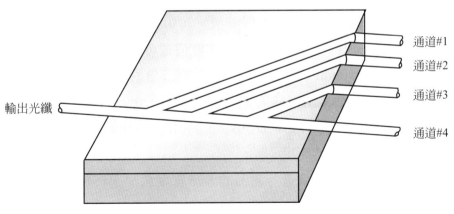

圖 7.37　波導式合波器

上述四類合波器之介入損失為：

$$I = 10 \log N - 20 \log \frac{a_o(NA_o)}{a_i(NA_i)}$$

a_o、a_i為輸出入光纖之核心直徑

NA_o、NA_i為輸出入光纖之孔徑

在$a_o = a_i$，$NA_o = NA_i$時，其介入損失為：

$$I = 10 \log N$$

故介入損失限制了多工通道數。

7.7.4　高密度分波多工系統

分波多工系統(WDM)在實際應用上，受光源的射光光譜寬度及分波器之波長分辨率的影響，早期受制於上述因素，只能把波長為 1310 nm 及 1550 nm 的兩個光信號多工，以 G.652 單模光纖(SMF)傳送，1310 nm 光信號在 G.652 單模光纖中傳導損失為 0.34 dB/km，而 1550 nm 光信號則為 0.2 dB/km，損失均甚低，在收信端可用簡易分波器即能分辨出 1310 nm 及 1550 nm，達成系統容量提升一倍的功能，參照 ITU-T G.671 建議，此種分波多工系統的光通道間隔 750 nm，歸類為寬通道分波多工系統(Wide Wavelength Division Multiplexing，WWDM)，因其系統簡單實用，已廣為使用。

隨著分波技術不斷演進、光源的波譜寬度愈窄、1550 nm 波段的參鉺放大器實用化及此波段的新型光纖研發成功，在 1550 nm 波段已可再行細分成數個光通道，依 G.671 定義，光通道間隔小於 50 nm，但大於 1000 GHz(大約 8 nm，在 1550 nm 波段)的分波多工系統稱為粗略型分波多工系統(Coarse Wavelength Division Multiplexing，CWDM)。

　　光通道間隔小於 1000 GHz 的分波多工系統則歸類為高密度分波多工系統(Dense Wavelength Division Multiplexing，DWDM)，依照ITU-T G.694.1 建議，DWDM的絕對參考頻率為 193.1 THz，其相對波長為 1552.52 nm，光通道的間隔從 12.5 GHz 至 100 GHz。

　　DWDM系統在單一光纖中承載20、40或更多的光通道，每個光通道可視同一路虛擬光纖(Virture Fiber)，每個光通道均可載入 SDH、ATM 或 IP 等封包訊務，這些訊務均經相關標準光介面接入。

　　DWDM 系統可應用於端對端傳送(point to point，p-t-p)，或環狀網路(Ring)。

　　DWDM 系統傳送方式可採單向傳輸，即在單一光纖上各光通道都採同一方向傳送，即上行方向一根光纖，下行利用另一根光纖。

　　DWDM 系統亦可在同一光纖中，傳送雙向信號形成雙向分波多工系統，即將所有光通道分成兩半，一半光通道傳送上行訊務，另一半通道傳送下行訊務。

　　DWDM 系統採單向端對端傳送模式，多應用於長途傳輸網路，主要在提高光纖之承載容量，如圖 7.38 所示。

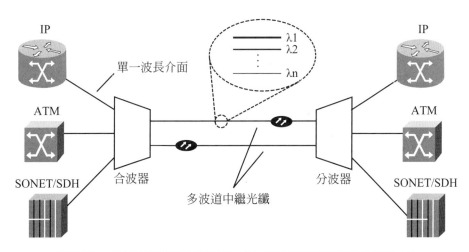

圖 7.38　端對端 DWDM 系統用以提高光纖容量(引自參考資料 14)

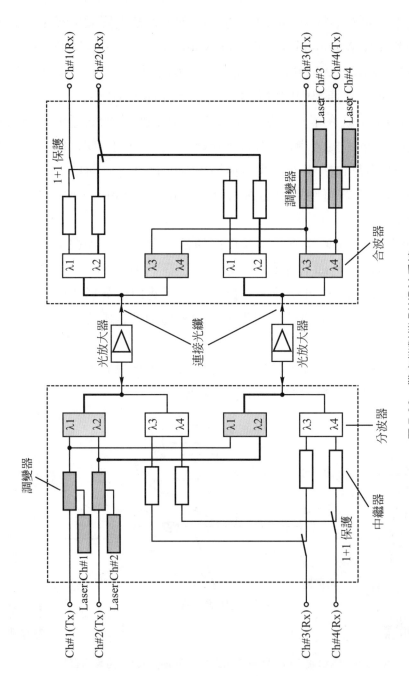

圖 7.39　雙向端對端 DWDM 系統

　　圖中IP路由器、ATM交換機或SONET/SDH終端機送出的信號封包，均以單一波長介面銜接至輸入調變器，調制於各自的光通道，再經合波器作合波後耦合入多通道中繼光纖，接收端以分波器將各光通道分離，再分別解調變後，送至IP路由器、ATM交換機或SDH終端設備，此端對端DWDM系統承載容量相當大，若系統障礙影響甚鉅，故採用1＋1備援保護，即合波後之光信號分送兩多通道中繼光纖，接收端再比較兩多通道中繼光纖的光信號品質，採較佳的光信號。另圖7.39所示爲四通道雙向端對端DWDM系統。

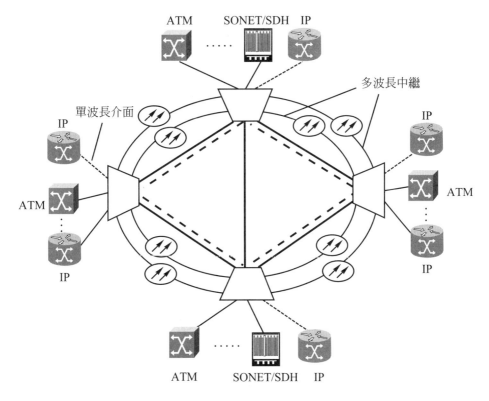

圖 7.40　都會型環狀 DWDM 系統

　　圖中第 1、2 通道(λ_1及λ_2)作爲傳送信號由左至右，第 3、4 通道(λ_3及λ_4)作爲傳送信號由右至左，即 ch#1 及 ch#2 分送上、下兩根光纖中之λ_1及λ_2通道，採 1＋1 備援保護，而 ch#3 及 ch#4 則分送λ_3及λ_4通道，亦採 1＋1 備援保護。

　　DWDM高密度分波多工系統應用於都會型網路(Metropolitan Area Network，MAN)，則採環狀網路架構，如圖 7.40 所示，各節點信號以塞入及取出方式(Add/Drop)，此例以四個光通道，並採雙光纖環路之保護架構。

7.7.5　粗略型分波多工系統(CWDM)

　　CWDM 系統與 DWDM 系統相較，CWDM 的光通道間隔約 8～50 nm，一般商用 CWDM 系統之光通道間隔約 20 nm，而商用 DWDM 系統之光通道間隔則小至 1.6 nm 或 0.8 nm，甚至更小，因此商用CWDM系統從 1460 nm 至 1625 nm，即 S 波段(1460 nm～1530 nm)加上 C 波段(1530 nm～1565 nm)至 L 波段(1565 nm～1625 nm)僅分割成 8 個光通道，而DWDM商用系統只在C波段(1530 nm～1565 nm)，以 0.8 nm 作間隔，就可分割成 40 個光通道。顯然 DWDM 系統容量比 CWDM 大得多。

　　CWDM 系統若欲增加光通道數，亦可利用 1310 nm～1460 nm 波段，再增加 8 個通道，但在 1383 nm 處，若使用傳統單模光纖會受水分子吸收影響，損失較大，故須改用新型單模光纖改善水分子吸收損失，CWDM系統使用之光譜及光通道分配如圖 7.41 所示。

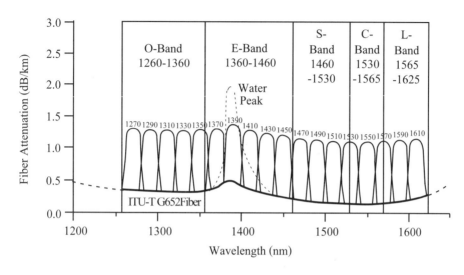

圖 7.41 CWDM 系統之波譜及光通道分配(引自 ITU-T G.694.2)

　　CWDM 商用系統與 DWDM 商用系統之比較如表 7.3 所示。其中 CWDM 商用系統的光通道間隔較大(20 nm)，對於光源的射光波長的穩定度要求不必像 DWDM 系統那麼嚴格，因此 CWDM 系統所採用的收發信機不須複雜的溫度補償電路，故其成本較低，而 DWDM 商用系統的光通道間隔為 0.8 nm，對於光源的射光波長穩定度要求相當嚴格，尤其環境溫度的變化直接影響光源之雷射二極體輸出波長，對於輸出波長的偏移，須以複雜的控制電路補償，同時對於輸出功率的穩定度、反射光的偏離及雷射雜訊等都須嚴格調控，因此 DWDM 系統之光源成本與 CWDM 系統為高。

　　CWDM 商用系統因光通道間隔較大，相對的選用之分波器所要求的光學特性較低，如插入損失、分波器的帶通特性及串音等，因此相對的成本也較低。

表 7.3　DWDM 與 CWDM 之比較

項目　　　　種類	DWDM 系統	CWDM 系統
光通道間隔	1.6 nm、0.8 nm 或更小	20 nm
光通道數	20、40 或更多	8(最大 16)
信號速率	2.5 Gb/s 或 10 Gb/s	2.5 Gb/s
光放大器	有	無
雷射光源	須溫度穩定控制	不須溫度穩定控制
輸出功率等化	須要	不須要
檢光器	PIN	APD
系統距離	100～600 km	60 km

　　CWDM 商用系統多應用於較短距離或容量較小的接取網路，因此不須光放大器，也是使此系統成本較低的因素之一。因 CWDM 商用系統不使用光放大器，它必須選用檢光靈敏度較大的 APD 檢光器，其承載的數位信號速度，被限制在 2.5 Gb/s 以下。

　　CWDM 商用系統可應用於端對端連接，亦可應用於環狀網路，即須提供塞取多工功能，但在網路中每加入一個塞取多工節點，則會增加插入損失，而 CWDM 系統又沒使用光放大器，因此限制了系統距離。

　　CWDM 商用系統因其光通道間隔較大，不必選用高檔的分波器，光源及檢光器的控制電路也較簡單，又不使用光放大器，因而操作維運系統也不須太複雜，因此 CWDM 商用系統的整體成本較低，使 CWDM 商用系統適用於客戶接取網路，如圖 7.42 所示，目前 CWDM 商用系統能提供各種服務介面，包括 SDH/SONET、Gb Ethernet、ESCON、FICON 及 Fiber Channel 等，也提供各種切換保護機能，可說是應用服務完備的實用系統。

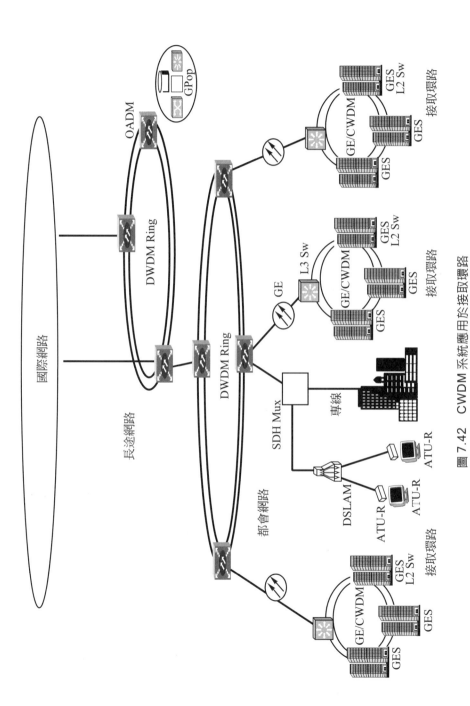

圖 7.42　CWDM 系統應用於接取環路

7.7.6　光放大器

　　DWDM 高密度分波多工系統能有效提升單一光纖的承載容量，但須插入合波器、分波器及塞取多工機等系統元件，也增加系統元件的插入損失，影響系統傳輸距離，為改善此缺點，須利用光放大器提高系統增益以補償這些插入損失。

　　光放大器(Optical Amplifer，OA)是直接對光信號進行放大的有源元件，即把光信號置入有源介質中，利用泵浦系統造成激勵射光，進行光放大；若有源介質為摻鉺光纖(Erbium-Doped Fiber)，泵浦系統為泵浦雷射光源，此類光放大器稱為光纖放大器(Optical Fibre Amplifier，OFA)，以摻鉺光纖構成的光纖放大器稱為 EDFA(Erbium-Doped Fibre Amplifier)，是目前最成熟且廣受採用的光纖放大器。

　　另一類光放大器的有源介質由半導體材料構成，泵浦系統為電源，稱為半導體光放大器(Semiconductor Optical Amplifier，SOA)。

　　OFA 及 SOA 各有幾種不同的應用結構，如表 7.4 所示。

　　在密集分波多工系統中，應用最為廣泛之光放大器為摻鉺光纖放大器(EDFA)，其特點是高增益、低雜訊、能同時放大不同速率與調變方式的信號，且能在幾十 nm 內同時放大多波長光信號，並對偏振不敏感。

　　EDFA 是採用摻鉺光纖，即在製造矽族光纖的核心時摻入三價之鉺離子(Er^{3+})，摻鉺光纖中的鉺離子對某些特定波長的激勵光源中之光子敏感，會吸收它的能量，使鉺離子由低能階躍至較高能階，此過程稱為激勵(Stimulated)，激勵與能階關係如圖 7.43 所示。

表 7.4　光放大器分類

分類	型式		
半導體光放大器 (SOA)	諧振式：利用 Fabry-Perot 共振腔(FPA)		
	行波式：利用雷射二極體作行波放大(TWLA)		
	射入鎖定式：利用雷射二極體加偏壓使其超過雷射閥值，行放大作用		
光纖放大器 (OFA)	摻稀土元素光纖放大器	摻鉺光纖放大器(EDFA)：適用於 1550 nm 波段	
		摻鐠光纖放大器(PDFA)：適用於 1310 nm 波段	
	非線性光放大器	拉曼光纖放大器(Raman Fibre Amplifier)	
		布里淵光纖放大器(Brillouin Fibre Amplifier)	

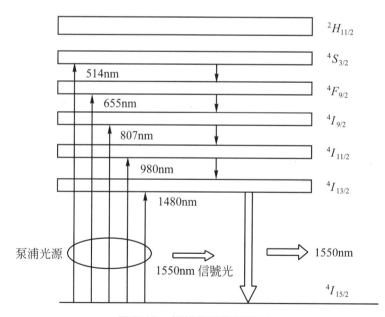

圖 7.43　鉺離子受激能階圖

　　鉺離子在未受激勵前屬於最低能階，如圖中之$^4I_{15/2}$，稱為基態，當受到1480 nm之泵浦光源激勵後，躍升至$^4I_{13/2}$能階，此為非穩態能帶，受激粒子的存活壽命較長，鉺離子在受泵浦光源不斷激勵，聚集於$^4I_{13/2}$能階，形成粒子數反轉分佈，此時如有1550 nm波長的光信號通過，再激勵處於非穩態之$^4I_{13/2}$能階粒子，使其由$^4I_{13/2}$能階遷回$^4I_{15/2}$能階，並輻射出與入射光(1550 nm)一樣的光子，增加光信號的強度，達到光放大的功效。同理亦可使用980 nm、807 nm、655 nm及514 nm作為泵浦光源，但由於980 nm及1480 nm泵浦光源的泵浦效率較高，普遍受到採用。

　　圖7.44所示為EDFA的基本結構，光耦合器將光信號及泵浦光合在一起，經光隔離器送入摻鉺光纖(EDF)，進行光放大，光隔離器之作用在抑制光反射，以確保EDFA之工作穩定，另在進行光放大等，會產生較寬光譜的光子，再加上自勵射光(Amplifier Spontaneous Emission，ASE)現象，產生雜訊，須以光濾波器阻擋雜訊通過，並讓經放大的光信號輸出。

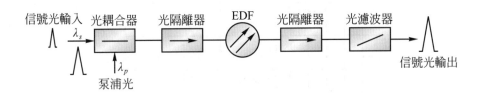

圖 7.44　EDFA 的基本結構

　　EDFA之應用可作為光發信機之輸出再增強，稱為光功率增強放大器(Booster power Amplifier，BA)如圖7.45(a)所示，亦可作為中繼光纖之中途放大器稱為中繼放大器(Line Amplifier，LA)，如圖7.45(b)，另可作為光收信機之前置放大器(Pre-Amplifier，PA)如圖7.45(c)所示。

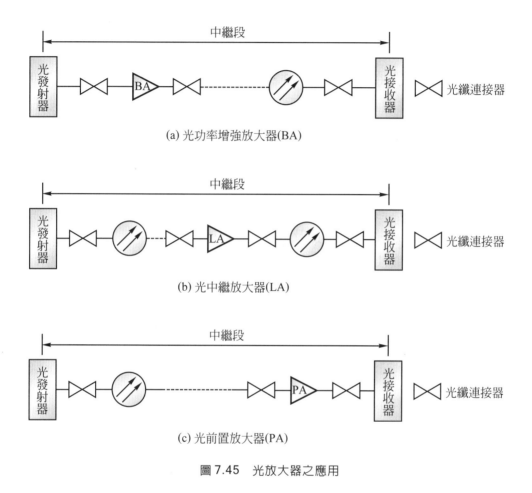

(a) 光功率增強放大器(BA)

(b) 光中繼放大器(LA)

(c) 光前置放大器(PA)

圖 7.45 光放大器之應用

7.7.7 DWDM 系統適用光纖

　　為提高光纖的承載容量，採用高密度分波多工技術，因而增加分波器等元件的插入損失，為補償這些插入損失，則使用EDFA光放大器，提高光信號功率，這又突顯光纖的非線性問題，另外因DWDM系統傳送多波長、高速率的光信號，其在光纖中傳導產生的色散(Dispersion)益形重要，因此需選用合適的光纖才能符合DWDM系統的需要。

　　目前國內使用的光纜以G.652光纖為主，有充膠單模光纜及溝槽型單模光纜，適用於1310 nm及1550 nm兩波段，普遍用於用戶迴路及局間中繼，傳輸損失在1260 nm～1360 nm 波段為0.5 dB/km，在1530 nm～1565 nm波段為0.28 dB/km，雖在1550 nm波段有較低的傳輸損失，但其色散係數為17 ps/nm-km，影響傳輸速率，而在分波多工系統中，也會有影響，因為不同波長的光，多工在一起傳送時，相互間會產生混合，又因光纖的非線性導至產生新的波長，即為四波混頻效應，以FWM 效率來衡量，這些新生波長必然會轉移部份原波長的能量，並在分波多工系統中產生串音干擾及信號衰減，因而限制了多工通道數。

　　FWM 效率取決於光通道間隔及光纖的色散係數，依試驗光通道間隔愈窄，光纖色散係數愈小，FWM 效率愈高，影響愈大，因此為改善FWM效應引起之串音干擾，須限制最小的光通道間隔(ΔW)：

$$\Delta W \geq 0.25\sqrt{\frac{MP}{D}}$$

M：光纖放大器的間隔數

P：單個光通道的平均光功率 (mW)

D：色散係數 (ps/nm-km)

　　顯然色散係數愈小，FWM 效應愈大，因為色散係數愈小，各波長信號速率相近的機率愈高，相位匹配愈佳，導致FWM 效應愈嚴重，因此 G.652光纖之1550 nm波段適合DWDM系統，但其ΔW須大於0.25 nm。雖然色散稍大有助於抑制FWM但也限制傳送距離，依理論分析，G.652光纖可傳送2.5 Gb/s信號達600公里不須電再生中繼，但若傳送10 Gb/s，則傳送距離受色散影響只約60 km。

　　為克服1550 nm 波段之色散對傳送距離的影響，發展出 G.655 光纖，稱為非零色散位移光纖，使1550 nm波段同時具備最小傳輸衰減及最小色散，其傳輸損失在 1530 nm～1565 nm 波段爲 0.28 dB/km，色散係數爲 0.1 ps/nm-km～6.0 ps/nm-km，其色散特性與 G.652 光纖(SMF)相較如圖 7.46(a)所示。

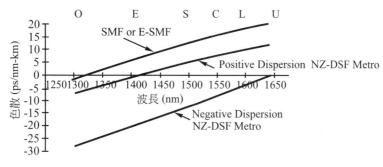

(a) SMF 與 NZ DSF 之色散特性

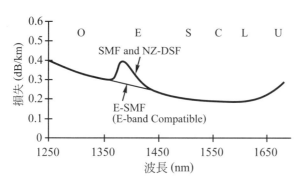

(b) SMF 與 NZ DSF 之損失特性

圖 7.46　G.652 與 G.655 光纖之色散與損失特性(引自參考資料 15)

　　G.655 非零色散位移光纖，避免了 FWM 的影響，也改善色散對傳輸距離的限制，同時符合 TDM 及 WDM 的發展需要，由圖 7.46 所示，有正色散 G.655 光纖(Positive Dispersion NZ-DSF)，如朗訊公司生產的全波光纖(All Wave™ fiber)；另有負色散 G.655 光纖(Wegative Dispersion NZ-DSF)如康齡公司生產的 SMF-LS 光纖。

▌7.8　同調光纖通信系統

　　同調通信技術的起源甚早，在 1930 年已發展出射頻外差式接收機，1968 年則將外差式檢測理論應用到光分頻多工系統，1970 年以後光纖通信系統蓬勃發展，同時也帶動同調光纖通信系統的研究，其成果相當豐碩，實驗證明同調光纖通信系統吻合長距離高速率的通信需求，其遠景無可限量，相信在不久的未來，同調光纖通信系統將實用化，其承載信號速率將達數十GHz，若配合極低損失光纖，其中繼距離將達數百公里。

7.8.1　同調光纖通信系統的結構

　　圖 7.47 為同調光纖通信系統的方塊圖，在發射端輸入信號對光源調變，其調變方式可分成三類：(1)振幅鍵移調變(Amplitude Shift Keying，ASK)，其已調變信號如圖 7.48(b)所示；(2)頻率鍵移調變(Frequency Shift Keying，FSK)，其已調變信號如圖 7.48(c)所示；(3)相位鍵移調變(Phase Shift Keying，PSK)，其已調變信號如圖 7.48(d)所示。接收端之檢光方式可分成二類：(1)外差檢光方式(heterodyne detection)；(2)同頻檢光方式(homodyne detection)。各種調變方式可搭配不同的檢光方式，其各種組合的比較可如圖 7.49 所示，它是以收信靈敏度作為比較指標，由圖中可見，ASK同調光纖通信系統比傳統的直接強度調變系統改善了收信靈敏度 10～20 dB，ASK 同頻檢光方式又比 ASK 外差檢光方式改善 3 dB 接收靈敏度，FSK 比 ASK 又改善了 3 dB。

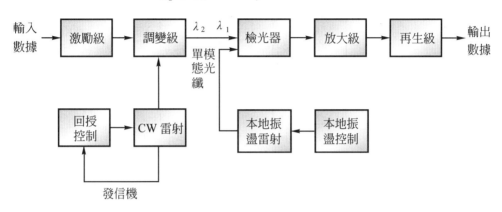

$\lambda_1 = \lambda_2$: homodyne
$\lambda_2 \neq \lambda_2$: heterodyne

圖 7.47　同調光纖傳輸系統

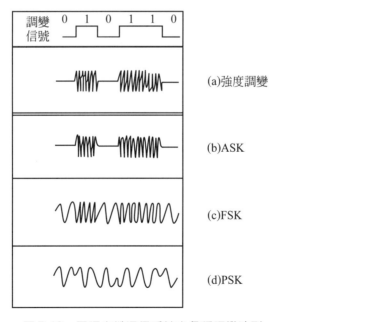

圖 7.48　同調光纖通信系統之各種調變波形

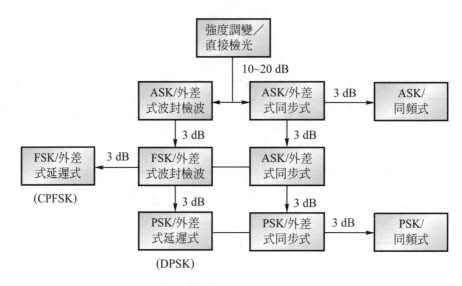

圖 7.49   各種調變檢光方式之特性比較

7.8.2   光源的光譜寬度要求

同調光纖通信系統所用光源的基本要求為：

(1)   光源的輸出須為穩定的單一縱向模態光，即單一頻率輸出。

(2)   光源的光譜寬度須很窄。須小於 100 kHz～1 MHz。

(3)   須具有很寬的頻率調整範圍。

(4)   須具有很好的調變特性。

除了符合上述要求外，還須考慮光源元件的穩定性、可靠度及元件體積等因素。

能滿足上述要求的光源有 DFB-LDs 及外加空腔式雷射二極體等，將分述如下：

1.   DFB LD(Distributed Feedback Laser Diode)

DFB LD的結構圖如圖 7.50所示，在作用層下面的導波層刻槽成光柵，使雷射空腔對波長的選擇性提高，其輸出光譜如圖

7.51 所示，能有效的抑制旁波帶，使旁波帶準位比主波長低 30 dB 以上。

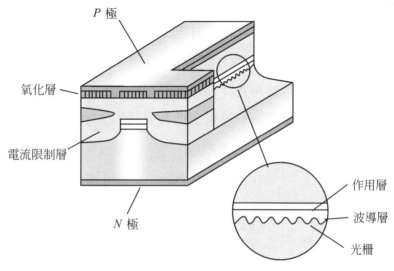

圖 7.50　DFB LD 的結構圖

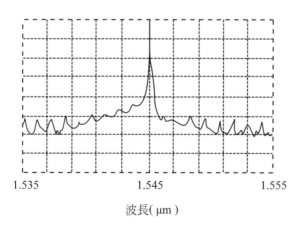

波長(μm)

圖 7.51　DFB LD 的輸出光譜

2. 外加空腔式雷射二極體

　　對 PSK 系統而言，對光譜寬度的要求更細，如 DPSK 外差檢光方式其光譜寬度須小於 200 kHz(信號速率在 100 Mb/s)，若用 DFB-LD 還無法達成，而外加空腔回授技巧則能最有效的縮減光譜寬度，如圖 7.52 是將 1.55 μm DFB-LD 外加一段單模光纖，此段光纖即扮演空腔角色，當 DFB-LD 產生的光耦入這段單模光纖，其旁波帶被抑制，只剩主波長光再回去激發 DFB-LD，如此能很有效的改善光譜寬度。

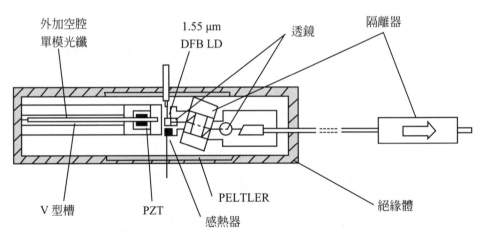

圖 7.52　外加空腔式 LD

7.8.3　同調檢光方式

　　同調光纖通信的接收，須一只特性良好的本地振盪光源，產生光載波信號(P_L)與輸入信號(P_S)在光耦合器中混合，如圖 7.54 所示，其主要目的在於利用P_L改善S/N比，圖 7.53 顯示傳統的直接檢光方式，它的S/N比會隨著瀉光二極體的累積增益的增加而減低，亦即輸入信號減弱，雖然可增加瀉光二極體的累積增益補償，但卻無法改善S/N比，而在同調檢光中，其輸入信號變小時，可提高本地振盪信號，以增強信號功率而改善S/N比，如圖 7.54 所示。其改善收信靈敏度約 10～20 dB。

　　P_L 與 P_S 拍差後產生中頻信號(IF)，若中頻信號頻率大於承載訊息的比次率，則此種檢光方式稱為外差檢光方式(heterodyne detection)，

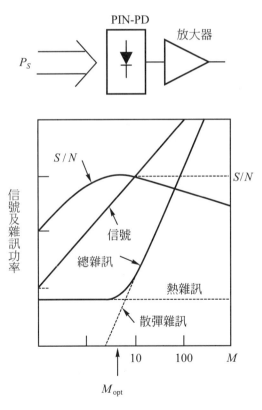

圖 7.53　直接檢光方式

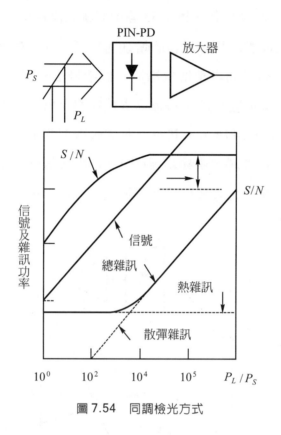

圖 7.54　同調檢光方式

如果中頻信號等於零，則這種檢光方式稱為同頻檢光(homodyne detection)
，同頻檢光方式的靈敏度又比外差檢光方式改善了 3 dB，另外當中頻信
號頻率小於承載訊息的比次率時，則此種檢光方式須利用相位分集技巧
(Phase Diverisity)，如圖 7.55 所示。本地振盪信號與輸入信號，在 120°
的光岔路中混合，分離出 0°、120°、240° 三個相位互差 120° 的信號，
再利用相位分離器警告輸出。

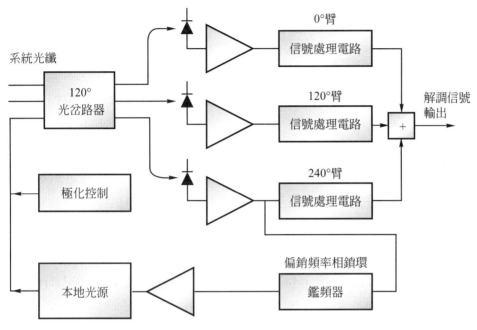

圖 7.55　相位分集接收機

7.8.4　同調光纖通信系統的特色

同調光纖通信系統有兩大特色：

1. 高接收靈敏度：就以外差檢光式接收機為例，它的接收靈敏度比直接檢光接收機改善了 12～18 dB，而同頻檢光式接收機又比外差檢光式接收機改善了 3 dB，故同調光纖通信系統的中繼距能再增加 60～90 km(在 1.55 μm 波長)。

2. 高頻率選擇性：同調光纖通信系統有很好的頻率選擇性，故可使用分頻多工方式(FDM)，提高系統容量，目前已實驗成功 64 個 400 Mb/s 頻道的系統。

7.8.5　同調光纖通信系統所需的技術

1.　光發射機之技術：為了使光源的光譜寬度小於 $100\sim1$ MHz，頻率偏移小於 50 MHz，須發展高 Q 值，頻率可調及外加空腔的雷射二極體，另外為了免除溫度變化的影響，須發展自動頻率控制技術。

2.　同調光纖通信接收機之技術：須發展低插入損失之光交連器($<$ 0.2 dB)及發展寬範圍的可調波長本地振盪器，另外也須發展高量子效率及 $5\sim10$ GHz頻寬的檢光二極體，對於達成偏波分集，也須發展偏波分集控制電路。

3.　光纖：須發展極低損失單模光纖，以因應長途通信需要，另外為了防止偏波色散，也須發展固定極化單模光纖(Polarization Maintaining Single Mode Optical Fiber)。

7.9　全光化網路

　　廿一世紀是資訊化的社會，也是光的世代，將自然形成全光化通信，且充分融入資訊化的社會脈動，使 e 世代的國人不論屬於何時、何地均能享用安全、可靠、便捷的互動式寬頻服務，為達成此一理想，全光化網路的佈建是極其重要的里程碑。

　　現階段以分時多工(TDM)為主的傳送網路(TDM-based Transport Network)已充分提供高品質及高可靠度的語音和專線服務，就以 SDH 網路為例，已建構好能傳送數個 Gb/s 的基礎網路，具有優越的傳輸性能，包括時閃(Jitter)、飄移(Wander)、誤碼、封包遺失等，另在網路故障發生時，SDH自動切換保護環，啟動自復機能，在 50 ms內回復，這對語音及專線服務，已能滿足客戶服務需求。

　　相對於 TDM-based 網路所提供的語音與專線服務，ATM 網路雖也搭載於 TDM-based 網路，提供儘力式(Best effort)IP 服務，則缺少高可靠度及服務品質(Quality of Service，QoS)的保證，即未提供所傳送 IP 封包時閃、延遲及封包遺失等保證，只儘力提供傳送封包鏈路之可用頻寬在統計多工下達成其最佳利用度的服務，並對客戶提供保證頻寬及服務品質。

　　尤其對於差異化服務及瞬間湧浪式高頻寬需求，使用 TDM-based 網路搭載 Best-effort IP 服務的網路架構下，為了滿足頻寬需求，只好調度較平均頻寬大得多的網路，這在多數時段，訊務負荷很輕，多數的頻寬浪費不用，以致成本效益不佳，況且不規則的訊務需求，雖然調度固定的大頻寬，也不見得能滿足其湧浪式高頻寬需求。

　　在基於經濟效益考量下，接取網路對於設備利用度更加敏感，網路營運者提供之 TDM-based 網路並未提供客戶量身訂製及差異化服務之品質保證，故在接取網路提供之 Best-effort 服務，遇上訊務量激增，網路阻塞時，只能靠用戶端設備，調降傳送速度因應。

　　為了解決 TDM-based 儘力式 IP 服務之缺失，興起以數據為主的全光化傳送網路架構(Data-Centric Optical Transport Network Architecture)的新觀念，使新一代網路朝更具成本效益、更可靠及更高容量演進。

　　以數據為主的全光化傳送網路分割成全光化傳送層及服務層，如圖 7.56 所示，兩層互補互動，服務層與傳送網路層分離，可專注於滿足各種差異化服務需求，能更具效率、更靈活，且不必受實體網路拓撲的限制；而傳送網路層則致力於提供一致化、頻寬管理最佳化及高可靠度的超高容量傳送功能，如此服務層及傳送層各司所職，發揮其最大效益。

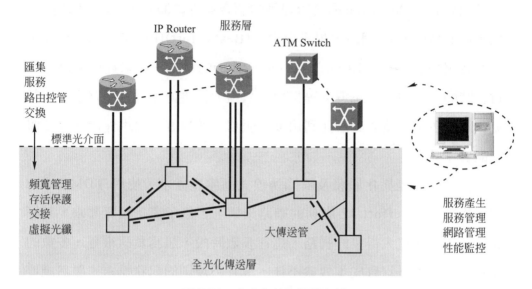

圖 7.56　全光化數據網路架構

　　此以數據為主的新網路架構，是為"全光化數據網路"(Optical Data Network)量身打造，提供超高容量且具品質保證(QoS)的IP化服務。

7.9.1　全光化傳送網路

　　自從二十幾年前，商用光纖通信系統問世，研究學者鍥而不捨，不遺餘力的探尋擴增光纖頻寬之道，希望光纖承載頻寬能達其理論頻寬50 THz，尤其近幾年來，加速研究各項光學元件，如分波器、光放大器、非零色散位移光纖、光交換器、光通道路由器等，並已有突破性發展，容許信號之處理、交接及轉換都能在光的領域進行，同時網路提供者也由於寬頻服務的多樣化，以致頻寬需求的急速成長，而受到鼓舞，逐次將 TDM-based 網路過渡至新的網路型態，以提升網路的應變性、可靠性及承載容量，此新型態網路須提供超高速的傳送能量，且具多工及路由控管機能，其網路建設及維運須有極高效率，方能有效降低網路整體成本，以因應超大頻寬的服務需求。

由於網際網路及其相關應用的飛躍成長，對以封包為主的通信需求(Packet-based Service)急速成長，保守估計每三～四個月就成長一倍，尤其客戶端服務含視訊、語音及數據之多媒體服務的每戶頻寬需求就需64 Kb/s～3 Mb/s，顯見客戶接取端的頻寬需求成長空間之大。

肇因於技術的突破及頻寬需求的激增，全光化網路乘勢而起，扮演新型態網路的關鍵角色，其中光纖擔負傳送任務，由於密集多工技術(DWDM)的成熟發展，推升了光纖傳送效能，使每芯光纖的傳送能量已超過 400 Gb/s。

DWDM 光纖傳輸系統再結合光交接設備(OXC)、光塞取多工設備(OADM)以及 MPLS 或 GMPLS 等，構成環狀(Ring)或網狀(Mesh)網路提供多樣化、高可靠度、易維運及具高成本效益的全光化網路。

全光化網路定位於信號之傳輸、多工、路由控管、網路管理及切換保護等均在光領域運作，意即從TDM領域的通路(Channel)轉移至WDM領域的光通道(Optical Channel)，也可以說在 TDM 領域，每一通路佔用一個 SDH 碼框中的一個時槽(Time Slot)，在數位交接系統中，可執行時槽交換(Time Slot Interchange，TSI)達成交接目的，而在WDM領域的每一光通道佔用一個全光化傳送系統中的一個通道(Wavelength Channel，Frequency Slot)，在光交接系統中，則執行頻槽交換(Frequency Slot Interchange)，達成光交接目的。即下一代網路是由SDH網路過渡到全光化網路。

分波多工技術有效提升光纖傳輸系統的承載容量，可說是邁向全光化網路的第一步，其啟動了以波長為主的傳送模式；邁向全光化網路的第二步是增多分波多工的光通道數，即多工的波長數，尤其發展出輸出

光譜很窄的雷射半導體光源及辨識率極佳的分波器,使DWDM實用化;
除此之外,全光化網路之節點須引入光塞取多工機(OADM),作為客戶
之封包信號調制於光載波後,進出網路的節點;以 OADM 為節點的網
路型態,常以環狀網路拓撲出現,具有雙環路、自動切換保護功能,可
應用於接取網、都會網及長途骨幹網,各環狀網之間再以光交接設備
(Optical Cross Connector,OXC)銜接,執行光通道的交接、調度及管
理,形成網狀網路拓撲(Mesh Network),整體網路的頻寬管理、光通道
交接、光通道多工、光放大等都在光傳送層進行,如圖 7.57 所示,此網
路稱之為全光化傳送網路(Optical Transport Network,OTN)。

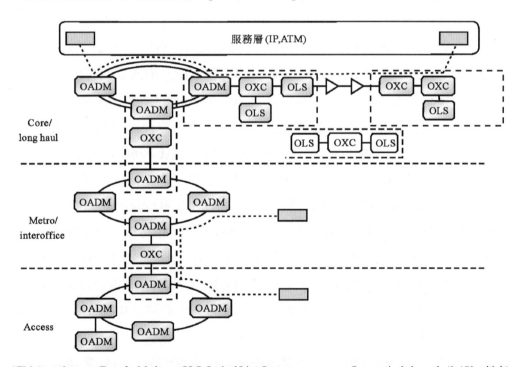

圖 7.57　全光化傳送網路(OTN)架構

要實現全光化傳送網路，須謹慎權衡網路成本及所提供之功能，取其折衷，也要考量是否以單一網路架構滿足所有各種服務需求，或者依市場區隔，以不同的網路架構因應個別需求，欲理出最佳的網路解決方案，可從五個主要面向切入考量：

1.　類比網路工程面

在分頻多工(FDM)網路架構下，類比信號在處理與傳送過程，會有雜音產生及受干擾雜訊影響，且雜訊會隨傳輸距離增長而不斷累積，信號雜訊比(Signal to Noise Ratio，S/N)下降，劣化信號品質。

在分時多工(TDM)網路架構下，類比信號先予數位化(Digitalization)，再行多工傳送，其主要優點是數位信號處理可經 3R (Retiming、Reshapping、Regeneration)過程，使數位信號每傳送一段距離，就作重定時、整形及再生，這 3R 處理增加數位信號抗雜訊能力，且雜訊也不會因傳輸距離增加而累積，另在數位信號處理也較數比信號簡化，因而通信網路由FDM過渡到TDM。但 TDM 網路架構在多工、解多工及傳輸過程，會造成數位信號的相位失真、受串音及碼際干擾雜訊影響所致之罰損(Penalty)等，均會劣化傳輸品質，限制了傳送速率及系統承載容量。

在全光化傳送網路(OTN)架構下，將信號先轉換成光信號，即載入光通道，整個光信號之分波多工、塞入取出、交接及傳送都在光領域處理，不受電磁干擾，亦無相位失真等問題，其傳送速率及承載容量也遠大於 TDM 網路架構。

但在 OTN 網路架構下，仍有缺失，即在光信號的傳輸會有脈波色散(Dispersion)及光纖非線性特性的影響、光放大過程會因光放大器的增益響應特性不均勻缺失、光通道間的串音干擾及分波器多級串接造成波段光譜窄化影響多工通道數等；然而這些問題會因光元件的不斷突破改良而緩解，OTN架構也會在各關鍵系統設備逐次標準化及商用化後，兼顧成本及功能考量，逐漸導入。

2. 服務的透通性

　　除了網路工程面，在實務上須考量服務的透通性，即將客戶信息可直接映射入傳送碼框的酬載區，網路營運者只負責傳送，不需了解客戶信息內容，在輸出端，由光波通信予碼框中之管理位元組(Overhead)提供管理訊息，再直接從酬載區取出客戶信息，對客戶而言，OTN扮演透通性運送客戶信息角色。

　　服務透通性的主要功能是對各種不同的客戶需求提供一致性的服務，不論客戶信息為類比或數位，都提供透通性的運送服務；在 OTN 架構下要實現透通性服務的最重要因素是其輸出入介面不要受制於特定的客戶設備相關規格，所幸現階段 DWDM 系統已能接受 622 Mb/s、2.4 Gb/s 及 10 Gb/s 的 SDH 信號、Gigabit Ethernet、ATM 及 IP 載在 WDM 等各種客戶信息，OTN 對上述客戶信息而言是所謂的透通性通道(Clear Channel)。

　　現階段透通性服務仍受制於系統的最高速率，為達成服務透通性之理想，仍須致力於系統頻寬的開發。

3. 網路操作維運面

　　TDM-based網路逐步演進入OTN網路之際，整體OTN網路的管理機制也須建立，包括障礙處理、訊務調度、性能管理(信號速率、延遲、誤碼及封包遺失等)、網路的運作及維護管理，這些管理訊息在 OTN 網路中分成兩類，一類是與信號一起在同一光通道中傳送，另一類是置入管理訊息專用光通道。

4. 網路的存活保護

　　在 SDH 架構可採用雙光纖環路，構成自動切換保護機制，在故障發生時，啓動切換保護動作，所需回復時間，小於 50 ms，同樣在 OTN 網路亦須提供同等快速的網路存活保護機能，從點對點的分波多工傳輸系統提供 1＋1 自動切換保護，演進至較複雜的光傳送層切換保護系統能提供更有效率的切換功能，更進一步結合 OXC，提供更智慧化、更低成本及朝向網狀架構的存活保護機能。

5. 互通性操作

　　在 PDH 網路架構，光終端介面的規格未統一，導致不同廠牌的光終端機不相容，推進至 SDH 網路架構時，改進了上述缺點，因此在推展 OTN 網路架構的同時，須建立網路的互連標準 (Optical Network Node Interface，ONNI)，如光管理通道的格式標準、維運管理(Operation Administration Maintanance，OAM 的信息格式標準等，使不同廠牌、不同型號的設備在光層管理具互通性操作。

　　充份改善上述五大主要面向，掌握技術突破契機，導入全光化傳送網路，承接以數據封包爲主的多元化客戶信息，滿足各種通信協定及各種差異化服務，提供高容量、高可靠度及隨選頻寬的網路服務。

7.9.2 全光化網路之 MPLS 通信協定

　　新世代網路將以語音爲主的網路及以數據爲主的網路匯流爲以IP爲主的網路，爲有效管理 IP 封包流量、負荷、路由及不同服務之各項協定，逐步演化出多重協定標籤交換技術(MPLS)，作爲調度及管理核心網路，MPLS為通信業界共推標準，將進一步整合，能涵蓋全光化網路稱為 GMPLS(Generalize MPLS)。

　　多重協定標籤交換技術是以封包為主的通信協定，涵蓋數據與語音網路匯流，提供標籤路由器(Label Switching Router，LSR)間之超高速數據封包的轉送(Forwarding)、頻寬的預約及不同服務品質(QoS)的要求與管理。

　　多重協定標籤交換網路，以標籤交換路由器轉送封包行經網路，將固定格式的小標籤，貼在每個待送封包的前端，每個LSR依照標籤指示派送，如圖7.58為例說明。

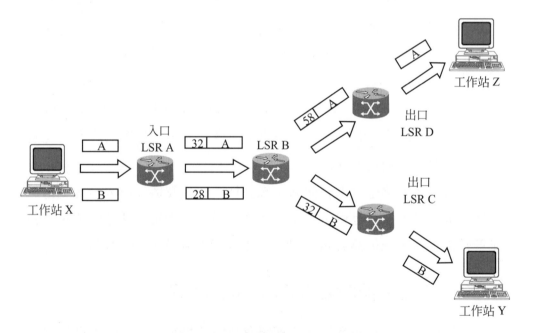

圖 7.58　多重協定標籤交換網路

　　圖中工作站 X 將兩個封包送入 LSR A，封包 A 欲送往工作站 Z，而封包 B 欲送往工作站 Y，LSR A 在封包 A 貼上 "32" 標籤送入 LSR B，LSR B 為中繼標籤路由器(Intermediate LSR)，收到封包 A，會依 "32" 標籤指示，將封包 A 送往 LSR D，送出時將標籤改貼 "58"，LSR D 收到封包 A，依標籤 "58" 指示，將封包 A 送往工作站 Z，因 LSRD 為出口路由器，送出時將標籤拆除，僅將封包 A 輸出。達成封包 A 傳送任務，同理封包 B，亦經 LSR B 轉送給 LSR C，再出口至工作站 Y，其標籤在 LSR A，先貼 "28"，在 LSR B 再貼 "32"。

　　整個標籤插入動作屬於 OSI 網路協定之第二層，提供路由位址辨識，每個 LSR 均有標籤轉送表，含(輸入介面、標籤值)及(輸出介面、標籤值)，以標示封包傳送路徑，每條路徑都稱為標籤交換路徑(Label Switching Path，LSP)，即在入口 LSR 及出口 LSR 間建立通道(Tunnel)，圖 7.58 中封包 A 及封包 B 所走的路徑(LSP)，即為通道(Tunnel)，其中 LSR B 依各 LSP 標籤指示轉送封包，不必深究封包內容，每個封包走的 LSP 也可依訊務等級，分類標示，不同等級 LSP，即在標籤上附加標示，如圖 7.59 所示，封包 A 依等級貼上 "7" 標籤，送入 LSR C，下一站為 LSR D，故在封包 A 從 LSR C 送出時再貼上 "28" 標籤，意即封包 A 貼上 "28"、"7" 兩個標籤，此稱為標籤堆疊(Label Stack)。

　　在較高等級的 LSP 上附加標示，讓 LSR 辨識並派至較高等級的通道(High-level Tunnel)，作較高優先的傳送，MPLS 網路即藉標籤堆疊，達成核心網路的高效率路由管控。

　　在分封交換網路，其可用頻寬像是一條高速公路，每個封包像輛汽車駛上高速公路，當汽車的量超過高速公路的負荷容量，則高速公路就會擁塞,甚至碰撞,相信大家都有塞車經驗,同樣的,封包在擁塞的分封交換網路中傳送,將會延遲甚至遺失。

在全光化網路,可用頻寬像是火車的車廂,火車在每個區間都有固定的行程表,旅客如有預約劃位,即可獲得可靠、不受擁塞且安全的旅程,MPLS扮演預約劃位、行程控制的角色,光通道及光纖分別扮演車廂及火車的角色,而光交接設備、光交換機或波長路由器等,則扮演火車站及轉轍器等路由控制角色。

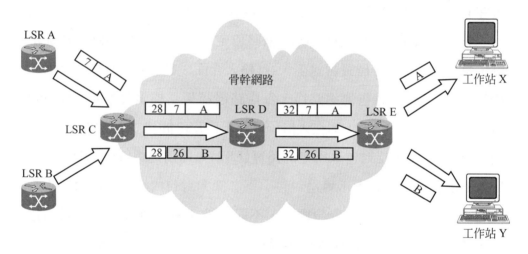

圖 7.59　標籤堆疊

全光化傳送網路(OTN)參照ITU-T G.872建議光信號交換可在光交接設備(OXC)中進行,光信號路由的管控可由波長路由器(Wavelength Router)執行,如圖 7.60 所示為智慧型全光化傳送網路。

OXC 可直接與光纖介接,各光纖埠間之交接依照交接表進行,如圖 7.61 所示。

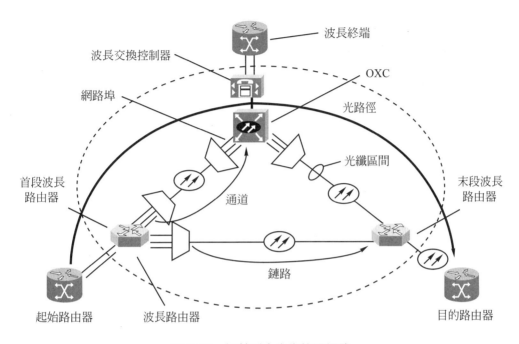

圖 7.60　智慧型全光化傳送網路

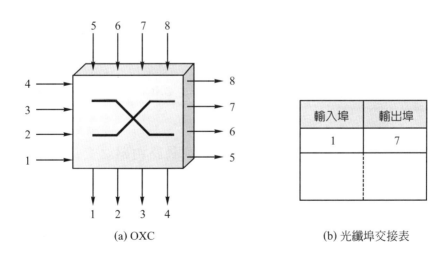

輸入埠	輸出埠
1	7

(a) OXC

(b) 光纖埠交接表

圖 7.61　光纖直接介接之 OXC

　　有的 OXC 含 DWDM 終端機能，如圖 7.62 所示，即每個光纖埠經分波器分離出數個光通道，再輸入 OXC，OXC 依光通道交接表執行光通道交接。

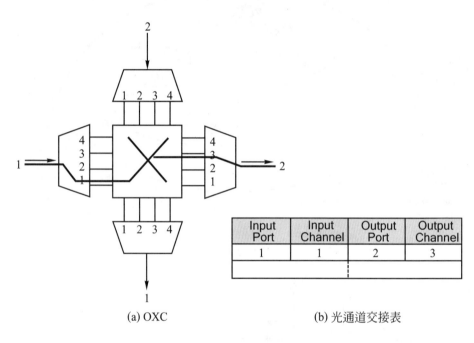

Input Port	Input Channel	Output Port	Output Channel
1	1	2	3

(a) OXC　　　　　　　　　　　(b) 光通道交接表

圖 7.62　光通道交接之 OXC

　　在全光化傳送網路中，OXC 及光波長路由器之交接指令，均從 GMPLS 之標籤值解譯，而 GMPLS 之控制訊息採帶外傳送方式(Out of band)，即光信號訊務與控制訊息走不同光通道；光通道或光纖埠的交接指令，由光通道路由控制器(Wavelength Routing Controller)指揮 OXC 或波長路由器執行交接動作，如圖 7.63 所示。

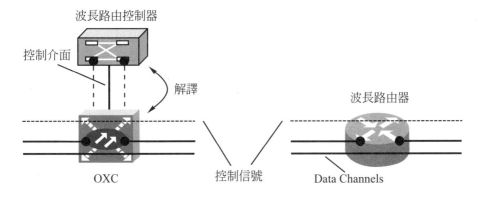

圖 7.63　OXC 及波長路由器之控制

　　全光化傳送網路(OTN)的導入，會因網際網路及其相關應用的蓬勃
發展，得到動能而加速，並整合 DWDM、光交接技術(OXC)、波長路
由控制技術、GMPLS 及 MPLMS(Multiprotocol Lambda Switching)等
先進技術，得以充份提供超大頻寬，同時能整合IP各項差異化服務，在
網路維運方面提供低維運成本(OPEX)及完備的維運機能(OAM&P)，使
全光化網路兼具功能與成本效益，自然融入新世代資訊社會。

7.10　光纖通信系統應用實例

　　資訊與通訊是現代化社會的策略性發展，尤其寬頻通信基礎網路更
是數位經濟之動脈，提供個人、組織甚或國家無限的發展空間。

　　21 世紀是資訊社會的新紀元，資訊電信科技(Inforniation Communication
Technology，ICT)在 21 世紀經濟發展中扮演重要角色，影響整體國家
競爭力，並引導廣播與電信匯流及固網與行動匯流，而整體匯流網路須
架構在寬頻基礎網路上(Broadband infrastructure Network)，其中全光

化光纖網路主導寬頻基礎網路。本節試以英國電信公司(BT)的21CN網路、美國Verizon公司之整體光纖網路及 韓國EPON網路等實例敘述光纖通信系統的實際應用。

　　寬頻光纖通信網路更配合全IP化新一代通信網路(IP-NGN)的發展，提供 Triple Play(Voice、Data、Video)服務，加速數位 匯流的進程，使資訊通信成為我們生活上的好幫手，事業工作上的好夥伴。

7.10.1　英國電信之 21CN 網路

7.10.1.1　英國電信公司預期未來的網路須具備下列特性：

(1)　寬頻網際網路接取功能

(2)　服務品質保證 (guaranteed QoS)

(3)　無間隙接取，亦即提供固網與行動網匯流

(4)　網路智能 (Intelligence)

　　上述網路特性的需求，來自於網際網路的蓬勃發展，由世界上幾個主要地區對網際網路的使用率、滲透率、訊務量及所要求的數據傳送速率的統計資料如下表，可讓讀者感受到網際網路的高度應用帶動新的寬頻網路需求。

表 7.5 網際網路使用者數

單位：百萬	1999	2000	2001	2002	2003	2004
美　　國	97	118	135	145	148	152
日　　本	23	32	38	43	47	50
亞太地區	32	70	104	120	135	150
西　　歐	54	81	114	145	164	179
其他地區	35	72	105	118	130	140
總　　計	241	373	496	571	624	671

引自：ARC Group (2001)

表 7.6 網際網路滲透率

單位：%	1999	2000	2001	2002	2003	2004
美　　國	36 %	44 %	51 %	54 %	55 %	57 %
日　　本	18 %	25 %	30 %	34 %	37 %	40 %
亞太地區	1 %	2 %	3 %	4 %	5 %	5 %
西　　歐	12 %	18 %	25 %	32 %	37 %	40 %
其他地區	2 %	4 %	5 %	6 %	7 %	7 %
總　　計	4 %	6 %	8 %	10 %	11 %	11 %

引自：ARC Group (2001)

表 7.7 網際網路訊務量

TB／月	1999	2000	2001	2002	2003	2004
美　　國	7,566	11,505	16,673	22,620	28,860	37,544
日　　本	1,104	1,920	2,888	4,128	5,640	7,600
亞太地區	960	2,625	4,940	7,200	10,125	14,250
西　　歐	4,050	7,594	13,538	21,750	30,750	42,513
其他地區	1,050	2,700	4,988	7,080	9,750	13,300
總　　計	14,730	26,344	43,026	62,778	85,125	115,207

引自：ARC Group (2001)

表 7.8 地區別要求之平均數據傳送速率

Gbps	1999	2000	2001	2002	2003	2004
美　　國	23.4	35.5	51.5	69.8	89.1	115.9
日　　本	3.4	5.9	8.9	12.7	17.4	23.5
亞太地區	3.0	8.1	15.2	22.2	31.3	44.0
西　　歐	12.5	23.4	41.8	67.1	94.9	131.2
其他地區	3.2	8.3	15.4	21.9	30.1	41.0
總　　計	45.5	81.3	132.8	193.8	262.7	355.6

引自：ARC Group (2001)

表 7.9 地區別寬頻家庭用戶數

單位：百萬	2001	2002	2003	2004	2005	2006
西　　歐	2	6	9	16	21	28
美　　國	1.2	4	5	11	18	20
亞　　洲	1	2	6	11	12	18
其他地區	0.5	0.9	2	3	10	17
總　　計	4.7	12.9	22	41	61	83

引自：ARC Group (2001)

7.10.1.2　英國電信之寬頻發展現況

　　英國政府(UK)在公元 2000 年承諾到公元 2005 年滿足人民接取網際網路需求，BT 保證至 2005 年夏天寬頻可用率佔人口的 99.6%，UK 應可履行承諾，因而進一步設定目標，在 2006 年或 2007 年提供 500 萬 ADSL，BT 刻正以每月 15 萬 ADSL 的速度加緊建設，同時 BT 設定「21st Century Network」的建設時程表，以因應客戶需求及劇烈的市場競爭。

　　BT 警覺到社會面、經濟面及環境面的劇烈衝擊，積極進行研析，其結果如圖 7.64 所示。顯然對 SME 的影響甚鉅，BT 將以寬頻組合服務、FMC、ICT 及放眼全球解決方案為主軸策略。

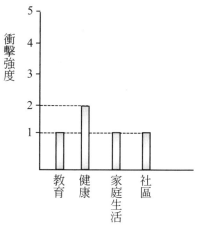

(a) 社會面

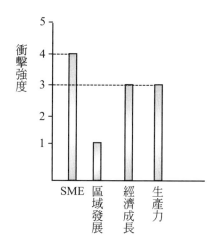

(b) 經濟面

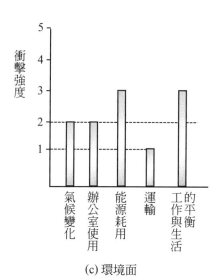

(c) 環境面

圖 7.64　衝擊評析

7.10.1.3 21stCentury Network(21CN)的發展與時程

21CN的遠景為發展出真正以客戶為主之 IP-based 的寬頻網路，及簡化 BT 網路架構及其維運，並提供客戶更好的服務，且逐鹿全球，使 BT 成為國際級的寬頻網路服務公司。

21CN 的網路功能

1. 透明度

提供客戶端對端連續性服務及網路狀況訊息，提升客戶對網路服務之掌控。

2. 操作度

克服網路業者間障壁，提供客戶端對端服務監視，包括其他界接者之接取網路。

3. 擴展度

具管理多品牌設備環境之功能。

4. 回復度

不因網路的障礙影響服務的確保。

7.10.1.4 21CN 的演進(Evolution)

21CN旨在改進客戶接受服務的經驗及改善提供服務的速度，使BT的營運型態從賣網路容量到賣網路功能，從多個網路到多元服務網路，以及從窄頻網路演進至寬頻網路。將可提供的服務聚焦至客戶需求，從致力於讓客戶接受提升至讓客戶感動，因而提供有效的"e-Centric Solution"，強化 BT 與客戶的溝通管道，希望 BT 的主要策略均源自客戶所需。如圖 7.65 所示為21CN匯流網路的目標。

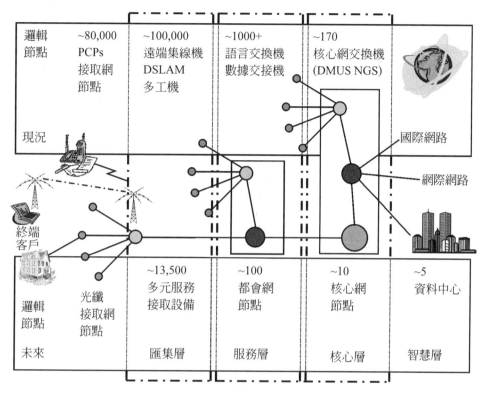

圖 7.65　21CN 匯流網路的目標

　　21CN 的主要時程表如圖 7.66 所示，至 2005 年寬頻可用率達 99.6%，2008 年約有 50% 以上客戶過渡至 21CN。

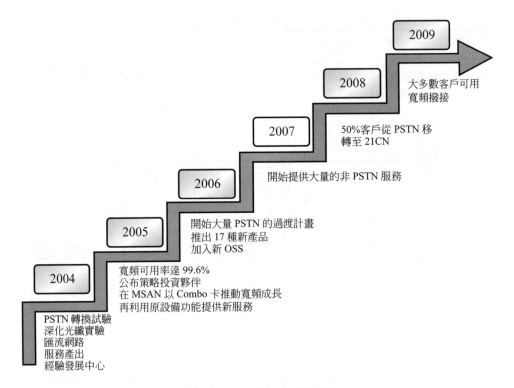

圖 7.66　21CN 的主要時程表

7.10.1.5　21CN 網路的架構

現階段 BT 網路

　　如圖 7.67 所示為現階段 BT 網路，各個服務均有其各自網路。

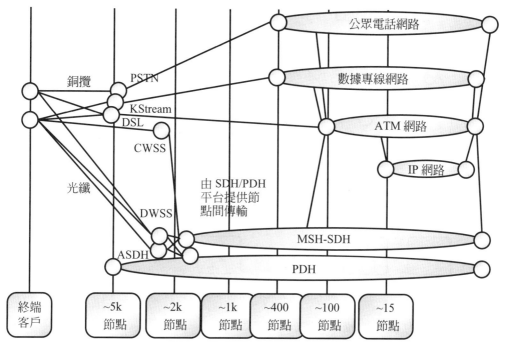

圖 7.67　現階段 BT 網路

21CN 網路簡化架構

　　21CN將現階段BT網路逐漸過渡至以IP/MPLS-based的核心網路，並將3GPP的觀念落實至IN層，OSS系統以COTS套裝軟體為主，採用開放式應用層提供各種應用再使用。21CN網路簡化架構如圖7.68所示。

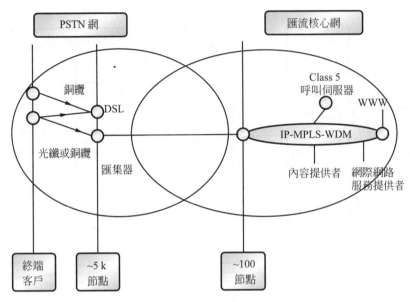

圖 7.68　21CN 網路簡化架構圖

21CN 的高階架構如圖 7.69 所示。

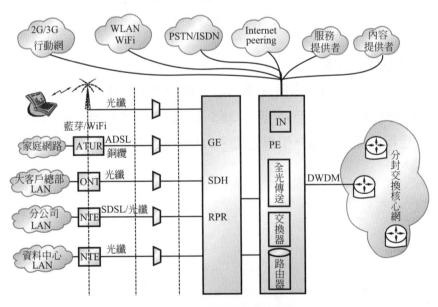

圖 7.69　21CN 的高階架構

　　若將詳細的網路層級標出就如圖 7.70 所示，分為客戶端環境(Customer environment)、多元服務接取(Multi-Serrice Access Network，MSAN)、都會網路(Metro)及核心網(Core)等部份。

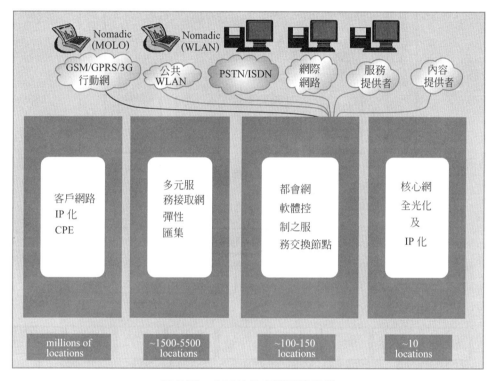

GSM/GPRS/3G 行動網　公共 WLAN　PSTN/ISDN　網際網路　服務提供者　內容提供者

客戶網路 IP 化 CPE

多元服務接取網 彈性匯集

都會網 軟體控制之服務交換節點

核心網 全光化 及 IP 化

millions of locations　~1500-5500 locations　~100-150 locations　~10 locations

圖 7.70　21CN 的高階網路架構

　　整體網路匯流概念是以 IMS 為主，將 MSAN、Metro、Core 及策略聯盟者之網路匯流至同一平台，如圖 7.71 所示。

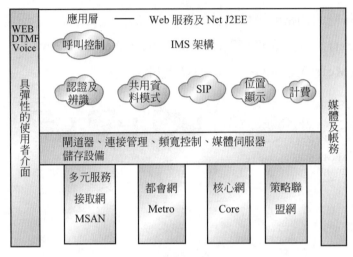

圖 7.71　21CN 共同智慧網路平台

21CN 之整體應用服務及 IN 架構如圖 7.72 所示。

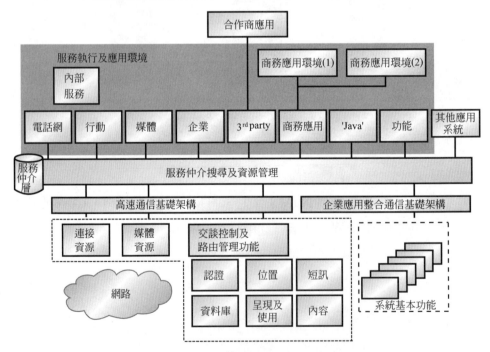

圖 7.72　21CN 之整體應用服務及 IN 架構

　　整合上述 21CN 網路架構、服務應用及 IN 架構，構成整體 21CN 發展架構，如圖 7.73 所示。

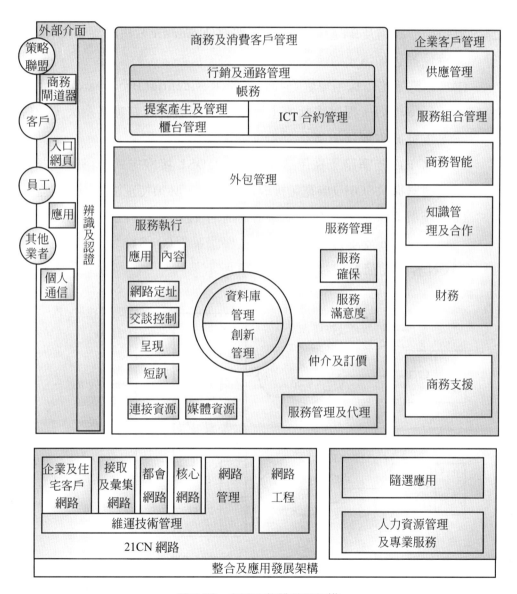

圖 7.73　21CN 整體發展架構

7.10.1.6　21CN之客戶端環境

21CN 之客戶端環境可參照圖 7.69 左端，含家庭網路、辦公室網路、資料中心網路及BT發展的行動接取網(Nomadic，利用藍牙或WiFi)等，其特性描述如下：

(1) 家庭網路：採用家庭寬頻閘道器(Residential Broadband Custom gateway)，提供電話、上網及其他IP服務，其數量龐大，須尋求低成本解決方案。

(2) SOHO 族網路：採用 ADSL 或 SHDSL 接取方式，搭配寬頻閘道器提供SOHO族寬頻接取作業環境，必須特別注意網路安全。

(3) 企業客戶網路：依企業客戶需求，提供多種介面，提供 Total solution 及支援ICT 服務，且保證品質(QoS)。

21CN 客戶端節點架構，如圖 7.74 所示。

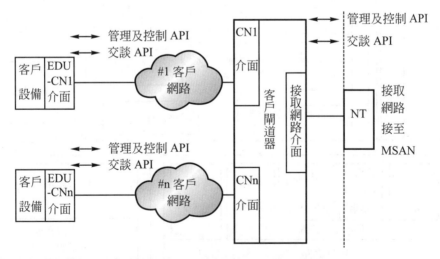

圖 7.74　21CN 客戶端節點架構

21CN客戶端節點閘道器之功能架構如圖 7.75所示，分成Layer2、

IP 層、服務層及應用層，Layer2 提供銜接客戶終端設備介面(含 End User Device 及 Custom NT)，IP 層負責路由管理及交換功能，提供封包篩選(Packet Filtering)、VPN建立、IP位址管理及品質管理(QoS)，服務層負責服務提供管理及診斷(Management Provisioning Diagnostics)、網路安全(Security)、語音服務及認證控制(Authentication Control)。

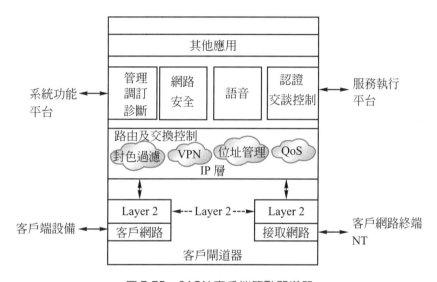

圖 7.75　21CN 客戶端節點閘道器

7.10.1.6　21CN之多元服務接取網路
(Multi-Service Access Network，MSAN)

21CN提供多元接取環境，因此MSAN能銜接不同的接取網路如下：

(1) 銅纜傳輸：ADSL、G‧SHDSL、ADSL2+、VDSL。

(2) 光纖傳輸及多工設備：FOM、TDM+SDH、ATM、Ethernet+FTTB、EPON。

(3) 核心網之SDH：4/3/1之數位交接設備、STM-1，4，16，64、WDM、GigE。

(4)　語言匯集設備：ISDN、V_5、H・248等。

MSAN支援的主要服務包括：

(1)　PSTN

(2)　VOIP

(3)　VPN

(4)　IP-VPN

(5)　ISDN

(6)　Layer2 Data Services

MSAN之分路架構示意圖如圖7.76所示。

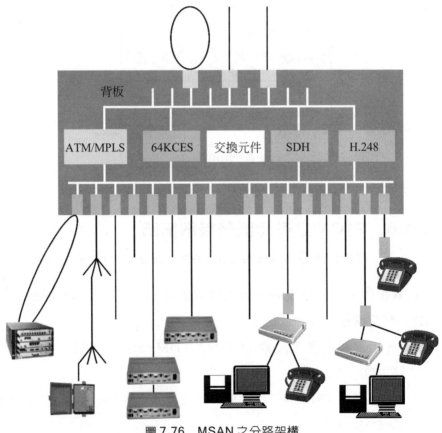

圖7.76　MSAN之分路架構

7.10.1.7 21CN之都會網節點

21CN之都會網節點提供服務分享平台如圖7.77所示，支援PSTN、Data VPN、寬頻服務及網際網路服務，亦能依客製化所示，彈性規劃組態及擔任VOIP media gateway角色，並提供網路控制層功能，其功能如圖7.78所示。

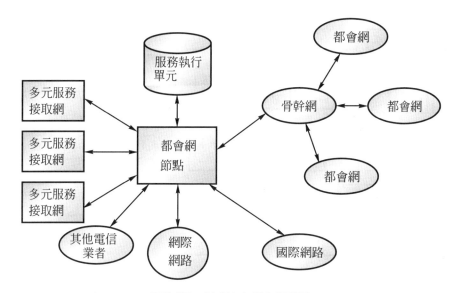

圖7.77 21CN之都會網節點

每個21CN之都會網節點之Layer1網路支援功能：

(1) 能銜接達50個MSAN

(2) 提供CWDM分波多工服務

(3) 執行SDH V4交接功能及塞取多工功能(ADM)

分封處理功能包括：

(1) G703、ATM、Ethernet

(2) Modem、TA bank

(3)　BRAS、IP Sec、L2TP、PPP

(4)　QoS

(5)　Firewall

(6)　Internet & MPLS routing

(7)　IPv4、IPv6

(8)　ISP HG & GGSN

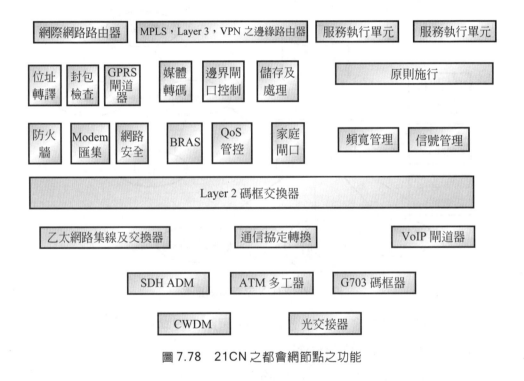

圖 7.78　21CN 之都會網節點之功能

7.10.1.8　21CN 之核心網節點

21CN之核心網節點分為Optical Core處理光信號部份及MPLS Core處理分封訊務，其主要特性分述如後：

1.　Optical core：

(1) 銜接 G．652 光纖

(2) 光信號的格式及控制遵循 SDH 標準

(3) 初期採 OEO 信號轉換逐次移轉至 OOO 全光通信方式

2. MPLS Core：

(1) 保證服務品質(QoS)，提供差異服務管理及訊務管控

(2) 提供網路安全管理

(3) 提供維運管理(OAM)

21CN 之核心網節點的功能方塊圖如圖 7.79 所示。

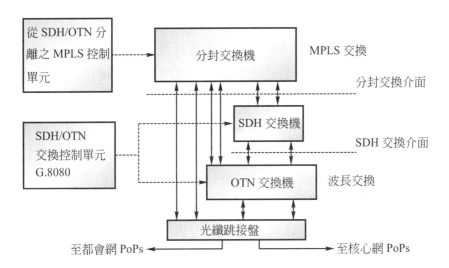

圖 7.79　21CN 之核心網節點之功能方塊圖

在 SDH/OTN 控制層之回復保護機制採用 ITU-T G．841 標準，控制層規約定義在 ITU-T G．771 X Series，切換以 VC4 為主，在 MPLS 之分封交換規格部份，延遲時間小於 425μs，閃躍(jitter)小於 62μs，支援 ATM、CBR、SLA、ETSI 電路模擬及 PSTN，介面速率為 2.5Gbps~10Gbps。

BT 期待 21CN 能獲得新功能，提供寬頻組合服務增裕營收，並強

化客戶服務，讓客戶感動。同時簡化網路及加速提供服務，降低維運費用(OPEX)希望至 2008/9 年時每年節省 10 億英鎊。

7.10.2　Verizon 通信公司的寬頻 IP 網路之演進

　　Verizon通信公司成立於公元 2000 年 6 月，是 GTE 與 Bell Atlantic 兩家公司合併組成，經營區域主要在美國東部紐約及德拉瓦區域涵括 29 州，市話客戶數達 5 千 5 百萬戶，是美國四大電信業者之一(Verizon，Bell South，SBC，Quest)。

　　美國有線電視業相當發達，且挾有線電視網路寬頻優勢攻佔電信市場，造成各電信業者經營困境，營收迭遭侵蝕，不斷下滑，Verizon 通信公司有鑑於劇烈的競爭及未來之發展，積極規劃大規模寬頻IP網路之演進。

　　Verizon通信公司的核心意圖是將通信的利益帶給每一個使用客戶，心目標是要創造通信業界最值得信賴的品牌，因而激勵全體員工齊心打造最具成本效益的基礎網路及推出最佳、最具規模的服務。

　　基於上述的誘因及驅動力，引導出Verizon的網路策略，簡述如下：

(1)　主要的差異因素為服務品質，可靠度及可用度，網路特性為次要的差異因素，另外必須強調網路成本須具競爭優勢。

(2)　須設計出單一基礎網路提供多元服務，滿足各類客戶的需求。

(3)　依地理環境規劃基礎網路架構，須能隨服務的成長，不斷擴展，更能依企業客戶需求緊密配合達成客戶所需。

(4)　透過新技術的應用，減少工程勞務。

(5)　採用匯流網路整合既有及新的服務參照 Verizon 的網路策略，其目標網路架構，如圖 7.80 所示。

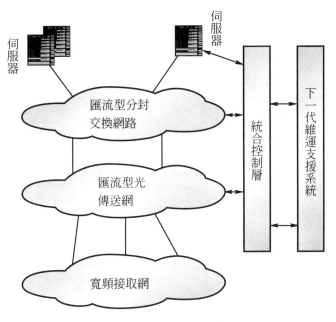

圖 7.80　目標網路架構

　　Verizon 目標網路之寬頻接取網(Broadband Access)，採光纖為主之接取網路，提升SDH網及WDM網以提供數據服務，並以FTTP(Fiber-to-the-premise)方式提供住宅客戶及中小企業客戶寬頻服務。

　　匯流型光纖傳送網路(Converged Optical Transport Network)包括都會網及核心網均採用全光化通信系統，其架構如圖 7.81 所示。

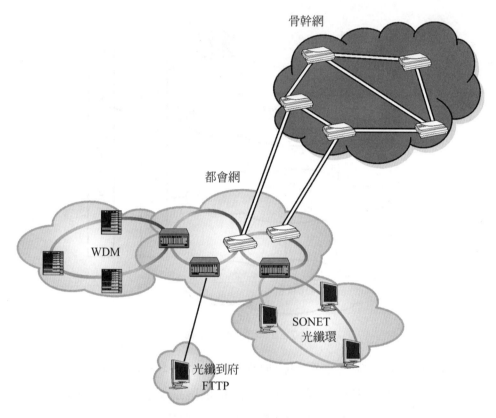

7.81　匯流型光纖傳送網路

　　匯流型分封交換網路(Converged packet switching network)，是以IP/MPLS為主，將都會網互連至全區分封核心網，其架構如圖7.82所示。

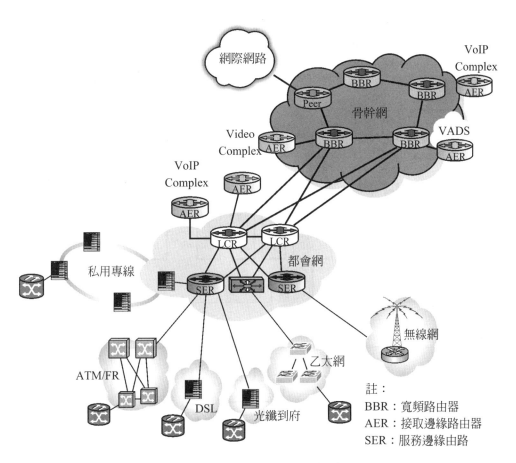

圖 7.82　匯流型分封交換網路

　　圖 7.80 最上端為服務平台部份，採用共同服務平台，如圖 7.83 所示，語音服務(Voice)，無線服務(Wireless)、數據服務(包括透過 IAD 提供 VoIP 服務)及視訊服務(Video)均經服務仲介(Service Broker)進入共同服務平台，提供不同服務所需，此觀念不同於過去的服務模式，如圖 7.84 上端，個別服務垂直整合，就以傳統語音服務須個別的語音用戶迴路經語音交換機(PSTN)，再經個別服務應用平台，提供語音服務，而在共同服務平台的理念如圖 7.84 之右下端，將應用平台水平整合，客

戶可透過不同的接取媒體(包括銅纜、光纖、無線等),經單一IP網路及
共同應用服務平台去擷取所需服務。

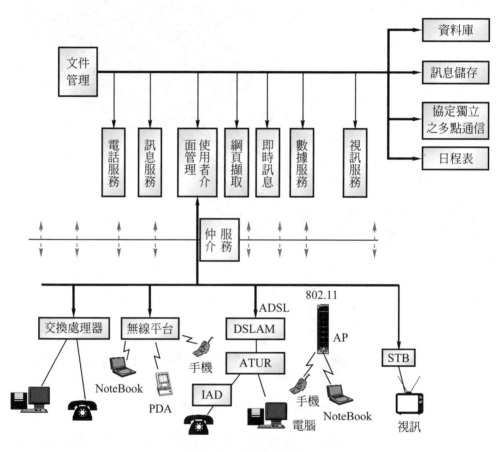

圖 7.83 共同服務平台

語音	語音	語音	短訊	短訊	短訊
PSTN	無線	IP	PSTN	無線	IP

接取

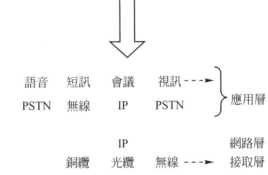

語音　短訊　會議　視訊 - - ->　　　　　　　應用層
PSTN　無線　IP　PSTN

　　　　　　　IP　　　　　　　　網路層
　　　銅纜　光纜　無線 - - ->　　接取層

圖 7.84　共同服務平台示意圖

7.10.2.1　Verizon 寬頻接取網

　　Verizon 寬頻接取網採用 BPON 及 GPON 方式，BPON 方式如圖 7.85所示，以SONET環銜接PSTN(Public Switch Telephone Network)、VoIP 交換機、網際網路(Data Network-Internet)及視訊網路(Video Network)，再經WDM及PON(passive optical fiber Network)送至ONT (Optical fiber Network Terminal)提供客戶語音(Voice)、數據(Data)及視訊(Video)之 Triple Play 服務，上行頻寬 155Mbps，下行頻寬分為語音加數據及VOD部份佔 622Mbps，另視訊部份佔 860MHz(包括類比電視、數位電視及高解析度電視)。GPON 方式如圖 7.86所示，以 WDM/SONET環銜接各服務網，再經GPON送至ONT提供Triple-play服務，上行頻寬為 622Mbps，下行頻寬為 1.2Gbps。

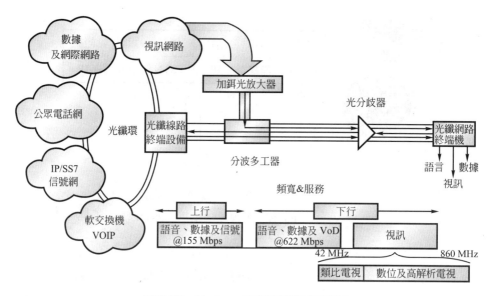

圖 7.85　Verizon 寬頻接取網(BPON)

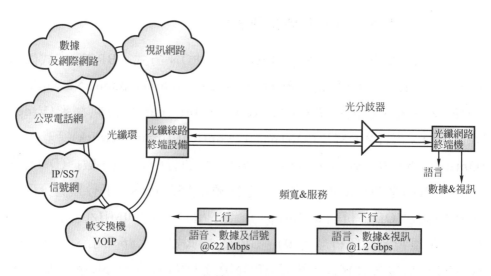

圖 7.86　Verizon 寬頻接取網(GPON)

　　BPON及GPON圖中之OLT與ONT間之光纖網路稱爲FTTP(Fiber-to-the-premise)如圖7.87所示，提供住宅及中小企業客戶Triple play服務，住宅客戶服務含 2～4 個電話，10/100 Base T 的數據服務以及860MHz RF Video電視服務；企業客戶服務包括10/100 Base T的數據服務，1～4路DS1，電話服務及利用 IDS 提供 VoIP 服務，對集合型住宅則提供12路 Ethernet/VDSL，24路電話及電視服務。

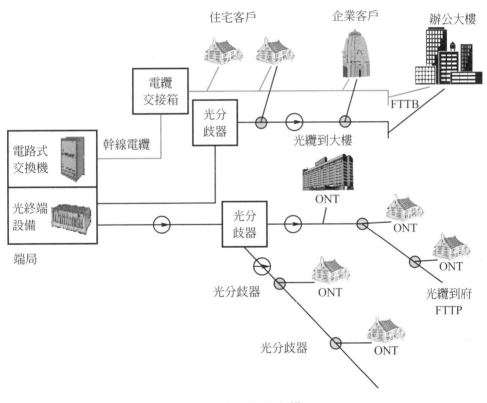

圖 7.87　FTTP 架構

　　上圖中之 ONT 已貼近住宅，並將光信號轉換成電信號，因此屋內配線可採用同軸電纜及平行線對，屋內佈纜如圖7.88圖所示。

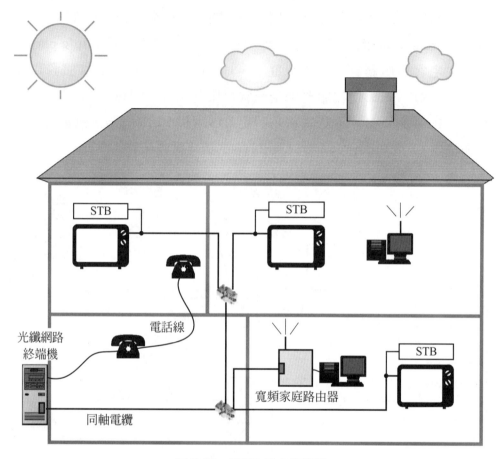

圖 7.88　FTTP 屋內佈線圖

7.10.2.2　Verizon 光纖傳送網(OTN)

　　Verizon 光纖傳送網包括都會網及核心網，連接多元服務網，且由上節寬頻接取網頻寬需求顯見，光纖傳送網須提供極大頻寬及動態頻寬控制，因此 OTN 須具備智慧網機能。

　　OTN 須銜接不同廠家的設備，相互間運作的配合須要求一致的介面標準，以期達成各服務端對端的連結，同時須提供不同電信業者間及不同服務網的互連，為數位匯流服務舖路。

　　Verizon 光纖傳送網的規劃，選擇具成本效益的網路元件，減少網路的管理位元(Operation Overhead)，簡化網路調訂作業，並提供創新服務銜接機制，使現場作業容易操作，隨時可調訂端對端動態頻寬的服務需求。

　　為了滿足上述要求，Verizon 光纖傳送網的技術要求如下：

1. 高傳送速率與須滿足數據及傳統服務的多規約傳送機制。

2. 在 edge router 端採用 NG-ADM/MSPP、GFP、LCAS 等規約提供 Ethernet、SAN、Video 等服務擷取需求。

3. 傳送層標準包括：

　　⑴ MSPP，NG-ADM，DWDM，OXC，WXC，ROADM，GFP，VCAT，LCAS，SONET。

　　⑵ 信號控制層：O-UNI/NNI，OSPF-TE，GMPLS，LMP。

　　⑶ 管理層：NMS EMS，NG-OSS。

　　OTN 之都會網架構如圖 7.89 所示，指 LATA(Local Access & Transport Access)內之網路，採用SONET，NGSONET，DWDM等光纖環。

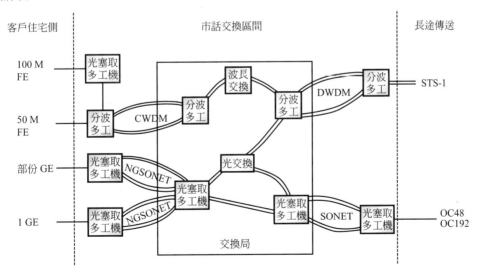

圖 7.89　OTN 之都會網

OTN架構採取的策略為：

1. 減少網路元件的總量，以簡化調訂作業及減輕維運負擔。

2. 減少光電轉換次數，以降低成本，減少傳送延遲及障礙機率，且提高服務透通性。

3. 消除網路中沒必要的再生器以降低成本及簡化作業。

Verizon的核心網稱為GNS，涵蓋美國主要城市，如圖7.90所示。

圖 7.90　Verizon 之核心網 GNS

GNS具備下列特性：

1. 採用mesh網路拓撲及每個光波長承載10Gbps的光纖傳輸網路，進而達40Gbps。

2. 為了簡化維運及調訂作業，光信號層已達到"隨插即用"的自動化作業。

3. 光纖的中繼區間達3000～4000km。

4. 採用關鍵平台技術：ROADM，WXC，MSPP。

5. 採用關鍵元件技術：GMPLS，可調式光元件，改良式光放大器。

7.10.2.3 Verizon 之匯流型分封交換網路

Verizon 之匯流型分封交換網路採用 IP/MPLS 網路架構，依據 RFC2547 bis 技術，重點如下：

1. 採全 IP 化架構。

2. 傳送規約為 MPLS。

3. 信號技術為 "LDP tunneled over RSVP"

4. 服務群組偵測採 BGP。

5. 保證 QoS。

6. 無間斷的切換保護。

7. 提供 SLA 機制。

8. 提供 VoIP 傳送。

9. 提供無所不在(Ubiqitous)的客戶轉接或互連。

10. 多元接取機制。

匯流型 IP/MPLS 網路架構如圖 7.91 所示，都會網部份為 ILEC-based Service，核心網(GNS)為 IXC-based，都會網路拓撲均採相互備援機制，即每個 SER 均向兩個 ICR 銜接，核心網之 Core 與 Edge Router 間互連速率採 OC-192。

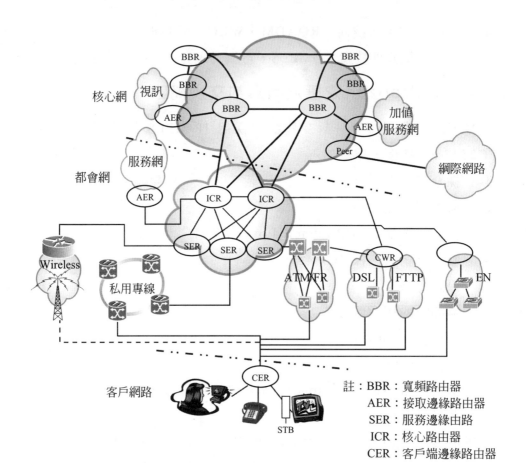

圖 7.91　匯流型 IP/MPLS 網路架構

未來 Verizon 之匯流型 IP/MPLS 網路將演進至圖 7.92 所示。

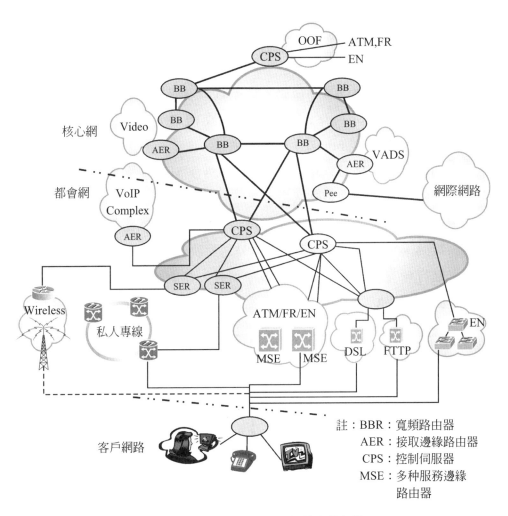

圖 7.92　匯流型 IP/MPLS 網路目標架構

保證 QoS 的作法，敘述如下：

1. 依據 IETF 差異服務規範。

2. 支援服務分級：

　(1) IP-VPN 客戶之服務分級依次為：語音、即時視訊、優先等級
　　　 數據服務(priority Data)，儘力級數據服務(Best effort)。

　(2) 依產品之 QoS 等級提供客戶保證承諾速率。

⑶ 提供加權隨機預先偵測功能(Weighted random early detection，WRED)。

3. 在IP封包設定QoS等級碼，現階段以「區隔服碼點(DSCP，Differentiated service code Point)」或IP優先權設定方式提供，未來以802.1q或port-ID方式提供。

4. 利用差異服務區隔功能(Diffserv)結合 MPLS 之訊務管理，提供跨網域之端對端 QoS。

5. 網域邊界之網路元件須執行訊務控制機能包括路徑選擇原則，等級碼，MPLS 之服務等級(CoS)之對映等。

6. 執行頻寬管理功能例如匯集佇列等，如圖 7.93 所示。

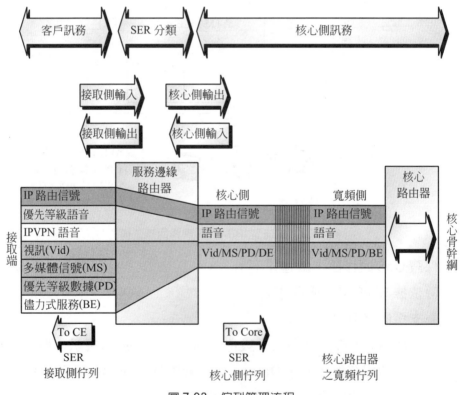

圖 7.93　佇列管理流程

7.10.3　香港 PCCW 寬頻電視服務

7.10.3.1

　　光纖通信技術的高度發展，大幅提高網路頻寬，頻寬單價隨之下降，電信公司可利用頻寬優勢，提供各項數位加值服務，PCCW公司利用捆綁銷售(Bundle Service)，降低售價方式，推出寬頻加電視的捆綁方案，其規劃的網路架構如圖 7.94 所示，取名 "NOW Broadband TV"，其特性為：

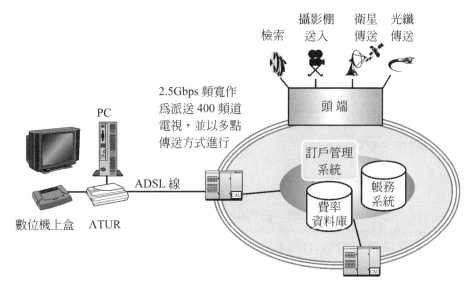

圖 7.94　NOW 寬頻電視網

(1)　利用 SDH Ring 作 pay TV 節目派送。

(2)　由 DSLAM(Digital Subscriber Line Access Multiplexer)啟動多點傳送(Multicasting)功能及CAU(Conditional Access Unit)功能，執行客戶選擇不同套餐服務。

(3)　現階僅提供廣播式電視服務，未來再發展互動電視服務(VOD)。

(4)　電視服務與上網服務共用 Access 設備，而在 DSLAM 選擇不同中繼埠。

NOW 寬頻電視網路在確保節目派送安全規劃三層保護，第一層利用DSLAM的CAU，執行客戶服務選擇，同時認證，以確保節目計費，這是在網路層執行營收確保，如圖 7.95 所示。

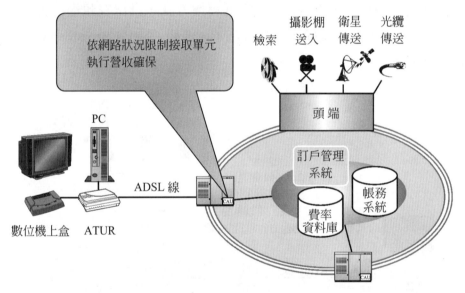

圖 7.95　由 CAU 執行網路層保護

第二層是利用頭端(Head-end)與數位機上盒(Digital STB)間之數位信號加密到數位版權保護，如圖 7.96 所示。

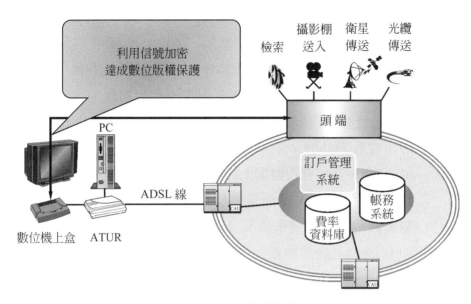

圖 7.96 數位版權保護

第三層則利用節目在壓片時加入類比版權保護，如圖 7.97 所示，經此三層護確保節目不被盜錄及收費。

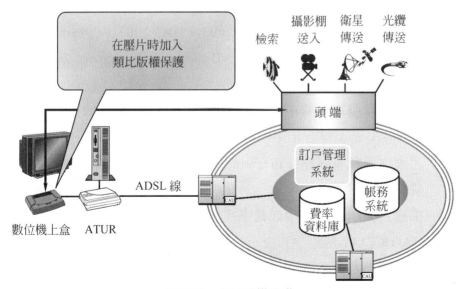

圖 7.97 類比版權保護

7.10.3.2　頻寬規劃

(1) NOW寬頻電視服務必須是3Mbps或者6Mbps「網上行」寬頻上網用戶才能申請，1.5Mbps用戶不可以申請。

(2) NOW 寬頻電視服務，所提供的影像是 MPEG2 格式，所使用的頻寬是 5Mbps。

(3) 由於NOW寬頻電視與網上行寬頻上網的頻寬是共用的，因此，當同時收看NOW寬頻電視及連接「網上行」上網時，網上行寬頻網路之下載速率降至 1Mbps，但當關閉 NOW 寬頻電視STB 時，上網速率則回升至寬頻服務計畫所提供的頻寬，即3Mbps或6Mbps。

7.10.4　加拿大 NORTEL 之都會乙太網及 Triple play 服務

NORTEL公司彙整國際知名市場調查及研究機構之統計資料，包括Vertical system Group ENS 2002/2003、IDC 2003、Pyramid 2003、RHK 2003、Yankee Group 2003 及 Dunn and Bradstreet 2003，預測都會乙太網之市場潛力：

1. 光纖寬頻服務現有市場產值約31億美元，預估至2007年成長至200億美元，複合年平均成長率(CAGR)為60％。

2. 乙太虛擬私有網路(Ethernet VPN)包含都會乙太網交換系統快速成長達123億美元。

3. 都會乙太網設備埠數成長率達 294％，到 2006 年達 360 萬埠，CAGR 約 41％。

整體光纖乙太網產值預估至2007年達700億美元其分佈圖如圖7.98所示。

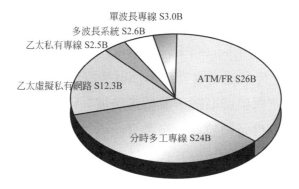

圖 7.98　整體光纖乙太網產值預估

7.10.3.1　NORTEL 之都會乙太網架構及服務組合

NORTEL 之都會乙太網參考架構如圖 7.99 所示，屬電信層級(Carrier Grade)都會乙太網，提供 L2VPN，L3 VPN，VoIP，Internet 上網及 Triple play 服務(multicast TV+Voice+Data)。

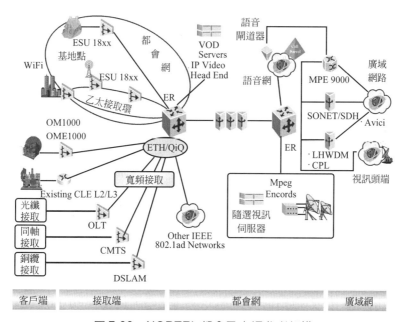

圖 7.99　NORTEL 都會乙太網參考架構

在客戶端(Customer)能收容ADSL，Cable Modem，Fiber Access CLE L2/L3(Customer Located Equipment)及OME(Optical Multiservice Edge Router)，在接取端可收容Ethernet接取環及各式寬頻接取，都會環則鏈結各種服務網與接取網，並銜接廣域網(WAN)。

此都會網可提供足夠頻寬，發展 Triple play 服務，圖 7.100 是以FTTB(Fiber-to-the-Building)方式提供 Triple play 服務。

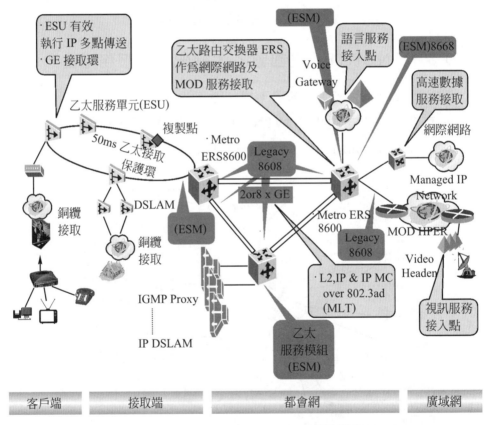

圖 7.100　FTTB-based Triple play 服務

以Ethernet接取環(Ethernet Access Ring)，鏈結Metro ESU(Ethernet Service Unit)，可提供50ms的自動切換保護，ESU接取速度為GE，能

提供 IPMC(IP multicasting)功能，每個 Ethernet 接取環連接至 Metro ERS(Ethernet Router Switch)。

Metro ESU 經 EoVDSL 傳輸方式及大樓 CAT-5 屋內配線，送至客戶端VDSL modem，再接客戶CPE，提供Triple play服務，Metro ESU 亦可經 DSLAM，ADSL 傳輸至客戶端。

在 metro 端也可以 ESM(Ethernet Service Module)收容 IP DSLAM 及其下游 L2 Switch 服務網。

服務提供端之 metro ERS 則銜接 Voice Gateway 提供 Voice 服務，經BRAS(Broadband Remote Access Server)接Internet提供上網服務，另經HPER(High performance Edge Router)銜接視訊頭端設備，提供視訊服務。

圖 7.101 更進一步說明都會乙太網結合 OESS(Optical Ethernet Switching Solution)，可供 Triple play 及企業專有網路服務(VPN，Virture Private Network)。

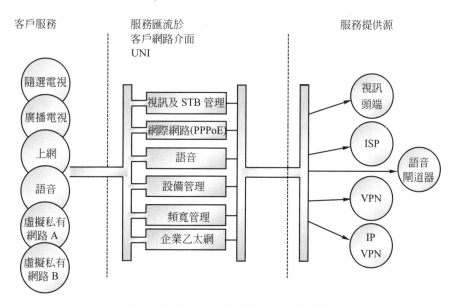

圖 7.101　都會乙太網客戶端介面之服務匯流

CH 7

　　數位匯流趨勢沛然莫之能禦，其意義包括客戶終端設備的匯流，服務匯流，網路匯流等，上圖明顯呈現客戶網路介面(Converged UNI，User Network Interface)匯流各項服務，VOD(Video on Demand)及TV服務經視訊及 STB 管理虛擬通道接取至 Video Headends，Internet 經PPPoE(Point-to-point protocol over Ethernet)接BRAS，提供上網，語音則經 Voice Ethernet VPN 至 Voice Gateways 提供語音服務，針對企業客戶經 Enterprise Ethernet VPN 至 VPN 網路或 IP VPN 網路提供企業客戶 Total Solution 服務。

7.10.3.1　Attica 網路應用實例

Attica 網路應用在雅典奧林匹克運動會，提供的服務包括：

(1)　乙太線服務(E-Line)：提供點對點透通性區域網路連接，介於 UNI 間(user to network interface)。

(2)　乙太區域網服務(E-LAN)：各個 LAN 間的連接。

(3)　網內服務：Attica網內各設備的連接及網內各服務提供者的連接，各網內設施的管理包括metro Ethernet device，IP DSLAM，EoSDH。

(4)　提供 Internet Access，BTV(Broadband TV)，VoD 及 VoIP 服務。

Attica 網路架構如圖 7.102 所示。

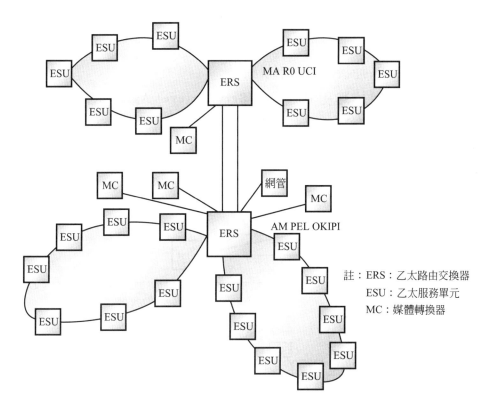

圖 7.102　Attica 網路架構

7.10.3.2　SANEF 網路應用實例

SANEF 網路應用在 Helideo Costa-Elias，提供加值乙太 VPN 服務，其網路特性如下：

1.　SANEF為具彈性的電信級大樓接取環，提供 50ms 切換保護機能。

2.　SANEF 之大樓接取環採 Dual Homing(雙收容)。

3.　提供企業 VPN。

4.　網路上之每個 port 均提供電信級 Triple play 服務。

5.　具擴充性。

6.　針對每個服務提供附加封裝表頭(encapsulation)確保客戶服務區隔。

7.　提供 VPN 連接服務類別辨識。

8.　提供 VPN 偵測及 SLA 辨認(Service level Agreement)。

9.　提供每個 VPN 端對端之服務類別(CoS)。

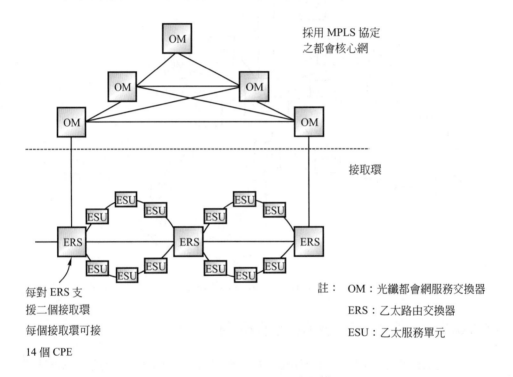

採用 MPLS 協定之都會核心網

接取環

每對 ERS 支
援二個接取環
每個接取環可接
14 個 CPE

註：　OM：光纖都會網服務交換器
　　　ERS：乙太路由交換器
　　　ESU：乙太服務單元

圖 7.103　SANEF 網路架構

7.10.3.3　KPN 網路應用實例

KPN 網路將 IEEE 802.1Q 之 QinQ 技術應用在都會乙太網，即每個彙集點 ESM(Ethernet Service Module)會在封包上加 VLAN tag，以加大 VLAN ID 的擴張性，其網路架構如圖 7.104 所示。

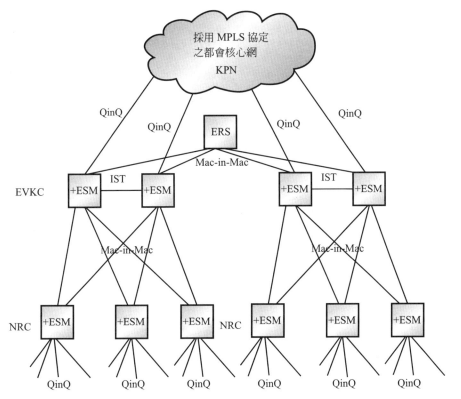

圖 7.104　KPN 網路架構

　　日本鐵路監視網亦引用都會乙太網，先以Optera packet Edge RPR
Module收容監視攝影機，上層再由2.4G RPR/SONET環連接其應用架
構如圖7.105所示。

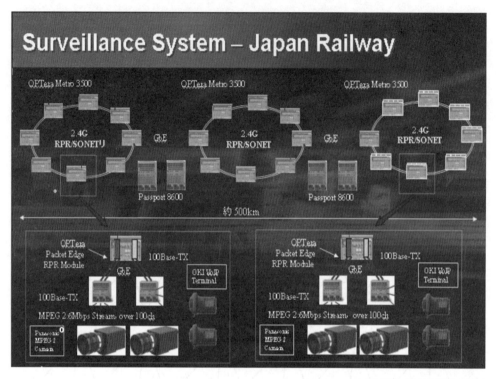

圖 7.105　日本鐵路監視系統網路架構

7.10.4　Hitachi GbE-PON 應用實例

Hitachi GbE-PON 大幅提高接取速率達～Gbps，且由多個使用者分享，降低成本，其規格遵循 IEEE 802.3 ah PON 標準，其特點包括：

1. 具 QoS 保證：提供動態頻寬指配，訊務節制機能及優先管理功能。
2. 網路安全確保：PON 承載資料加密及以 VLAN 管理，確保安全。
3. 設備體積小，節省機房空間(僅 4U/system)。
4. 嚴格品管，以確保高可靠度。

5.　規格符合IEEE 802.3 ah PON標準。

6.　傳送速率達～Gbps。

7.　多使用者共享單一光纖，有效降低成本。

8.　介面規格為：

　　⑴　NNI：1000 BASE-T或SFP(Small Form Fact Pluggable)。

　　⑵　UNI：1000 BASE-T/100 BASE-TX/10 BASE-T。

　　⑶　PON：1000 BASE-PX10或1000 BASE-PX20。

9.　所有接取均從設備正面作業。

　　圖7.106顯示Hitachi Gigabit Ethernet PON系統架構，提供機關、學校或企業之 Gigabit 寬頻接取，每個光分歧器(Optical Splitter)最多可分出32路，其上、下行光信號採分波多工，上行為1310nm，下行為1490nm。

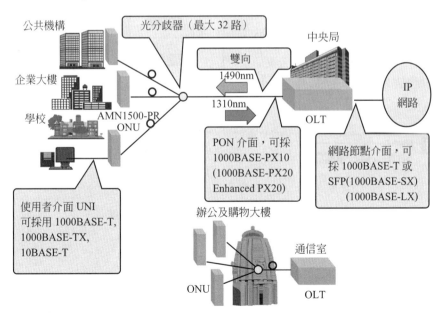

圖 7.106　Hitachi Gigabit Ethernet PON

　　圖 7.107 顯示分波多工技術應用在 PON，一般上網客戶，上行信號承載在 1310nm，下行信號載在 1490nm，至於視訊信號承載在 1550nm。如果客戶同時承租上網及視訊服務時，其接取點加入分波多工器(WDM)，以分離上網及視訊信號，若客戶只申裝上網則在 ONU 上加入 1550um 截波器，以擋掉視訊服務。

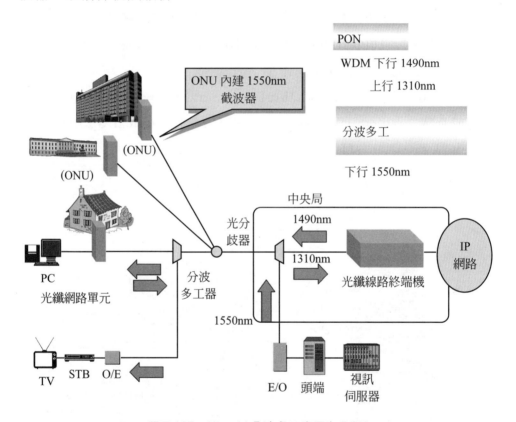

圖 7.107　Hitachi 分波多工應用在 PON

7.10.4.1　Hitachi GE PON 的特性

1. OLT→ONU 下行傳輸

　　光信號由 OLT 送出時，均對每一封包加 VLAN ID(VLAN-Tag)，如封包 A 在 Overhead 上加入 VLAN ID1，封包 B 則加入 VLAN ID2 等，至 ONU 時，則依原先 ONU 向 OLT 註冊之 VLAN ID 提取資料，整個封包傳送示意圖如圖 7.108 所示。

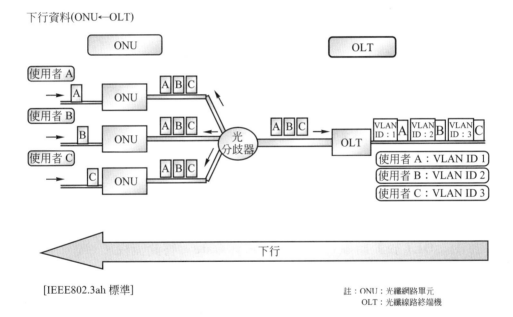

圖 7.108　OLT→ONU 下行信號說明圖

2. ONU→OLT 上行傳輸

　　各 ONU 送出的上行信號經充分歧器整合送至 OLT，並加上 VLANID，以資辨別，且以 TDMA 方式多工。信號流程示意圖如圖 7.109 所示。

下行資料(ONU←OLT)

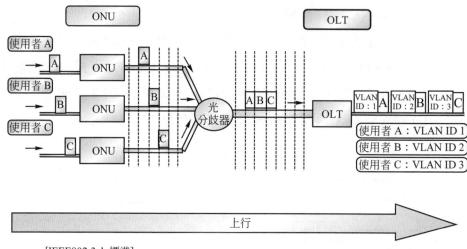

[IEEE802.3ah 標準]

圖 7.109 ONU→OLT 上行信號說明圖

3. ONU 與 OLT 間之信號規約

ONU 與 OLT 間之信號規約遵循 IEEE 802.3 ah 標準。交談步驟分述如下：

⑴ OLT 於 T_1 時點送出 Discovery_Gate，啟動流程。

⑵ 在 ONU 設定時間為 T_1。

⑶ ONU 向 OLT 發出註冊要求(Register_REQ)，在 T_2 時點。

⑷ 計算時差 $\Delta t (T_1，T_2，T_3 間之差)$。

⑸ OLT 答覆 ONU(Register：LLID)。

⑹ 由 OLT 送 GATE 回 ONU。

⑺ ONU 傳 Register ACK 回 OLT。

⑻ 整個交談完成。

交談過程如圖 7.110 所示。

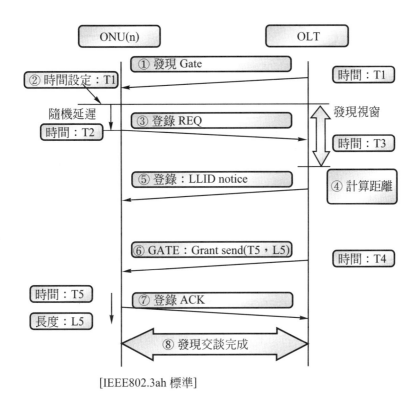

[IEEE802.3ah 標準]

圖 7.110 ONU ←→ OLT 交談規約

4. GEPON 通信告資料與閘通作業流程

整個交談流程包括 CPE 與 ONU 間及 ONU 與 OLT 間，遵循 IEEE 802.3 ah，頻寬指配採 DBA(Dynamic Bandwidth Allocation)，整個交談流程如圖 7.111 所示。

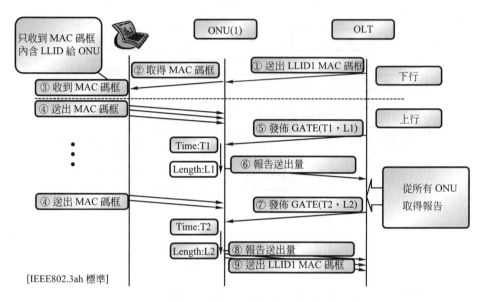

圖 7.111 GEPON 通信報告資料與閘道作業流程

5. GEPON 之介面組合如圖 7.112 所示，NNI 及 PON 部份均達 1Gbps，每個 Splitter 分歧 32 路。

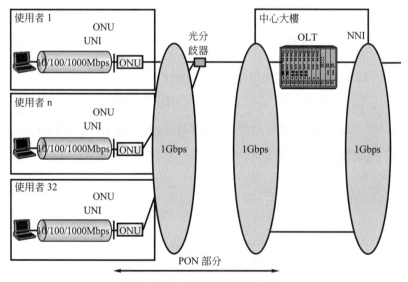

圖 7.112 GEPON 介面組合

6. 圖 7.113 顯示 UNI，PON 及 NNI 介面規格

UNI(用者網路介面)規格：	
傳輸速率	1000BASE-T，自動偵測，全雙工，半雙二
碼框	IEEE802.3，IEEE802.1Q BASED
埠數	1
連接器	RJ-45
MAC 數	64
PON 規格：	
ONU 數	最大 512(32×16)
傳輸速率	1.25Gbit/s，對稱式
線路碼	8B10B
亮熄比	710dB
傳輸媒體	1.3μm 零色散光纖(ITU-T G.652 based)
光分歧器比	32
傳送距離	最大 20km
連接器	SC 連接器
NNI(網路間介面)規格：	
傳輸速率	1000BASE-T，自動偵測
碼框	IEEE802.3，IEEE802.1Q Based
埠數	16 埠
連接器	RJ-45

圖 7.113　UNI，PON 及 NNI 介面規格

CH **7**

7. 圖 7.114 顯示 OLT 與 ONU 間分支距離特性。

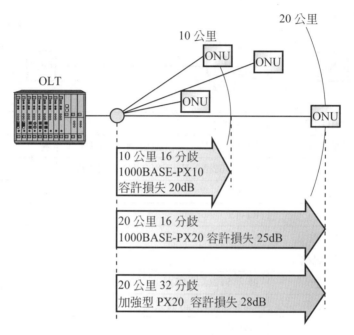

圖 7.114　OLT 與 ONU 間分支距離特性

8. 光收發信機的特性如表 7.10 所示。

7.10.4.2　Hitachi GEPON 的功能

1. QoS 功能

QoS 保證最主要是提供客戶合約頻寬的確保，上行鏈結時 (up Link)，採取動態頻寬指配 (Dynamic Bandwidth allocation)，上、下行訊務流則依優先設定管理。

表 7.10　光收發信機特性

		PX10	PX20	加強型 PX20
上行	ONU 輸出功率	-1 to +4 dBm (FP-LD)	-1 to +4 dBm (DFB-LD)	-1 to +4 dBm (DFB-LD)
	OLT 接收功率	-24 to -1 dBm (Pin-PD)	-27 to -6 dBm (APD)	-30 to -6 dBm (APD)
	Power budget(*1) (容許損失)	5 to 23 dB (3.0dB)	10 to 26 dB (2.0dB)	10 to 29 dB (2.0dB)
下行	OLT 輸出功率	-3 to +2 dBm (DFB-LD)	+2 to +7 dBm (DFB-LD)	+2 to +7 dBm (DFB-LD)
	ONU 接收功率	-24 to -3 dBm (Pin-PD)	-24 to -3 dBm (Pin-PD)	-27 to -3 dBm (Pin-PD)
	Loss budget(*1) (容許損失)	5 to 21 dB (1.5dB)	10 to 26 dB (2.5dB)	10 to 29 dB (2.5dB)

Proposal equipment：ONU：PX10 selected, OLT：PX20 selected
→ Uplink Power budget is 26 dB, Downlink Power budget is 26 dB.

(*1)include power penalty

(來源：引自 Hitachi)

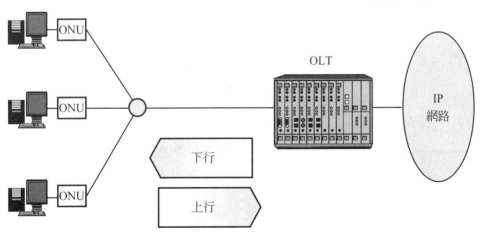

圖 7.115　GE PON 示意圖

2.　動能頻寬指配

　　　　依客戶訊務大小設定其上行鏈結(upLink)頻寬，如圖 7.116
所示，客戶 "1" 之頻寬較大，指配upLink頻寬較大給客戶 "1"。

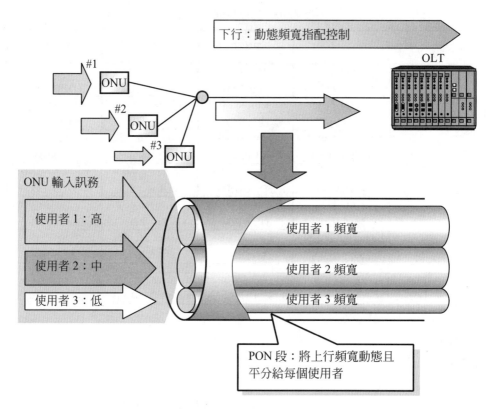

圖 7.116   動態頻寬指配示意圖

3. 優先權控制

　　依客戶合約之優先等級，將客戶輸入訊務引入對映佇列，同時指配頻寬，送出時則依優先等級送出，最優先者，最先送出，如圖 7.117 所示。

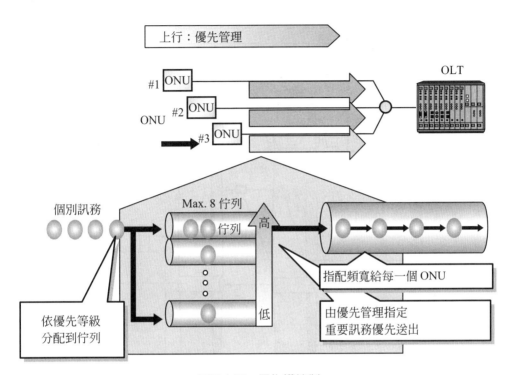

圖 7.117　優先權控制

4. 上行速率限制功能

依客戶合約之CoS(Class of Service)，須限制其傳送速率，上行路由是在ONU限制，將不同CoS訊務導入不同的緩衝佇列，再限制各緩衝佇列送出之速率如圖7.118所示。

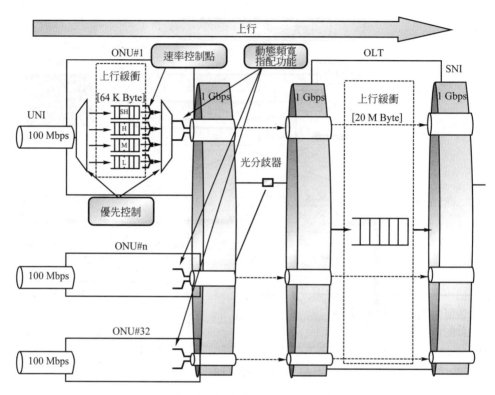

圖 7.118　上行速率限制功能

5.　下行速率限制功能

　　依客戶合約之CoS等級，限制下行路由速率的控制，在OLT，將不同CoS等級訊務，引入相對映的下行緩衝佇列，再依等級控制其送出速率，如圖 7.119 所示。

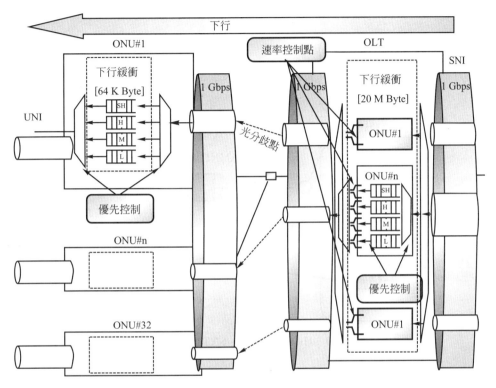

圖 7.119　下行速率限制功能

7.10.4.3　Hitachi PON 在 NTT FTTH 的應用

NTT-E 及 NTT-W 積極佈建 FTTH，採用 PON 方式，分歧器為 1：
32，以全 IP 化網路降低網路成本及易於整合 ISP 及 VoIP 服務，並規劃
將 ONU 全置於宅內，以降低維運成本，其網路架構如圖 7.120 所示。

7.10.4.4　Hitachi PON 在澳洲的應用

澳洲 Victoria 州政府修改上節 NTT 架構，以 PON 方式提供 Triple
play 服務，每種服務以 VLANID 區隔如圖 7.121 所示。

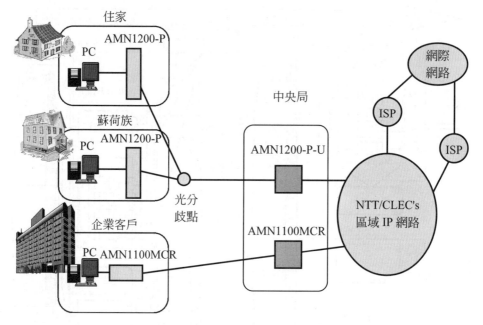

圖 7.120　Hitachi PON 在 NTT FTTH 的應用

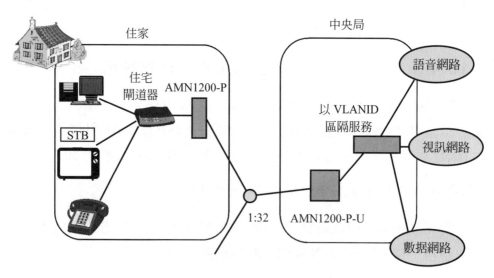

圖 7.121　Hitachi PON 在澳洲應用

7.10.5 韓國 FTTH 應用實例

韓國近年來的寬頻網路發展突飛猛進,尤其寬頻接取滲透率全世界第一,值得國內借鏡,此節特別以韓國之 Triple play service(TPS)導入,說明 FTTH 應用。

7.10.5.1 Triple play service

Triple play service 泛指語音、數據及電視服務,過去這三種服務分別由不同服務網提供,電話語音經公眾電話交換網路(Public Switching Telephone Network,PSTN)是由平行線對(Twisted pair)傳送,屬窄頻網路(類比信號為 0.3~3.4kHz,轉換為數位信號為 64kbps),數據服務經專線或接取至網際網路,電視服務則經有線電視網(Cable TV Network)或衛星直播電視(Digital Broadcasting satellite TV)提供,如圖 7.122 左側所示。

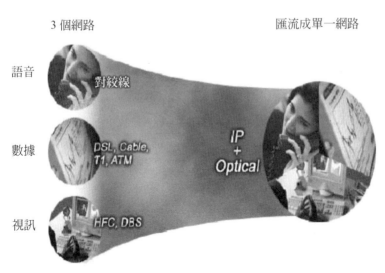

圖 7.122　Triple play service

　　光纖寬頻網路的導入，提供了足夠的頻寬，網路的全IP化提供了整合各種服務平台的可能性，因此如同 7.123 圖右側所示，將 TPS 整合在單一網路及單一服務平台，促成網路匯流及服務平台匯流，同時更促進客戶終端設備的匯流。

　　TPS所需頻寬的分析可從幾個構面著手，在閱讀部份包括電子郵件(E-mail)及檔案傳送(File Transfer)，在分享部份可從桌上型電腦的應用統計，聽的部份考量音樂(Audio)、看的部份則包括視訊會議(Video Conferencing)、個人電腦接收視訊節目、IP TV、醫療影像及虛擬實境(Medical/Virtual Reality)，各應用構面的頻寬需求如圖 7.123 所示。

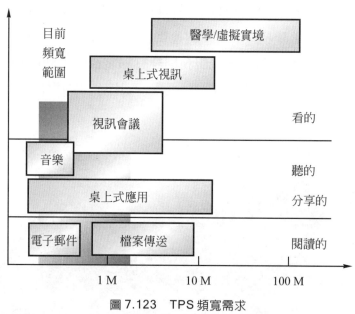

圖 7.123　　TPS 頻寬需求

　　各種業務的推出，須有獲利的營運模式支撐，才有足夠的資金投入建設及維運，TPS的推出及其後台網路FTTH的建設，端賴可獲利的行銷包裝，表 7.11 顯示韓國住宅客戶之 TPS 服務每月 ARPU(Average Revenne per user)，顯然為寬頻網路創造了營收，為FTTH注入了信心。

表 7.11　韓國住宅型 TPS 服務營收

電話線	$22×1.2 lines/home	$26.40
長距離	$19×42%	$7.98
交換接取	$9 average/sub	$9
服務等級	$7 average/sub	$7
基頻電纜	$34×68%	$23.12
數位電纜	$13×23%	$2.99
特級頻道	$12×25%	$3.00
特選電視	$6 average/sub	$6
付費電視	$9×40%	$3.6
上網	$40×35%	$14

每個用戶每月平均營收

7.10.5.2　視訊傳送方式

視訊送可分下列方式：

(1)　將現階之 RF Video 信號經 HFC(Hybrd Fiber Coax) 方式傳送，即現在有線電視的傳送方式。

(2)　利用數位廣播電視衛星 DBS(Digital Broadcast Satellite) 方式傳送。

(3)　將視訊數位化後經 HFC 傳送。

(4)　將 IP Video 經數位用戶迴路(DSL，Digital Subscriber Loop)方式傳送。又稱 IP-TV。

(5)　將 RF Video 及 Digital Video 一起經光纖接取網傳送。

(6)　將 IP Video 經 EPON 傳送。

關於上述第(4)及(6)方式所提之 IP Video 須考量下列事項：

(1)　須機上盒(Set Top Box)作視訊處理工作。

⑵　在核心網須具處理大量 Switching/Routing 能力。

⑶　承載網路須具 QoS 保證及有訊務管理機能。

⑷　網路頻寬須足夠承載高解析度電視(HDTV)。

⑸　須注意內容版權保護，防止盜版。

IP Video 的技術增加了新服務的可能性，如表 7.12 所示。相對應頻寬需求如表 7.13 所示。

表 7.12　IP 視訊新服務

現有服務：

即時視訊	緩衝暫存視訊
廣播電視	近似隨選視訊
付費電視	低度串流視訊

新服務：

即時視訊	緩衝暫存視訊
互動電視	個人 VCR
隨選電視	時間平移電視
視訊會議	高品質串流視訊
整合網頁內容	
數位電視	
高解析度電視	
多人遠端遊戲	
電視購物	

表 7.13　高檔家庭客戶之 IP 視訊服務所需頻寬

服務項目	所需頻寬(Mb/s)
三路高解析度電視	57.6
虛擬私有網路 VPN	2
視訊會議	1～6
二路上網	3
互動式遊戲	1
二路電話	0.128
總頻寬	>64.8

IP Video 的傳送現階段採用 ADSL、VDSL 或光纖傳送，分別說明如下：

(1) ADSL：下行速率最高可達 8Mbps，但受距離限制。

(2) VDSL：下行速率最高可達 52Mbps，若採上、下行對稱傳送速率理論可達 26Mbps 但實際上僅 13Mbps，且最高速率均受距離限制。

(3) Fiber：能供所需頻寬，不受電磁干擾，具極高的可靠度，且具成本優勢的潛力。

7.10.5.3　韓國FTTH應用架構

IP Video的興起，造就了FTTH的蓬勃發展，韓國更因寬頻服務領先全球，加速FTTH建設的企圖心。韓國推展FTTH的網路架構可分下列四類：

(1) 家庭式光纖接取方式(Home Run)

(2) 主動元件式星型網路(Active Star)

⑶　被動元件式星型網路(PON)

⑷　WDM-PON

1.　家庭式光纖接取方式

如圖 7.124 所示，每戶須一芯光纖，N 戶就須 N 芯光纖，須 2N 個光收發信機(含局端及用戶端)，此種架構須多芯光纖及光收發信機。

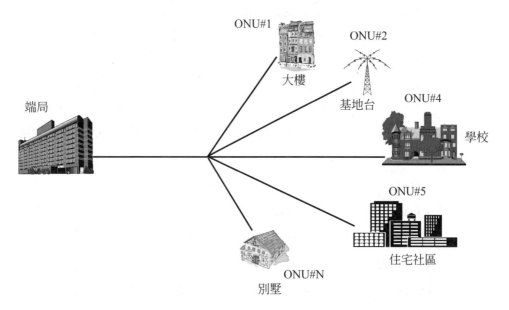

圖 7.124　家庭式光纖接取方式

2.　主動元件式光纖接取網(Active star)

如圖 7.125 所示，在光纖分歧點加入 Active remote 節點，擔任信號再生及分配工作，但會增加屋外恒溫箱，電源供應等負擔，增加成本，同時可靠度不佳。

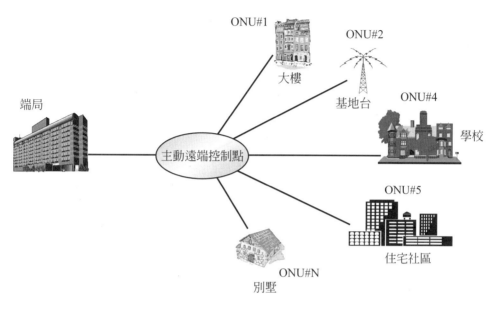

圖 7.125　Active star 網路架構

3.　被動元件式光纖接取網(Passive star)

　　如圖 7.126 所示，在遠端光纖分歧點，以 Splitter 或分波多
工器擔任光信號分配任務，因其為被動元件，不須供應電源，因
而可靠度提高，此類又可分成TDMA方式及WDMA方式。TDMA
方式利用分時多工技術，　對通信規約依賴性較大，WDMA　方
式利用分波多工技術具通信規約透通性。

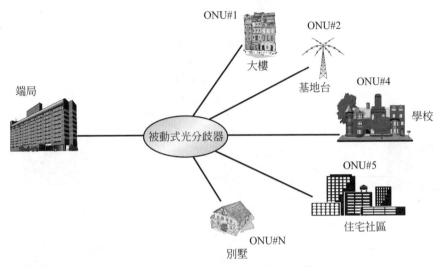

圖 7.126　Passive star 網路架構

4.　Passive star 採用 TDMA 方式

　　Passive star/TDMA 方式採分時多工技術及 Splitter，網路安全性較低，頻寬受限制，成本較低，如圖 7.127 所示。此方式符合 ITUG. 983.3 標準，如圖 7.128 所示。

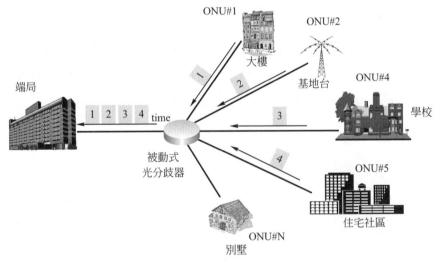

圖 7.127　passive star/TDMA

開放式接取－ ITUG.983.3

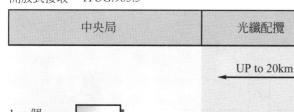

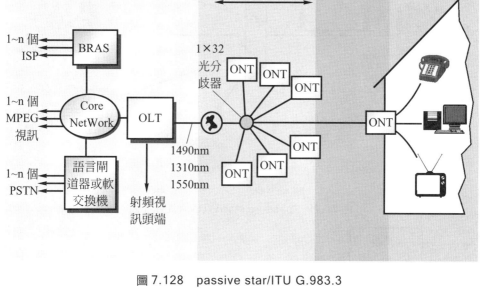

圖 7.128　passive star/ITU G.983.3

5. passive star 採用 WDMA 方式

　　passive star/WDMA 採多波多工方式，網路安全性高，頻寬不會受限，成本比 TDMA 方式高，其架構如圖 7.129 所示。

7.10.6　Cisco Metro Ethernet 的應用實例

　　網際網路的發展，造就了 IP 環境，進而以 IP 整合各種服務平台，在建造整合平台時，須考量每種服務的特性需求，而每個網路特性有時是多種服務所需，如圖 7.130 顯示常用的 IP 服務與主要網路特性的對應關連。可作為網路規劃與平台設計參考。

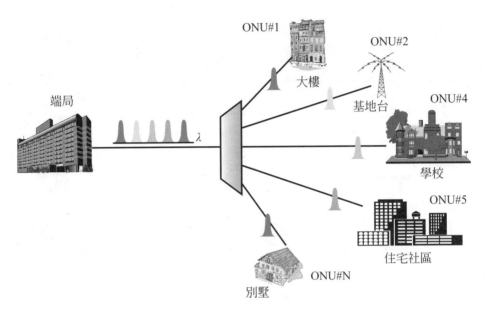

圖 7.129　passive star/WDMA 網路架構

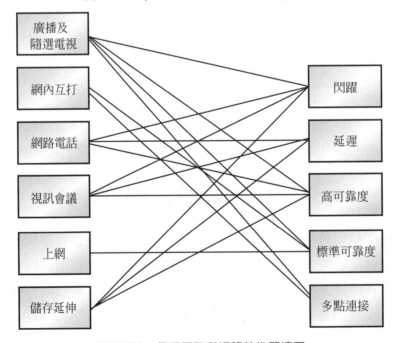

圖 7.130　各項服務與網路特性關連圖

　　網路服務的推出須考慮成本與營收，而營收又與市場區隔，推出服務的品質，可靠度、功能等相關，我們須將產品服務等級及營收定位，才能導出網路建設計畫及設備規格需求，表7.14顯示服務的區隔與設備規格需求的關連，如網路若要提供多元服務，則網路須具備點對點、點對多點、port-based及VLAN based的功能，網路若要提供SLA(Service level Agreement)服務，網路必須有備援機制、保證可用度及確保QoS，若要提供網路安全服務，網路則須保護客戶資通安全。

表7.14　服務區隔與設備規格需求關圖

	服務提供差異	設備需求
營收衝擊	多樣化服務提供	單點及多點傳送
	多層服務水平	QoS，可用度，備援
	安全	保障網路安全及防止攻擊
	網際服務	乙太網與 ATM/FR
成本衝擊	可擴充性	客戶服務之暫用頻寬
	管理能力	乙太網之 OAM，NMS/OSS

　　SLA(Service Level Agreement)是創造加值營收的服務，其服務定位如表7.15所示，在服務分級方面可比照WAN分為四級，例如網路安全服務，須確保 VPN 之安全，保護其不受駭客及病毒入侵，則須設置防火牆及安全認證機制，其保護程度視 SLA 而定；SLA 服務的推出須顧慮成本效益，投入評估及網路互連等議題。

表 7.15　SLA 服務

服務分級合約(SLA)特性			
服務等級	及時服務	網路安全	管理效能
· 類比 · 廣域等級服務	高可靠度	VPN	以最少管理比次作管理
	不間斷備援	防止駭客入侵	
LAN 延伸 · 優先及非優先 · CIR · PIR	客戶付頂級價格求取雙備援服務	防止 DOS 入侵	頻寬自我調整
		防火牆	以自我調訂方式調整頻寬
		辨識登入	

　　網路的可靠度是市場競爭的要項，但須投入可觀的成本，因此須視客戶的多寡及營收狀況，作階段性的投資，圖 7.131 建議，可作為網路建設參考。

強化軟體
可靠度

· 模組化之
　軟體架構

改善網路
設計

· 採 MPLS 之
　快速更改路由

改善網路設計

· 增加更多的
　擴充樹協定
　的變數
· 虛擬路由器
　的備援協定

基本軟體可靠度

· 軟體升級
　防止攻擊

針對硬體可靠度

· 採雙備援
· 強化網路設備
　建置系統

圖 7.131　強化可靠度之階段性網路建設

7.10.6.1 Metro Ethernet 的功能

整個Metro Ethernet的演進及階段性功能需求如圖 7.132 所示，其中主要功能再依次敘述。

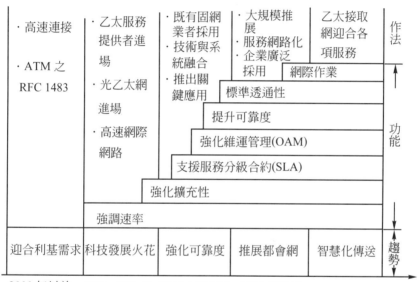

圖 7.132 Metro Ethernet 的演進及階段需求

1. 光信號層及分封層功能

光信號層(Optical)屬 Layer 1，採 WDM 或 SDH 技術，提供點對點服務，從備援程度及 QoS、CoS 區隔SLA，市場定位在取代 TDM 專線服務，分封交換層屬 L2 及 L3，採 Ethernet，IP，MPLS技術，提供Any-to-any服務，頻寬共享，由網路優先權區隔 SLA，市場定位在取代訊框傳送(Frame relay)，ATM；光信號層與分封交換層(Packet)比較如表 7.16 所示。

表 7.16　光信號層(Optical)與分封交換層(packet)比較

	光信號層 (Lay 0/1)	分封層 (Layer 2/3)
基本技術	WDM, SDH	乙太網，IP, MPLS
網路拓撲	點對點	任何點對任何點
網路安全	將客戶訊務放入個別電路	將不同客戶的封包混合入中繼線
頻寬	專用	分享
SLA	建入式	依網路壅塞可能性
成本	在既有光纖架構下採分享容量，相對較貴	·依傳送經濟規模 ·低的調度成本
目標市場	分時多工專線客戶	ATM 及訊框傳送客戶

2. 乙太網路直接經光纖通信系統傳送

　　乙太網路封包加載於光發信機經光纖(Dark Fiber)至接收端由光收信機解調出封包之傳送方式，不經中繼器的距離限制在 25km，網路管理採個別監控，成本低，適用在高頻寬、短距離連接服務。如儲存設備服務，其功能如表 7.17 所示。

表 7.17　乙太網路直接經光纖通信系傳送功能

支援 SLA	區隔 SLA 服務，並限制其範圍
擴充性	範圍限制在 25 公里
可管理性	採 IEEE802.3ah 標準，須分離之監控網路
成本	備援容量及分佈如加以限制可降低成本
應用	適用於大頻寬，儲存服務之短距離連接

3. 乙太網路經CWDM或CWDM傳送功能

　　DWDM或CWDM架構成環狀網可提供<50ms的保護切換，以支援SLA功能，環狀網路可達100km，DWDM之成本仍高，但CWDM成本不斷下降已可與SDH競爭，市場定位在高頻寬之資料中心連接服務，其功能如表7.18所示。

表7.18　乙太網路經WDM環傳送功能

支援SLA	在分波多工環可在50ms內完成不中斷切換
擴充性	100km環
可管理性	須分離之監控網路
成本	DWDM都會網較高成本 CWDM及模組化設計可降低成本
應用	作為IDC之高頻寬連接

4. 乙太網路經SDH傳送功能

　　環狀SDH網可提供全程切換保護機制，支援SLA等級區隔，傳送距離不受限制，NG SDH更可提供動態頻寬，成本相對低，市場定位在點對點不中斷連接服務，屬較重視品質客戶群。其功能如表7.19所示。

表7.19　乙太網路經SDH傳送功能

支援SLA	全程SDH保護機制
擴充性	距離不受限制，下一代SDH有很好的頻寬擴充性
可管理性	下一代SDH提供較佳之維運支援系統
成本	推出乙太網經SDH後成本降低，在過去18個月成本遞降
應用	點對點不中斷連接

5. 以 MPLS 為基礎之乙太網

　　　　將 MPLS 整合入乙太網路，如圖 7.133 所示，可保證回復切
換時間<50ms，並提供端對端保證頻寬、QoS 確保、端對端之
SLA 及其擴充性。

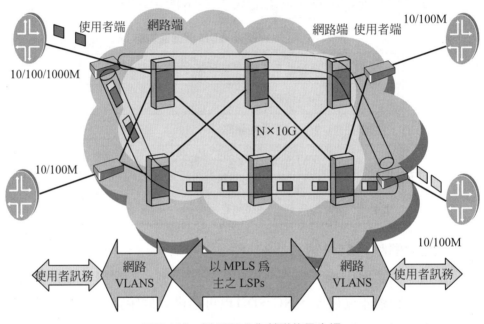

圖 7.133　以 MPLS 為基礎的乙太網

　　　　MPLS 能提供較佳之回復功能、訊務管理(Traffic engineering)及
QoS 確保功能，支援 SLA 服務，具較佳之 OA&M 網管功能市場定位在
較廣圍旳應用服務，其功能如表 7.20 所示。

表 7.20　MPLS-based 乙太網功能

支援 SLA	電信服務等級之切換保護、訊務工程及 QoS
可擴充性	採用 VPLS 提升擴充性
可管理性	提 OA&M
成本	成本仍是討論議題
應用	強調 QoS 的客戶群

6.　乙太網之 RPR 機能

　　RPR(Resilient Packet Ring)為內建式電信切換保護功能，支援多等級服務及 SLA 服務，適用於乙太都會網，因成本較高，市場定位在高價位、高頻寬及高彈性之連接服務其功能如表 7.21 所示。

表 7.21　乙太網之 RPR 機能

支援 SLA	內建電信服務等級的切換保護支援多等級的 SLA
可擴充性	作為都會網內之大點連接，即為幹線中繼
可管理性	雖然 RPR 已為業界標準，但仍援用原系統之 OAM
成本	初其 RPR 成本仍高
應用	須高頻寬及高靠度之客戶群

7.10.6.2　家庭乙太網(Residential Ethernet)之應用

家庭乙太網之興起主要受三項因素影響：

(1)　服務提供者之推力：電信服務提供者之電話語音營收不斷下滑如圖 7.134 所示，為力挽狂瀾，推出捆綁服務，包括語音、高速數據及視訊服務，加速乙太網路進入家庭。

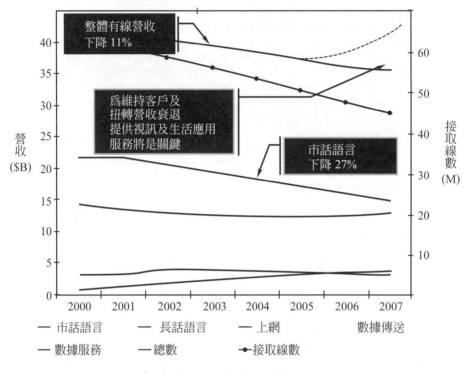

圖 7.134　電信業者營收走勢

(2)　需求之拉力：客戶逐漸瞭解高速網路可提供更多的功能及更多的選擇，因而興起視訊、影像及影音娛樂需求，如圖 7.135 所示，促進乙太網路進入家庭。

(3)　技術的推力：乙太網路技術的成熟，加上 IEEE 規格的確立，乙太網路自然成為家庭接取網的選擇。

顯然捆綁式之 TPS 將是家庭的主要需求，各類業者包括有線電視業者(Cable TV Companies)、電信業者(Telcos)或 1SPs/BSPs 業者，無不磨拳擦掌，搶奪市場，各業者進軍捆綁式 TPS(Triple Play Service)市場的時程如圖 7.136 所示。

三合一組合服務	殺手級服務：生活化			
上網		音樂下載	網頁	
	視訊會議	遊戲	高速通信	社區入口網頁
網路電話 VoIP	網路 PVR	社區節目	遠距教學	儲存及備援
	隨選電視	遠距醫療	家庭監控及自動化	網路安全及防火牆
廣播電視	高解析度電視(HDTV)	醫療監視	即時交通訊息	VPN/IPVPN

(a)   (b)

圖 7.135　家庭客戶需求

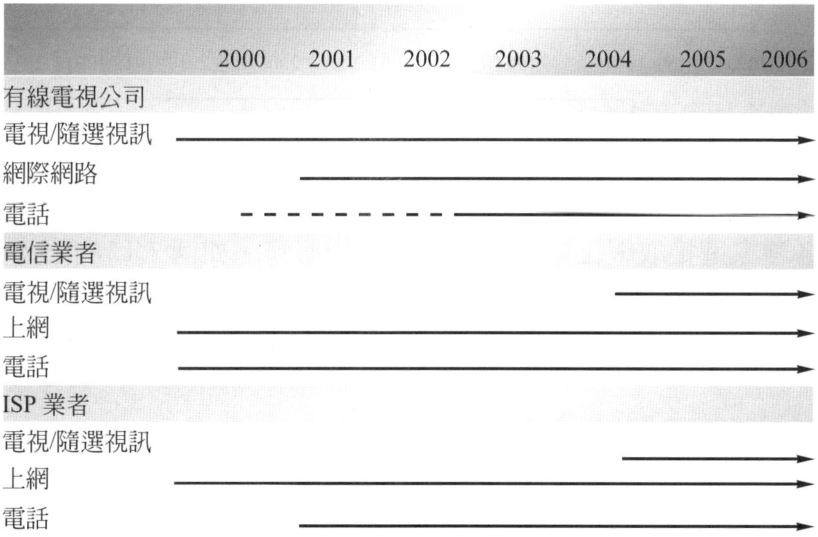

	2000	2001	2002	2003	2004	2005	2006
有線電視公司							
電視/隨選視訊	————————————————————→
網際網路			——————————————→
電話		- - - - - - - - - - - ——————→
電信業者							
電視/隨選視訊					————————→
上網	————————————————————→
電話	————————————————————→
ISP 業者							
電視/隨選視訊					————————→
上網	————————————————————→
電話	————————————————————→

圖 7.136　各業者進入 TPS 之進程

CH **7**

家庭網路頻寬需求

　　TPS 若成爲家庭之所需，則家庭網路之頻寬將與日俱增，估計到 2007 年平均可達 10Mbps，2011 年達 100Mbps，如圖 7.137 所示。

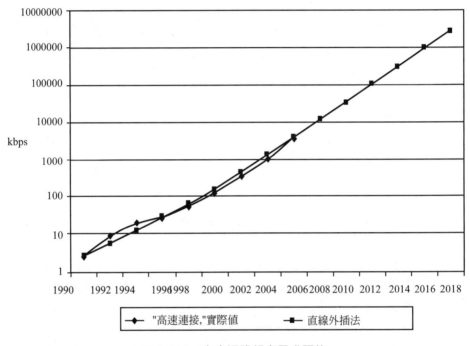

圖 7.137　家庭網路頻寬需求預估

　　各種家庭接取網之頻寬與所能提供的服務，如圖 7.138 所示。

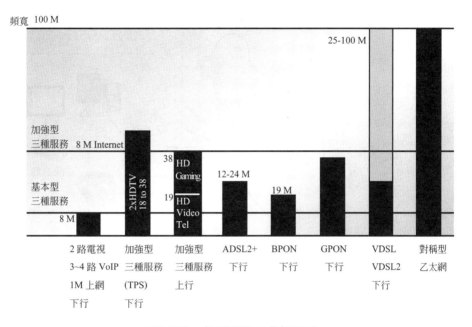

圖 7.138　各種接取方式與 TPS

7.10.6.3　乙太網到府(ETTH，Ethernet To The Home)

ETTH 如圖 7.139 所示，頭端平台(Head End)整合 PSTN、Video Service 及 IP/Internet 服務經 Fibre GE 送入家庭閘道器(Home Gateway)提供 TPS 服務。

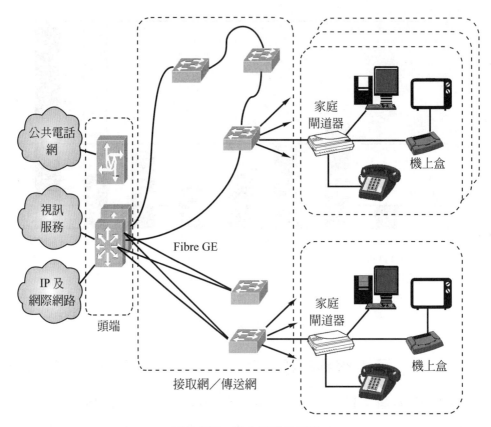

圖 7.139 乙太網到府架構

ETTH 的規範遵循 IEEE 802.3ah 標準，此標準規範 EFM(Ethernet in the File Mile)，其重點如下：

(1) EFM 的標準於 2004 年 5 月通過。

(2) EFM 的標準傳輸媒體包括光纖及銅絞線。

(3) EFM 針對乙太網接取設備之鏈路管理。

(4) EFM 是由供應商及業者一起推動。

(5) IEEE 802.3ah 定義之 OAM 層提供不同供應商產品間之互連操作管理。

(6) 利用銅絞線主要應用在點對點傳送。

(7) 利用光纖可應用在點對點及點對多點傳送,點對點一般只用於 Home Run Ethernet,點對多點可採用 PON 或 FTTP(Fiber to the premise)。

ETTH採用PON架構如圖7.140所示,下行信號傳送至每個ONT,上行信號則採分時多工方式送回 Head End。

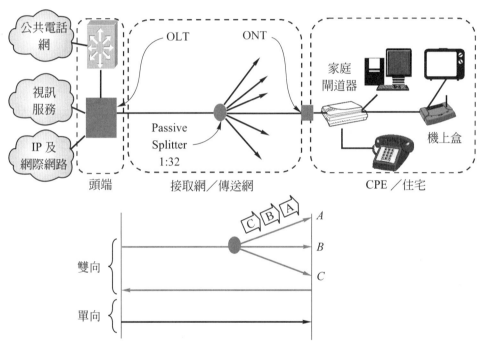

圖 7.140　PON-based 乙太網到府架構

PON 的標準可分三類:

(1) APON 又稱 BPON(Broadband PON):其傳送規約採 ATM 方式,下行速率為155Mbps或622Mbps遵循ITU G.983.X標準。

(2) GPON(Gigabit PON):遵循 ITU G.984.X 標準,傳送速率達

　　2.5Gbps(雙向對稱)，支援 TDM 方式。

⑶　EPON(Ethernet PON)：遵循 IEEE 802.3ah，傳送速率達
　　1.25Gbps(雙向對稱)。

　　ETTH採FTTH方式在提供TPS服務的角色上，因其架構在Ethernet/
MPLS 的基礎上，可提供彙集功能(Aggregate)，其 multicast 功能可作
電視廣播服務，unicast 功能可作隨選視訊服務，又可提供家庭安全監
控，在服務品質上可保 QoS、CIR、PIR 及可用度，如圖 7.141 所示。

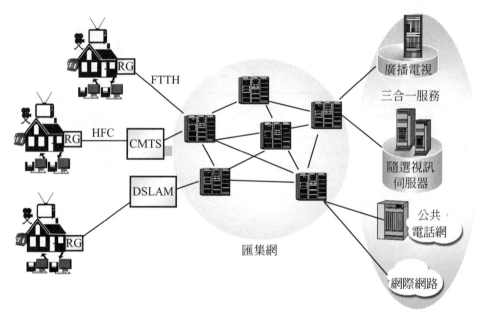

圖 7.141　ETTH 採 FTTH 方式提供 TPS

7.10.6.4　Metro Ethernet 在企業客戶的應用

　　大企業面對微利時代的競爭，除了開拓市場外，急須強化公司治理
與改善作業流程，增強資訊、通信及網路功能，因此企業內部主管對
ICT(Information Communication Techology)的期望分述如下：

(1)　IT人員的期望：

　　·任何點對任何點的L2連接

　　·路由控制且須具資通安全

(2)　資訊主管的期望：

　　·須有智能之高容量連接，且須依客戶要求提供動態頻寬管理，並能提供客製化的多元服務。

　　·提供隨選服務，且能快速提供，即加速服務的可用度。

(3)　財務長的期望

　　·減輕ICT的成本

　　·將各種服務彙集至單一網路，如 VoIP，多點 VPN，外部網路都能彙集至單一網路作連接。

　　顯然大企業客戶對ICT的期望集中在網路連接，這與大企客需求調查統計相符，如圖 7.142 所示。

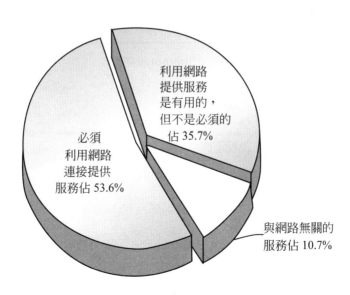

圖 7.142　大客戶對網路連接需求調查

　　再從 Ethernet 的服務需剖析，如圖 7.143 所示，企業客戶對網路的需求與應用均集中在接取連接。

接取為基礎	住宅服務/應用	上網接取	三合一服務/隨選視訊	視訊/音樂串流	閉路電視	遊戲	VoIP
	企業客戶應用	儲存延伸服務	災害回復	內容配送	視訊串流	遠距教學	VoIP
	企業網路服務	使用乙太網提供專線服務	FR/ATM服務	經乙太網作上網接取	經乙太網接取 MPLS IP VPN	VoIP傳送	
乙太網連接服務	乙太網提供私用專線		乙太網提供VPN		乙太網提供私用 LAN		乙太網提供虛擬私用 LAN
乙太網服務型式	點對點乙太專線				多點對多點乙太 LAN		
網路技術	利用光纖/銅纜		RPR 光纖環		MPLS 乙太網		
	經 SONET/SDH			經 CWDM/DWDM			

圖 7.143　Ethernet 服務需求

　　針對企業客戶之主要服務分述如下：

1.　私用通路服務(Private Line Service)

　　Private Line 服務之特色：

　　・點對點服務

　　・保證頻寬

　　・高可用度(具切換保護)

　　Private Line 的應用

　　・典型的 Intra-metro

　　・資料中心

· 商業社區

· 校園環路

· 批售傳送

Ethernet Private Line 的架構如圖 7.144 所示。

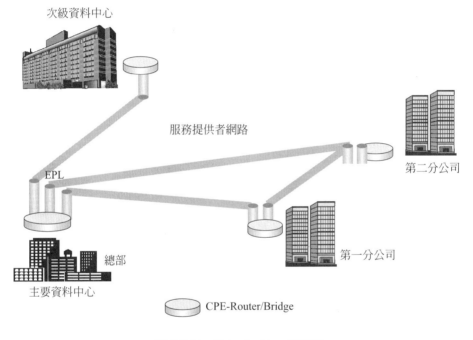

次級資料中心

服務提供者網路

EPL

第二分公司

總部

主要資料中心

第一分公司

CPE-Router/Bridge

圖 7.144　Private Line 的應用

2. 私用區域網路服務(Private LAN Service)

Private LAN 之特色：

· 多點的 any to any 服務

· 客戶介面為 10/100/1000 Mbps Ethernet

· L2 透通性傳送

· 服務等級依頻寬、CoS 及距離分類

· 以 CIR/EIR、延遲及損失訂定 SLA

應用：

- · 扮演 intra-metro
- · 頻寬單價成本低
- · 可由 LAN 延伸至 WAN
- · 網路簡單透通性高

Private LAN 的架構如圖 7.145 所示。

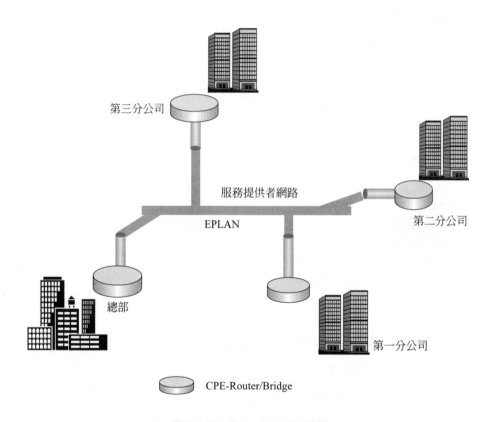

圖 7.145 Private LAN 架構

3. 乙太虛擬私有路(Virtual Private Line)

Virtual Private Line 的特色：

- 以 VLAN ID 定址
- 可將服務多工
- 服務等級由頻寬、CoS、距離來區隔
- SLA 由 CIR/burst、延遲、封包損失來區隔

應用：
- 作為 ISP 接取
- 分公司連接
- DSLAM 的匯集
- 住宅寬頻接取

Virtual Private Line 的架構圖如圖 7.146 所示。

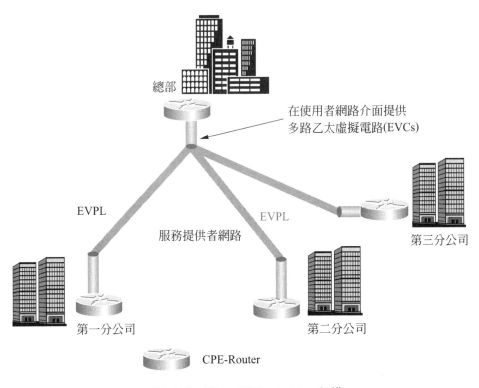

圖 7.146　Virtual Private Line 架構

4. 乙太虛擬私用區域網(Virtual Private LAN)

Virtual Private LAN 的特點：

．多點對多點

．作為 Virtual Private Line 與 Virtual Private LAN 岔接

．共享頻寬

．以 VLAN ID 定址

．SLA 由 CIR/burst、延遲及封包損失來區隔

應用：

．作為 ISP 的接取

．用於 Internet，Intranet 或 extranet

Virtual Private LAN 的構如圖 7.147 所示。

企業客戶對 Metro Ethernet 的要求：

．設備佔用的空間要小

．不變的價格，取得更大頻寬

．QoS 要求須與 ATM、Frame Relay 及專線一樣好

．資通安全

．能與傳統既有服務互連

．能讓企業維持獲利甚至更高。

Metro Ethernet 服務回應企客要求，提供因應方案：

(1) 擴充性

．提供足夠的頻寬接取：從 1Mbps 至 10Gbps。

．保證頻寬，甚至有能力應付突發頻寬需求。

．具備從既有網路過渡至 Metro Ethernet 的能力。

．能與 Frame relay 及 ATM 互連作業。

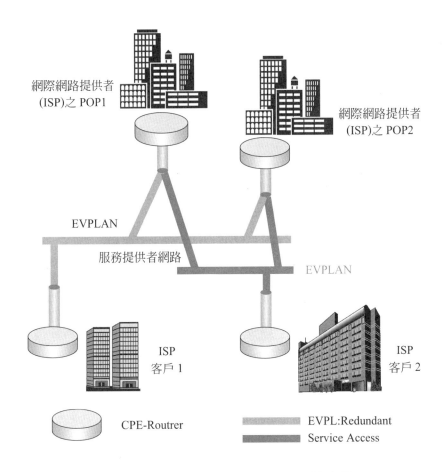

圖 7.147　Ethernet Virtual Private LAN 架構

(2)　富彈性

　　‧提供彈性、可靠及安全連接含 P2P、P2MP、MP2MP 及 L3 接取。

　　‧沒有頻寬限制。

　　‧提供 CoS/QoS，含括語音、視訊及 IP multicast。

　　‧單一介面介接多元服務。

(3)　成本效益

　　‧提供低頻寬成本。

　　　‧頻寬計價可依實際需要精準細算。

　　　‧對 Ethernet CPE 提供較低 Port 成本。

　　　‧業界已培養足夠專家服務企業客戶。

　(4)　簡化操作

　　　‧提供隨插即用功能，簡化操作。

　　　‧快速供裝及調訂。

　　　‧簡化移轉作業。

　　　‧簡化網路架構及管理。

7.10.6.5　Cisco Metro Ethernet 應用案例

　　前三節說明各種服務應用的考量，此節試以應用案例，讓讀者瞭解整體應用網路。

1.　應用在日本的寬頻上網，如圖 7.148 所示，客戶上網須經接取層、分配層、骨幹層(Back Bone Layer)、IXPOP層再上 Internet，其中接取層(Access Layer)應用 Metro Ethernet，此網路架構層次分明，容易維運。

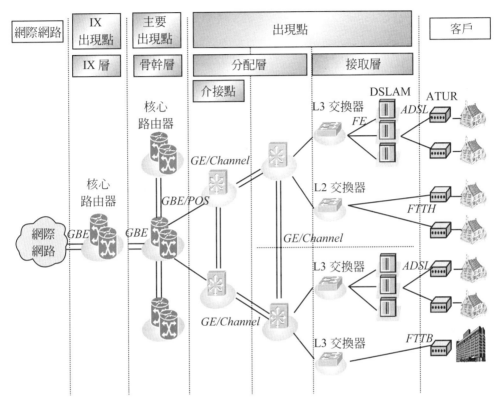

圖 7.148　Metro Ethernet 在寬頻上網之應用

2. 應用在東京地區的寬頻上網，如圖 7.149 所示，此案例啓用IPv6，
   使IP位址的容量更大，IP指配更靈活。

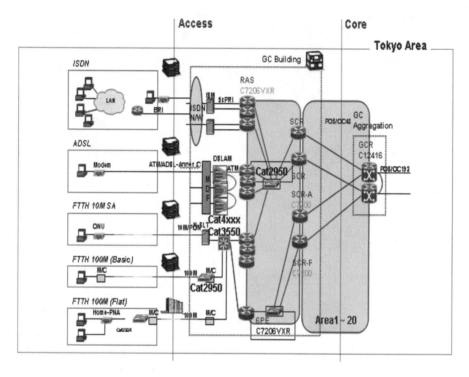

（來源：引自 Cisco）

圖 7.149　在東京區寬頻上網之應用

3. 應用在 KDDI 之網路連接案例

　　此案例提供 IP-VPN，VPN 作為企業客戶網路互連如圖 7.150 所示。

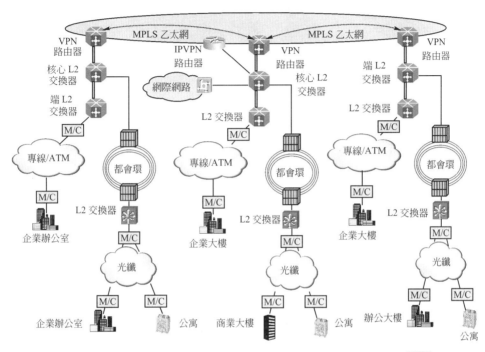

圖 7.150　Interwork 的應用案例

4.　應用在 HKBN Triple play 服務案例

　　　此案例之 Metro Aggregation 應用 RPR 環，P2PGE 及 L2VPN，如圖 7.151 所示。

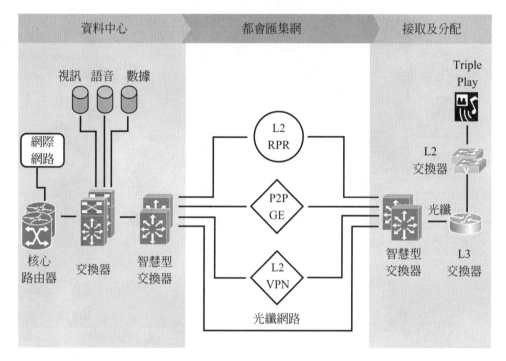

圖 7.151　應用在提供 Triple Play 服務網

5. 應用在印度的寬頻網

　　　　此案例客戶數已達 30 萬，圖 7.152 顯示都會網的銜接及 WAN 的網路架構，圖 7.153 為住宅客戶環，圖 7.154 顯示企業客戶環。

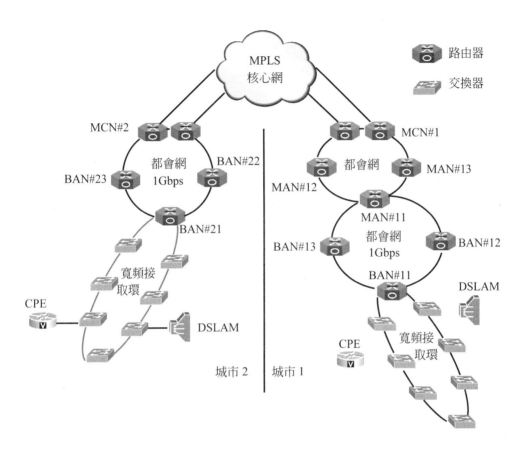

圖 7.152　應用在印度之寬頻網(WAN)

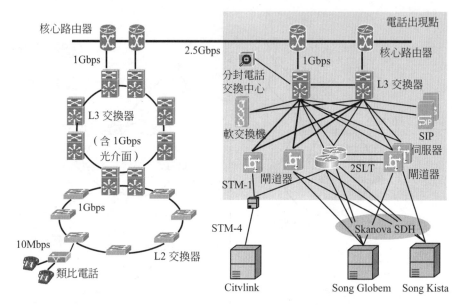

圖 7.153　應用在印度之住宅客戶環

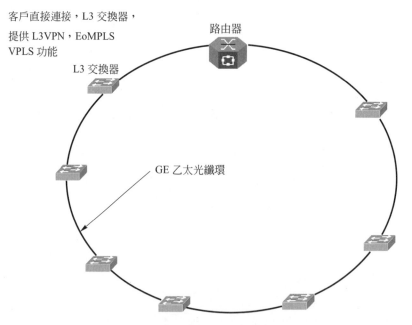

圖 7.154　應用在印度的企業客戶環

6. 應用在義大利FASTWEB TPS服務案例

   FASTWEB 提出寬頻上網(10Mbps)，語音、VOD 及數位廣
播電視服務，其網路架構如圖 7.155 所示，一般客戶服務說明如
圖 7.156 所示，收取基本頻道月費，另列出上網、VOD 數位頻道
之單點費用。

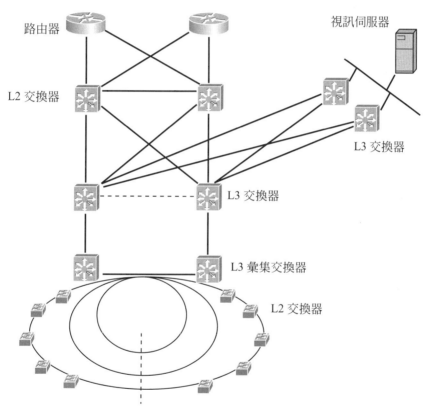

圖 7.155　FASTWEB TPS 服務網路架構

服　務　項　目	價　　格
裝機費	$53
10Mbps 上網 5 電子信箱，網內互打無限 市話(4 小時)，國際(2 小時)	$53
平價語音(不含行動與國際)	$9
每片隨選電視	$2～5
廣播數位電視	$35
機上盒租費	$5
含 DVD 機上盒租費	$10

圖 7.156　FASTWEB 一般客戶之 TPS 服務內容及收費

　　圖 7.157 則列出中小企業客戶之服務組合包括上網、信箱、語音、硬碟儲存服務等，也提供電子商務產品(Shop & professionals)服務，圖 7.158 所列則針對大客戶提供 IP VPN，服務品保合約(SLA)及視訊加值應用等服務。

服　務　項　目	價　　格
中小企業捆綁服務裝機費	$225
10Mbps 上網 5 電子信箱 5 埠上網接取 網內互打無限 市話(4 小時)，國際(2 小時)	月租費$140
硬碟儲存(250MB) 加 250MB	裝機$45 ＋月費$68 $45
店面專業監視安全系統 攝影機及編碼器租費	裝機$45 ＋月費$45 $45
IP 電話裝機 IP 電話月租費 交換機月租費	$32 $32 $72

圖 7.157　FASTWEB 中小企業客戶服務組合及收費

服　務　項　目	價　　格
IP VPN(MPLS)服務 　10Mbps 每處每月租費 　100Mbps 每處每月租費 　1GE 每處每月租費 服務分級保證合約： 　可用度：99.97% 　延　遲：25ms 　故障回復時限：4 小時	 $1000 $5500 依合約價

圖 7.158　FASTWEB 大客戶服務組合及收費

FASTWEB POP 採用 mini POP 之網路拓撲，每個 Mini POP 最多收容 36 個環，每個環均以 4 個 GgbiE 中繼通道銜接 POP，每個接取交

CH**7**

換器配發一個 VLAN，每個環 10 個 Switch，如圖 7.159 所示。光纖引入屋內先經Switch終端，再轉成Cat 5 電纜至各房間，如圖 7.160 所示。

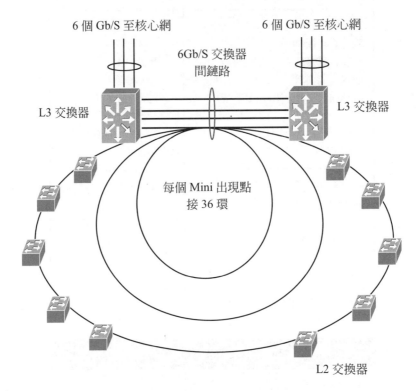

圖 7.159　FASTWEB 之 Mini POP 架構

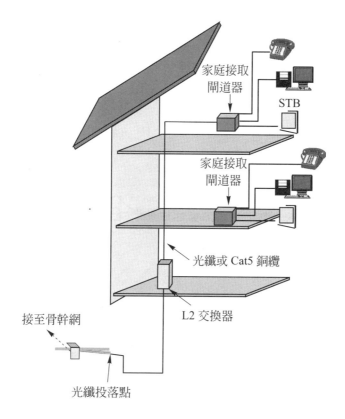

家庭接取
閘道器

STB

家庭接取
閘道器

光纖或 Cat5 銅纜

L2 交換器

接至骨幹網

光纖投落點

圖 7.160　FASTWEB 光纖引入及屋內網路

7.10.7　FTTH 及 FTTP 在日本應用實例

FTTH 的應用架構，可略分下列三種：

(1)　點對點之光纖乙太網路(PTP，Point-to-point Ethernet)：須利
　　　用 2N芯光纖，並搭配 2N部光收發信機，主要提供點對點之乙
　　　太網連接。

(2)　光纖到近鄰再以乙太交換器分配(Curb switched Ethernet，PTP
　　　Curb)：只須用 2 ＋ 1 芯光纖(節省光纖)，搭配 2N ＋ 2 部光收

發信機，提供光纖到近鄰之乙太網。

(3) Ethernet PON：僅須 1 芯光纖，搭配 N ＋ 1 光收發信機因用 passive coupler，不須局外供電。提供點對多點乙太網三種 FTTH 乙太網架構如圖 7.161 所示。

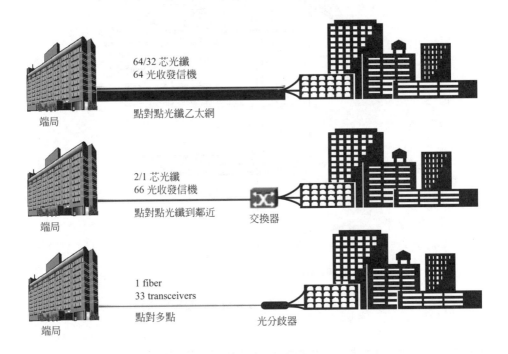

圖 7.161 FTTH 的架構圖

PON 架構又可分為 GE-PON、A-PON 及 G-PON，各遵循不同的標準，不同線路編碼，不同的網路協定，其標準比較如表 7.22 所示。

表 7.22　PON 標準比較

	GE-PON	A-PON/B-PON	G-PON
標準組織	IEEE	ITU	ITU
線路速率(上行)	1.25G	155M,622M,1.2G	1.2T,2.4G
線路速率(下行)	1.25G	155M,622M	155M,622M,1.2G, 2.4G
基本協定	MPCP	ATM	GEM
線路碼	8B/10B	Scrambled NRZ	Scrambled NRZ
協定	802.3ah	ITU-T G.983.1	ITU-T G.984.?
網管	802.3ah	ITU-T G.983.2	ITU-T G.984.?
安全	Vendor Agreement or 802.1ae	ITU-T G.983.1	ITU-T G.984.?
動態頻寬指配	-	ITU-T G.983.4	ITU-T G.984.?
Redundant protection	-	ITU-T G.983.5	ITU-T G.984.?
系統管理支援	-	ITU-T G.983.6 ITU-T G.983.7 ITU-T G.983.8	ITU-T G.984.? ITU-T G.984.? ITU-T G.984.?
類比視訊服務	WDM overlay	WDM overlay	WDM overlay
Ethernet	Naive Ethernet	Ethernet over ATM	GFP
E1/T1/E3/T3	TDMoE	CBR	TDM
電話	VoIP	VoATM	DSO
ASIC 提供者	Centillium,Passave, Teknovus	Broadlight,Hitachi, In-house ASIC	Mindspeed,Hitachi, Flexlight,In-house ASIC
客戶	ISP,new carriers,MSO NTT	ILEC	ILEC

(來源：引自 OPLINK)

7.10.7.1　FTTH應用系統架構

　　FTTH應用系統架構如圖7.162所示，分成網路層(Network Layer)、
服務層(Service Layer)及應用層(Application Layer)。

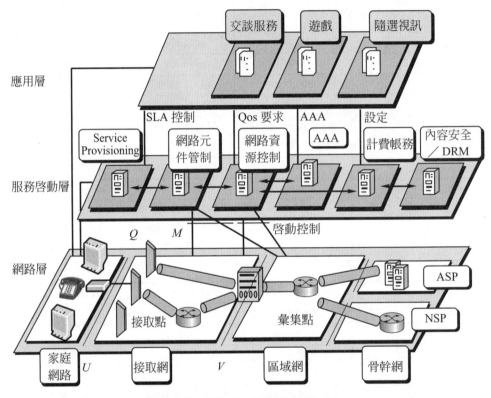

圖7.162　FTTH之應用系統架構

　　網路層中最關鍵的部份包括光分歧器(如1×8或1×32)、多波道交連
器(1310nm/1490nm/1550nm/1650nm)，分波多工器(WDM)、Video
EDFA(加鉺光放大器)及光纖監測系統(Fiber Monitoring System)，圖
7.163為NTT使用之光纖監測系統(AURORA)。

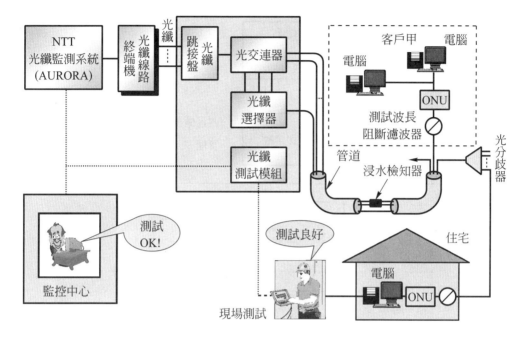

圖 7.163　光纖監測系統(NTT AURORA)

網路層執行 L1 及 L2，服務層包括 L3、L4、QoS 及網路安全，應用層執行L7包括內容的檢視，版權保護及管理，三層分工如圖7.164所示。

為提升網路服務品質，須具備維運管理支援系統如下：

(1)　ONU 的管理軟體：

　　·LAN 側之 DSL CPE 組態管理，依照 DSL Forum TR-064。

　　·WAN 側 CPE 管理協定，依照 DSL Forum TR-069。

(2)　系統維運支援：

　　·多元服務架構及碼框要求，依照 DSL Forum TR-054。

　　·家庭網之多元服務配送碼框，依照 DSL Forum TR-094。

(3)　加強型維運圖(eTOM，enhanced Telecom Operation Map)：
　　提供現場供裝維運管理作業。

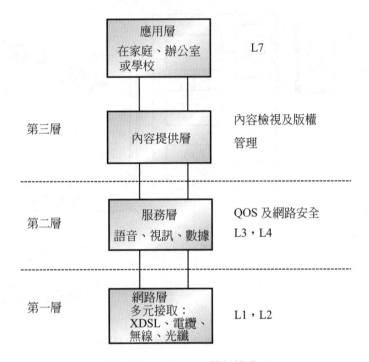

圖 7.164　FTTH 三層架構分工

　　圖 7.165 顯示 FTTH 應用系統方塊圖，提供 RF Video，IP-Video，電話，上網及 PBX 的服務，採分波多工方式(WDM)。

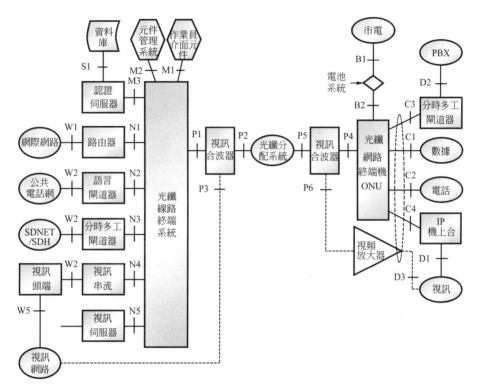

圖 7.165　FTTH 應用系統方塊圖

　　在 TV 服務部份可分成廣播電視(採MPEG2)，高解析度電視(HDTV)，隨選電視(VOD)，付費電視(pay per view)等，其頻寬編碼、QoS(含延遲及封包遺失)如表 7.23 所示。

表 7.23　TV 服務之特性比較

電　視　服　務	上行頻寬	下行頻寬	延遲	封包遺失	隨選功能
廣播電視		2-6Mb/s	~1s	10^{-5}	Yes
高解析電視 HDTV		12-19Mb/s	~1s	10^{-5}	Yes
付費電視		2-6Mb/s	~1s	10^{-5}	Yes
隨選電視		2-6Mb/s	~1s	10^{-5}	Yes
節目搜尋及電子節目表 EPG		<0.5Mb/s	N/a	N/a	No
子母畫面(2 個 MPEG2)		Up to 12Mb/s[1,2]	~1s	~1%	Yes
畫面瀏覽		Up to 9Mb/s	~1s	10^{-5}	Yes
PVR		2-6Mb/s local[1]	N/a	N/a	Yes
工業電視及電話	<64kb/s	<64kb/s	<400ms(RTT)	~1%	Yes
電視瀏覽		Up to 3Mb/s	N/a	N/a	Yes/No
電視之電子郵件	128-640kb/s	Up to 3Mb/s	N/a	N/a	No
電視即時短訊	128-640kb/s	Up to 3Mb/s	N/a	N/a	No
電視聊天	128-640kb/s	Up to 3Mb/s	N/a	N/a	No
電視螢幕通知		<64kb/s	N/a	N/a	No
電視互動遊戲	128-640kb/s	Up to 3Mb/s	~10ms	10^{-5}	Yes
電視笑話盒		<128kb/s	~1s	<1%	Yes

(來源：引自 OPLINK)

　　在 PC 服務部份包括高速上網，Live TV on PC，VOD，視訊電話 (Voice/Video telephony)，遊戲及學習之特性如表 7.24 所示。

表 7.24　PC 服務之特性比較

個人電腦服務	上行頻寬	下行頻寬	延遲	封包遺失	隨選功能
高速上網	128-640kb/s	Upto 3Mb/s	N/a	N/a	Yes/No
	Upto 6Mb/s	Upto 6Mb/s	N/a	N/a	Yes/No
伺服器型電子郵件	as above	as above	N/a	N/a	No
現場電視顯示至 PC		300-750kb/s	~1s	~1%	Yes
隨選視訊		300-750kb/s	~1s	~1%	Yes/No
視訊會議	300-750kb/s	300-750kb/s	<400ms(RTT)	~1%	Yes/No
視訊電話	64-750kb/s	64-750kb/s	<400ms(RTT)	~1%	Yes
互動遊戲	10-750kb/s	10-750kb/s	~10ms	10^{-5}	Yes
遠距教學		300-750kb/s	~1s	~1%	Yes/No

(來源：引自 OPLINK)

　　傳統的有線電視業者，可提供 100 餘台節目，電信業者若以 FTTH 切入電視市場，應可發揮頻寬優勢，播放高解度電視提升畫面品質及較佳之身歷聲音響，才能與既有的有線電視業者競爭。

7.10.7.2　FTTP 在日本的應用

　　日本的寬頻市場競爭異常劇烈，DSL 提供旳速率約 12Mbps～40Mbps，全光纖之 FTTP 可提供達 100Mbps，而典型的 DSL 月租費小於 30 美元，FTTP 月租費約 40～70 美元，圖 7.166 顯示客戶群與費率之關係圖，顯然 FTTP 跨住宅及 SOHO 客戶群，其成長曲線如圖 7.167 所示。

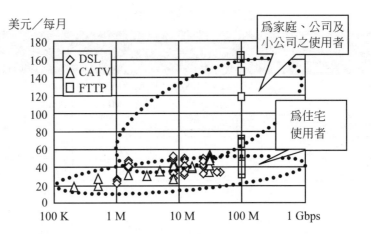

圖 7.166　寬頻客戶群與費率關係圖

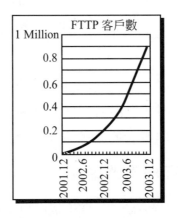

圖 7.167　FTTP 成長曲線

FTTP 接取系統在日本通常採 P2P 或 PON。

・P2P 方式即點對點光纖傳輸，通常用在 SOHO 族或集合住宅 (MDU)，採用 2 芯光纖傳送 100 BASE-FX 或 1000BASE-LX。

・PON 方式：又分成 BPON 及 EPON，通常用在個別家庭(FTTH)，BPON 依照 G.983 標準，EPON 依照 IEEE 802.ah 標準，圖 7.168 顯示 NTT 之寬頻服務(B-FLET'S Service)之架構。

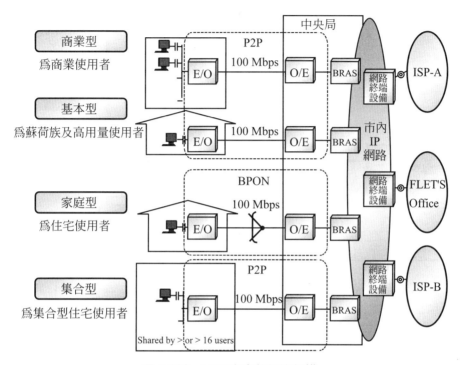

圖7.168　NTT之寬頻服務架構

　　現階段日本 NTT 之 FTTH 客戶，大部份是以 BPON 方式提供，如圖7.169所示，上行速率 156Mbps，下行速率 622Mbps，在 OLT(Optical Line Terminal)採用動態頻寬指配(DBA，Dynamic Bandwidth Allocation，G.983.4 標準)，OLT 銜接之 Local IP 網路為 ATM-based，至於光波長的指配，依照 G.983.1 及 G.983.3 客戶端所用之 ONU 也很精巧，高僅20.5公分。

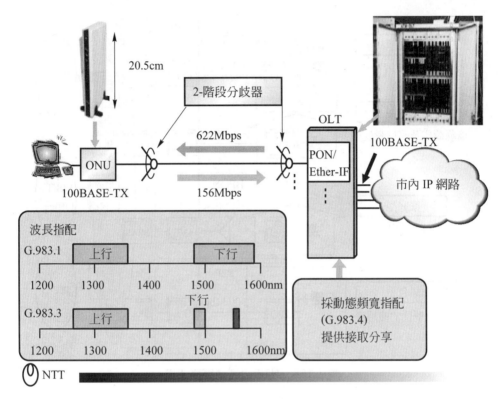

圖 7.169　NTT 之 BPON 架構

　　EPON是以Ethernet-based系統，依照IEEE 802.3ah標準，又稱為
EFM(Ethernet-to-First Mile)，此標準已於2004年6月完成，提供1000
BASE-PX20，並具備DBA功能，保證QoS，電信級的切換保護，自動
使用者登錄、辨認，達隨插即用。

　　NTT之FTTP接取光纜規劃採高密度配置，光纜終端架可收容4000
芯光纖，使用1000芯幹線光纜，架空光纜為200芯其實體配置如圖7.170
所示。

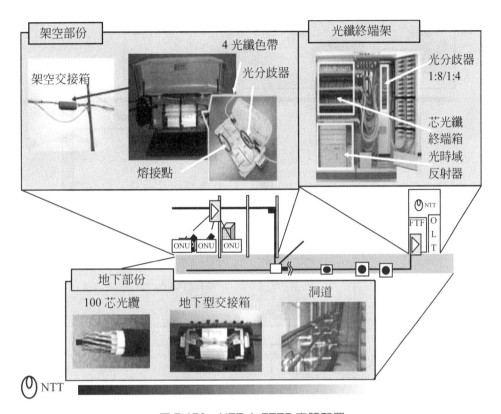

圖 7.170 NTT 之 FTTP 實體配置

　　FTTP 最具挑戰部份應是到府最後 100 公尺作業,圖 7.171 顯示由桿上引接至住戶終端箱之光纖接續,採用可攜式光纖融接機或機械式光纖連接器,終端箱的結構須易於施工,另外屋內光纖之可彎曲半徑須小於 30mm。

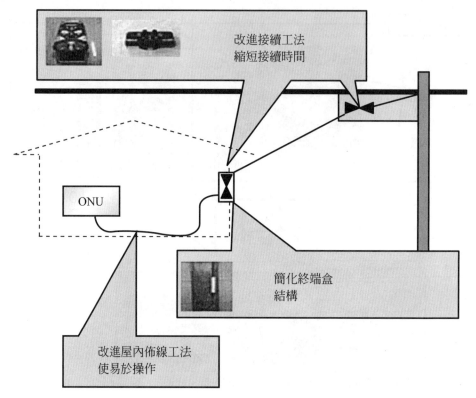

圖 7.171 FTTP 之最後 100 公尺施工

7.10.8 EXFO PON 應用實例與測試

7.10.8.1 FTTP 網路

　　光纖通信系統應用在接取網路之型態如圖 7.172 所示,局端設置 OLT 將傳送的電信號轉為光信號,經光纜送至客戶端經 ONT 變成電信號,引入客戶網路提供各項服務,在實務上,光纜可引自近鄰電桿上配線箱,再引入客戶屋內,稱為光纖到近鄰(Fiber-to-the-Curb,FTTC),光纖如直接引入大樓電信室,再以大樓配線系統搭配VDSL引入各房間稱爲光纖到大樓(FTTB，Fiber-to-the Building)，如將光纖引到交接箱，再引入客戶住宅，稱爲光纖到交接箱(FTTCab，Fiber-to-the-Cabinet)，若光纖直接引入住宅或房間稱爲 FTTH(Fiber-to-the-Home)或 FTTP(Fiber-to-the-Premises)。

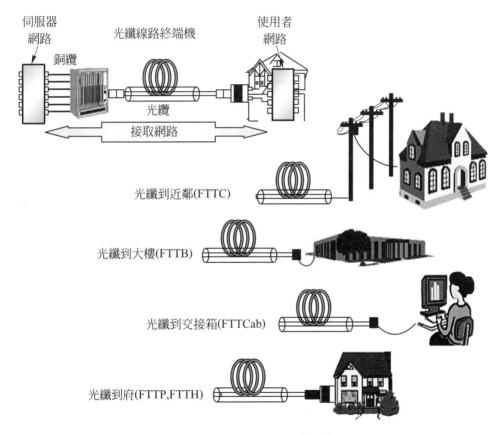

圖 7.172　光纖接取網路架構

光纖通信系統的優勢是提供大頻寬，引入家庭可提供語音、上網及電視服務，如圖 7.173 所示，提供的服務組合如表 7.25 所示，可發展出高畫質、高音質的影音多媒體服務。

多部電話（如 3 部以上）
多部電視（如 2 部以上）
多部電腦（如 2 部以上）

圖 7.173 光纖到府的 Triple play 服務

表 7.25 光纖到府衍生的新服務

應　　用	頻寬(Mbit/s)	最大頻寬
語音(每路)	0.064	0.5(Multi-lines)
網頁瀏覽	1-2	5(2 PC's)
6 百萬像素之 10 秒 JPEG 畫面	2	5(2 PC's)
標準電視(MPEG-2)	4	10(2 TV's)
標準電視(MPEG-4)	2	5(2 TV's)
高解析度電視(MPEG-2)	20	40(2 TV's)
高解析度電視(MPEG-4)	9	20(2 TV's)
總計(不包括視訊電話及互動遊戲等)	—	11-16(SDTV) 25-50(HDTV)

(來源：引自 EXFO)

　　光纖通信技術日新月異，其承載頻寬不斷上升，與其他接取方式相較如表 7.26 所示，其特性優於其他接取方式，如提供給高頻寬需求客戶，即顯現其成本效益，適合於提供新服務之長期發展計畫。

表 7.26　各種接取方式比較

傳送層	ADSL				VDSL		光纖到府及 PON
	基本	+	2	2+	基本	2	
	銅纜	光纖到近鄰					
最大頻寬 (Mbit/s)	<1	8D 0.64U	15D 1.5U	1 Sym.	20D	26D	30D 100	100 + …
最大距離(Km)	1	3	6	4	1.5	1	1 0.2	20
成長率								

2002　　　2003　　　2004　　　2006　　　2007　　●　●　●

7.10.8.1　EXFO 系統 VFYIU 元件及系統規格

1. 點對點光纖傳輸系統

以單一波長傳送 STM-16，鏈路距離可達 100 公里，如圖 7.174 所示。

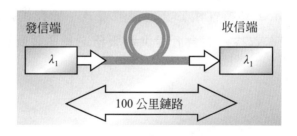

圖 7.174　點對點光纖系統

2. 都會網之 CWDM 光纖通信系統

以 8 個波長傳送 STM-64 信號作點對點傳送，鏈路距離可達

40～80公里如圖7.175所示，依照ITU-T Rec。G671/IEC 62074-1標準。

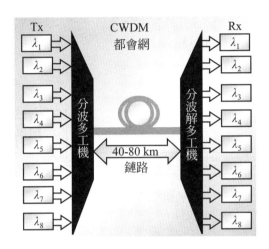

圖 7.175　CWDM 都會網

3.　骨幹網之 DWDM 光纖通信系統

以 8 個波長傳送 STM-64 信號作長距離傳送，每隔 80 公里加一級 EDFA 光放大器，最長距離可達 600 公里，如圖 7.176 所示。

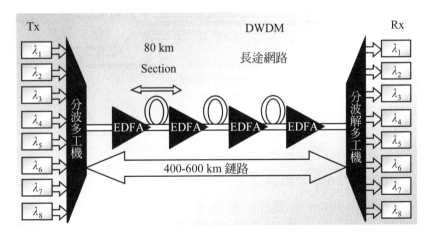

圖 7.176　骨幹網 DWDM 光通信系統

4. FTTH之P2P光纖通信系統

以1550nm波長傳視訊(下行)，1310nm波長作語音及數據傳送(雙向)，速率達STM-16，距離可達20公里，如圖7.177所示，用於接取網路之點對點傳輸。

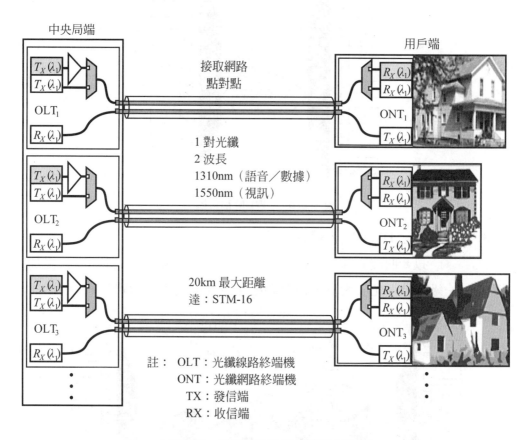

圖7.177　FTTH之P2P光纖通信系統

5. FTTP之P2mP光纖通信系統

以1490nm波長作語音及數據之下行傳送，1310nm波長作語音及數據之上行傳送，再以1550nm作視訊傳送，速率可達

STM-16，距離可達20公里，於客戶端以光分歧器(Splitter)分路至32個客戶，如圖7.178所示。

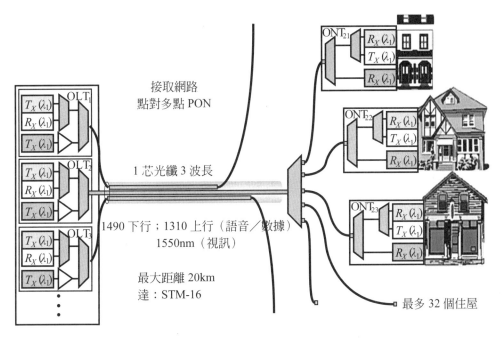

圖7.178　FTTP之P2mP光纖通信系統

此系統使用波長在ITU-T波譜分佈如圖7.179所示。

此系統使用 G.652 光纖，使用波長在 G.652 光纖的傳輸損失如圖 7.180所示。

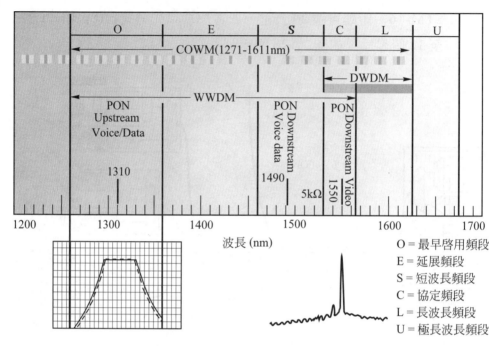

圖 7.179 ITU-T 波譜分佈

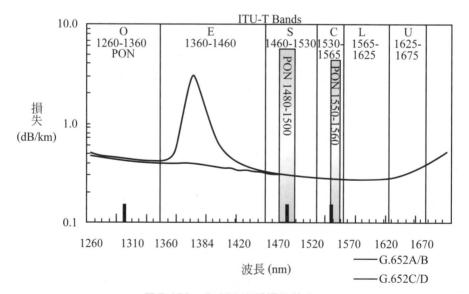

圖 7.180 G.652 光纖損失特性

FTTP 之 PON P2mP 系統主幹纜及配纜分佈圖如圖 7.181 所示。

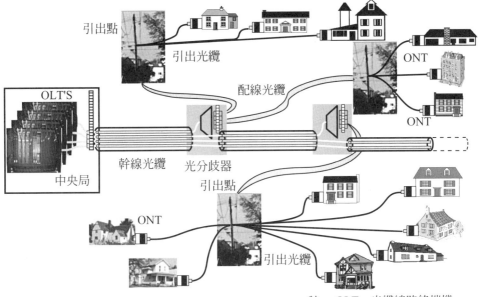

註：OLT：光纖線路終端機
ONT：光纖網路終端機

圖 7.181　PON P2mP 系統主幹纜與配纜分佈圖

FTTP PON 系統損失規劃如表 7.27 所示，BPON 參照 G.983 標準，GPON 參照 G.984。

表 7.27　FTTP PON 系統損失規劃

規　　格	速　率 (Mbit/s)	等　級	損失(dB)		ITU-T Rec.	
			最小	最大	BPON	GPON
鏈路損失	All	All	32		G.983.1 (Rev.) G.982 G.983.3	G.984.2
		A	5	20		
		B	10	25		
		C	15	30		

(來源：引自 EXFO)

CH 7

　　依據上述系統規格，以圖 7.182 為例，試算系統損失，以利讀者對 FTTP PON 有臨場感。

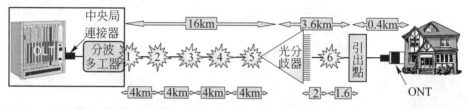

分段	損失(dB)	數量／長度	總損失(dB)	累積損失(dB)
分波多工器 2 ×1	1	1	1	1
光纖 G.652.C 1310 nm(worst case)	0.39 dB/km	20 km	7.8	8.8
接續	0.05	6	0.3	9.1
光分歧器 1 × 32	18	1(at 16 km)	18	27.1
引出點	0.1	1(at 19.6 km)	0.1	27.2
連接器	0.2	2	0.4	27.6

圖 7.182　系統損失試算

　　其系統方塊圖如圖 7.183 所示，機房端之 OLT 設備，WDM 元件及 patch 盤之實例照片，如圖 7.184 所示。

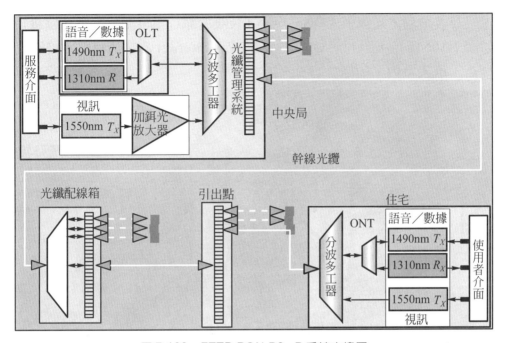

圖 7.183　FTTP PON P2mP 系統方塊圖

圖 7.184　機房端 OLT 設備實例照片

在客戶端，光纖引入ONT，ONT裝設於靠近原電話及電纜交接盒，如圖7.185所示，以利將ONT之CATV、Internet及電話輸出連接至交接盒，引入室內，如圖7.186所示。

圖7.185　ONT現場施設圖

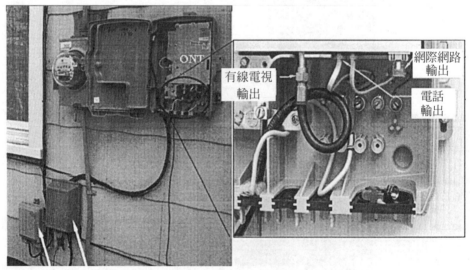

圖7.186　ONT接線說明

7.10.8.2　FTTP 光纖通信系統測試

　　FTTP 光纖通信系統之光信號從 OLT 輸出，經分波多工器(WDM Coupler)、光纖跳接盤(Patch panel)、光分歧器(Splitter)、光纖跳接盤 (Patch panel)、終端引出盤(Drop Terminal)至ONT，如圖 7.187 所示，其中經過多次連接，接續的良窳，影響光信號的傳輸至鉅，在施工中如何驗證，施工品質及故障判別，實有賴標準的測試方式，圖 7.188 標示 FTTP 光纖通信系統的光功率測試點，測試順序則如圖 7.189 所示，每次測試，均須將測試值記錄，並作系統建檔，以利後續障礙查修參考比較。

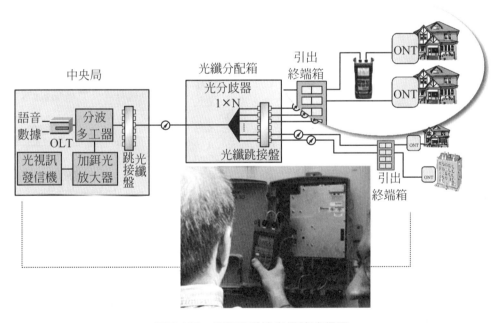

圖 7.187　FTTP 系統光信號流程圖

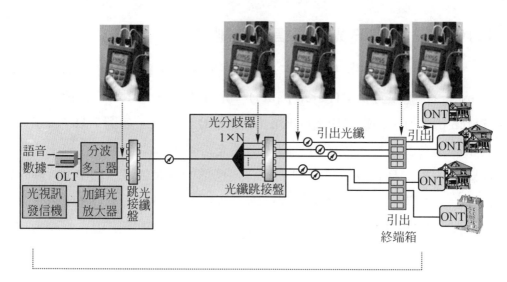

圖 7.188　FTTP 光纖通信系統之光功率測試點

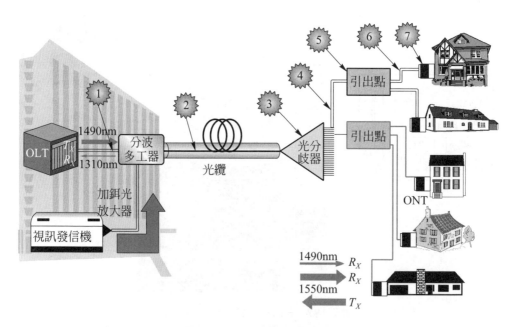

圖 7.189　光功率測試順序

① 測試 OLT 輸出光功率

② 測試 WDM Coupler 輸出點光功率

③ 測試 Splitter 輸入點光功率

④ 測試 Splitter 輸出點光功率

⑤ 測試終端引出箱輸入點光功率

⑥ 測試終端引出箱輸出點光功率

⑦ 測試 ONT 引入點光功率

除了利用光功率表測試上述各點之光功率，判別光信號是否正常外，在 OLT 未開機前，對各元件及光纜佈放融接或連接之施工測試須以 Laser 光源作為測試光源。

在作障礙查修時，為了方便現場查修員作業，有簡易型之可視障礙辨別器(Visual Fault Locator)，線上光纖檢測器(Live Fiber Detector)、連接器清潔組、連接器探針(Connector probe)、OTDR 及光融接機(Splicer)等現場施工測試設備，如圖 7.190 所示。

儀 器	一線	二線
雷射光源	×	×
光功率計	×	×
可視障礙定位器	×	×
光纖檢測器	×	×
連接器清潔組	×	×
連接器探針	×	×
光線路測試器		×
光時域反射儀		×
接續機		×

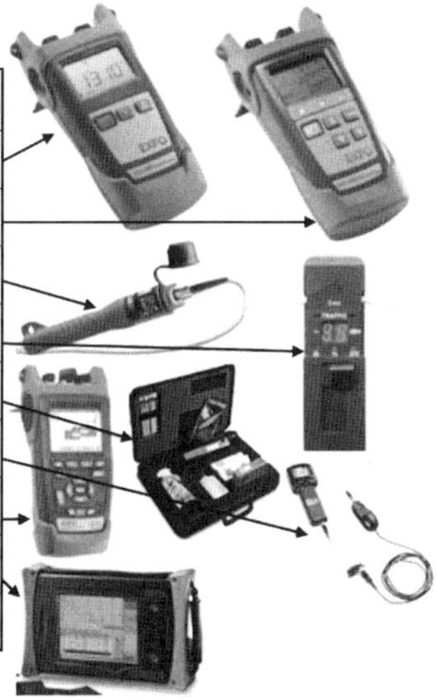

圖 7.190　EPON 現場作業及測試設備

習 題

1. 試述光纖通信系統的優越性。
2. 試述長途傳輸網路的要求，光纖為何優於其他傳輸媒體？
3. 光纖通信系統引入局間中繼網路有何優點？
4. 用戶迴線須具備哪些功能？光纖通信網路應以何種型態進入用戶迴線？
5. 光纖海纜系統須具備哪些條件？
6. 工業用途通信有何特徵？
7. 試述 ITV 系統。
8. 何謂區域性網路？
9. 何謂分波多工光纖傳輸系統？有何優點？
10. 分波器有哪幾種？試分述之。
11. 合波器有哪幾種？試分述之。
12. 試述同調光纖通信系統結構。
13. 同調光纖通信系統的調變方式有哪幾種？
14. 同調光纖通信系統對光源的要求？
15. 同調光纖通信系統的檢光方式有哪幾種？
16. 同調光纖通信系統有何優點？
17. DWDM 與 CWDM 在應用上有何區別？
18. 試述全光化傳送網路的優點。
19. 試述 MPLS 的優點。

參考資料

1. Telecommunication Journal Vol.49 II /1982 Special "Optical Fibers" part II.

2. Hitachi Review, June 1982, Vol.31 No.3.

3. Yasuharu Suma Tsu "Long-wavelength Optical Fiber Communication" IEEE Proc. Vol.71 No.6 June 1983.

4. Jurgen Franz, "Evalutation of the Probability Function and Bit Error Rate in Coherent Optical Transmission Systems Including Laser Phase Noise and Additive Gaussian Noise", Journal of Optical Comminications, 6, 1985, 2.

5. C.J. Nielson, J.H. Osmundsen, Linewidth Stobilization of Semiconductor Lasers in An External Cavity, Journal of Optical Communications, 5, 1984, 2.

6. Tetsuya Miki, Hideki Ishio, Viabilities of the Wavelength Division Multiplexing Transmission System over An Optical Fiber Cable, IEEE Tran. on comm, vol. com-26, P1082~1088.

7. 周星拱，光纖海纜，電信技刊，6卷1期，75年8月，P40~56。

8. Kenneth D. Fitchew, Technology Requirements for Optical Fiber Submarine Systems, IEEE Press Undersea Lightwave, com. P23~39.

9. 李銘淵譯，光纖通系統──原理、設計與應用，聯經出版事業公司，第五章，光纖通信系統的應用，P167~179。

10. 黃銘忠，光纖通信系統設施，電信技刊，6卷，1期，75年8月，P56~98。

11. E-MAN Alcatel Telecommunications Review - 1st Quarter, 2002.

12. Ralph Rodschat, Transformation of Optical Networks to meet Tomorrow's Challenges, Nortel Networks.

13. 涂元光，光纖用戶迴路之發展，光訊 78 期，P14～18。

14. Peter Tomsu, Christian Schmutzer, Next Generation Optical Networks, P79～266.

15. J. Ryan, Fiber Considerations for Metropolitan Networks, Alcatel Telecommunications Review - 1st Quarter, 2002, P52～56.

附錄一
中英對照

【A】

英文用語	中文用語
APD	瀉光二極體
Arc fusion splicing	電弧融合接續
Attenuation rate	衰減率

【B】

Besell equation	貝塞爾函數
Bending	彎曲
Bit error rate	誤碼率
Bonding splicing	結合接續
Brewster angle	勃路斯特角

【C】

CATV	有線電視
Cladding	外殼
Connector	連接器
Core	核心
Cross connect frame	交接架
Cut back method	回切法
Cut off Wavelength	截止波長
Cutter	切割工具

【D】

Dispersion-limited systems	色散限制系統
DWDM	高密度分波多工系統
DXC	數位交接設備

【E】

FIT	失敗平均次數
FM-IM	副載波調頻方式
Focusing constant	聚光常數
Focusing lens	聚焦透鏡
Frequency domain	頻率域
FTTB	光纖到大樓
FTTD	光纖到桌
FTTH	光纖到家
Fusion splice	融合接續

【G】

Gaussion behaviour	高斯式
Graded-index fiber	斜射率光纖
Grooved cylindrical structure	圓柱槽型結構
Group velocity	群速

【I】

| IR absorption | 紅外線吸收損失 |
| ITV | 工業用電視 |

【J】

| Jitter | 時閃 |

【L】

| Laser diode | 雷射二極體 |
| Leaky mode | 洩漏模態 |

LED　　　　　　　　　　　　　發光二極體
Longitudial mode　　　　　　　縱向模態
Loose secondary coating　　　　鬆式二次外套
Loss-limited systems　　　　　　損失限制系統

【M】

Material absorption　　　　　　材料吸收
Material scattering　　　　　　　材料散射
Maxwell's equation　　　　　　　馬克斯威爾方程式
MCVD　　　　　　　　　　　　改良化學氣相沉積法
Microbending　　　　　　　　　微彎曲
Mode　　　　　　　　　　　　　模態
Mode cutter　　　　　　　　　　光模態過濾器
Mode dispersion　　　　　　　　模態色散
Momentum　　　　　　　　　　動量

【N】

Normalized frequency　　　　　　正規化頻率
Numerical aperture　　　　　　　孔徑

【O】

OAM&P　　　　　　　　　　　網路運作管理維護與調度
OADM　　　　　　　　　　　　光塞取多工機
Optical demultiplexer　　　　　　分波器
Optical fiber　　　　　　　　　　光纖
Optical multiplexer　　　　　　　合波器
Optical power meter　　　　　　　光功率計
Optical spectrum　　　　　　　　光譜
Optical time domain reflectometer　光時域反射儀
Order wire　　　　　　　　　　聯絡線
Outage　　　　　　　　　　　　停用率
Overhead　　　　　　　　　　　管理位元組

OXC	光交接設備

【P】

PDH	準同步數位系統架構
Penalty	罰損
PIN photodetector	PIN 檢光器
PPM	脈波位置調變法
Preform	預型體
Primary coating	一次外套
Prism	三菱鏡
Pulse dispersion	脈波分散
Pulse generator	脈波產生器

【R】

Radiation effects	輻射效應
Reflection	反射
Refraction	折射
Refraction index	折射率
Responsivity	響應率
Resonant absorption	共振吸收

【S】

SDH	同步數位階層架構
Secondary coating	二次外套
Silica fiber	矽族光纖
Snell's Law	斯涅爾定理
SONET	同步光纖數位網路
Space diversity	空間分集方式
Splice	接續
Spontaneous emission	自勵射光
Step index fiber	級射率光纖
Stimulated emission	激勵射光

Striper　　　　　　　　　　　　外套剝除工具

【T】

Tight secondary coating　　　　緊式二次外套
Time domain　　　　　　　　　時域
Time jitter　　　　　　　　　　時閃
Total reflection　　　　　　　　全反射
Transverse mode　　　　　　　　橫切向模態
TV conference system　　　　　　會議電視系統

【U】

Undulation pitch　　　　　　　起伏間距
UV absorption loss　　　　　　　紫外線吸收損失

【V】

VAD　　　　　　　　　　　　　軸向氣相沉積法

【W】

Wander　　　　　　　　　　　　飄移
Waveguide dispersion　　　　　　波導分散
Waveguide scattering　　　　　　波導散射
WDM　　　　　　　　　　　　　分波多工技術
Worse-case approach　　　　　　保守估計法

附錄二
光源及檢光元件規格範例

一般光纖通信用 LED 之商用規格參數如下：

1. 最大額定值

   (1) T_{stg}：儲存溫度(storage temperature)，約$-50℃\sim+70℃$。

   (2) T_{op}：工作溫度(operating case temperature)，約$-40℃\sim+70℃$。

   (3) I_f：順向電流(forward current)，約 150 mA。

   (4) V_r：逆向電壓(reverse voltage)，約 2 V。

2. 電氣及光特性

   (1) λ_p：輸出功率最高點波長(peak wavelength)。

   (2) $\Delta\lambda$：半功率波譜寬度(spectral half-width)。

   (3) P_f：耦合入引出光纖之光功率(optical output power from fiber end)。

   (4) f_c：截止功率(cut-off frequency)。

   (5) V_F：在一定的順向電流下所需順向電壓(forward voltage)。

   (6) C_t：極間電容(capacitance)。

3. 引出光纖規格

   (1) 光纖種類。

   (2) 核心直徑及其容差。

   (3) 外殼直徑及其容差。

   (4) 孔徑直徑及其容差。

4. 特性曲線(如附列 FED08 特性曲線)

    (1)   射光光譜(emission)。

    (2) λ_p 與溫度曲線。

    (3) $\Delta\lambda$ 與溫度曲線。

    (4) P_f 與 I_F 曲線。

    (5) P_f 與溫度曲線。

    (6)   頻率響應曲線。

    (7) f_c 與溫度曲線。

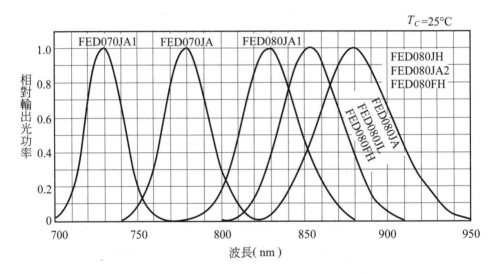

圖 1　射光光譜

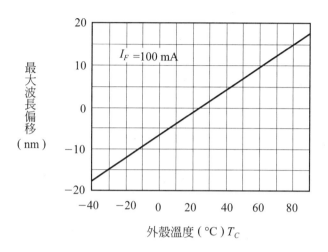

圖 2　溫度與最大波長偏移相關性

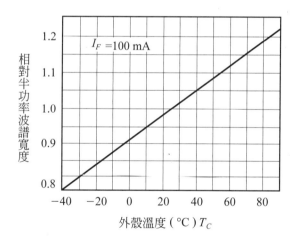

圖 3　溫度與相對半功率波譜寬度之關係

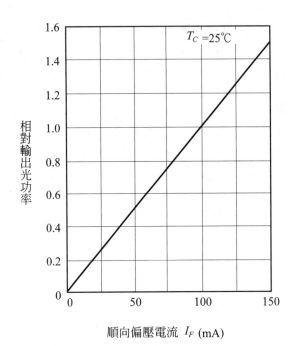

圖 4 電流與輸出光功率之關係

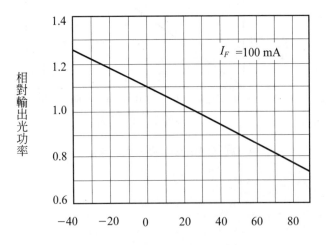

圖 5 溫度與輸出光功率之關係

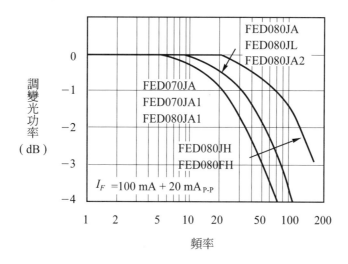

圖 6　頻率響應

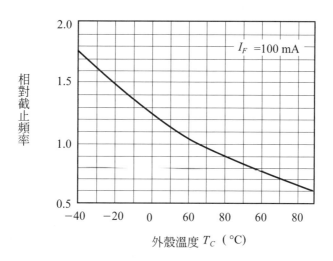

圖 7　溫度與截止頻率之關係

一般光纖通信 LD 之商用規格參數如下：

1. 最大額定值

(1)　T_{stg}：儲存溫度。

(2)　T_{op}：工作溫度。

(3)　I_F：順向電壓。

(4)　V_R：逆向電壓。

(5)　V_{DR}：監視用之檢光二極體之逆向電壓。

2. 電氣及光特性

(1)　I_{th}：臨限電流。

(2)　V_{th}：臨限電壓。

(3)　P_s：雷射輸出光功率。

(4)　P_f：耦合入引出光纖的光功率。

(5)　P_m：射入監測檢光二極體之光功率。

(6)　I_m：監測檢光二極體之順向電流。

(7)　λ_p：雷射共振腔之共振波長。

(8)　$\Delta\lambda$：半功率波譜寬度。

(9)　$\theta_{\parallel}$：輻射光束水平方向之擴散角。

(10)　$\theta_{\perp}$：輻射光束垂直方向之擴散角。

(11)　t_r：上升時間。

(12)　t_f：下降時間。

(13)　I_b：監測檢光器暗電流。

(14)　C_t：監測檢光器極際電容。

3. 引出光纖規格

(1)　光纖種類。

(2) 核心直徑及其容差。

(3) 外殼直徑及其容差。

(4) 孔徑直徑及其容差。

4. 特性曲線(如附列 FLD13 特性曲線)

(1) P_m與I_F曲線。

(2) P_f與I_F曲線。

(3) I_F與V_F曲線。

(4) I_{th}與T_c曲線。

(5) 輸出光功率分佈圖。

(6) 脈波響應曲線。

(7) 相對調變效率與調變頻率關係曲線。

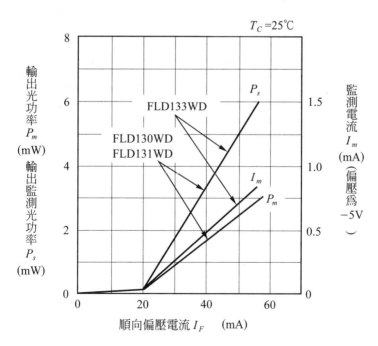

圖 8 順向偏壓電流與輸出光功率之關係

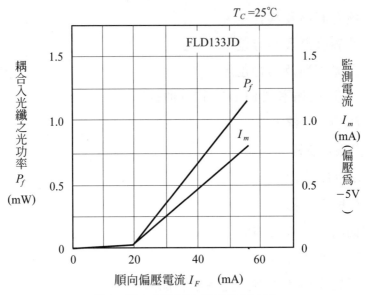

圖 9 順向偏壓電流與輸出光功率

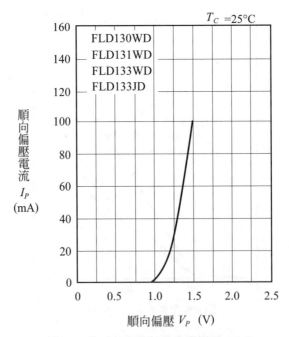

圖 10 順向偏壓電流與順向偏壓

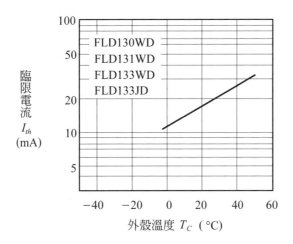

圖 11　溫度與臨限電流

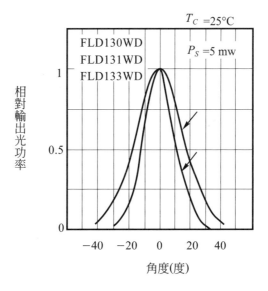

圖 12　遠端電場分析

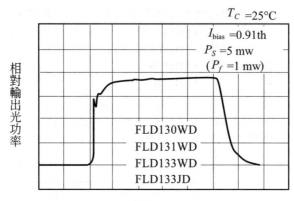

圖 13　脈波響應

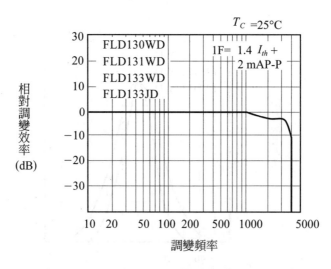

圖 14　相對調變效率與調變頻率

一般光纖通信用 PIN 檢光二極體商用規格參數如下：

1.　最大額定值

(1)　T_{stg}：儲存溫度。

(2)　T_{op}：工作溫度。

(3)　I_F：順向電流。

(4)　I_R：逆向電流。

(5)　V_R：逆向電壓。

2.　光及電氣特性

(1)　η：量子效率。

(2)　f_c：截止頻率。

(3)　I_D：暗電流。

(4)　C_t：極際電容。

3.　引出光纖規格

(1)　光纖的種類。

(2)　核心直徑及容差。

(3)　外殼。

(4)　孔徑。

4.　特性曲線(如附列 FID08 特性曲線)

(1)　η 與 λ 曲線。

(2)　R 與 λ 曲線。

(3)　頻率響應曲線。

(4)　I_D 與 V_R 曲線。

(5)　C_t 與 V_R 曲線。

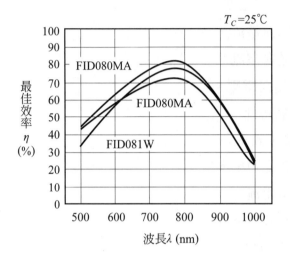

圖 15　光譜響應

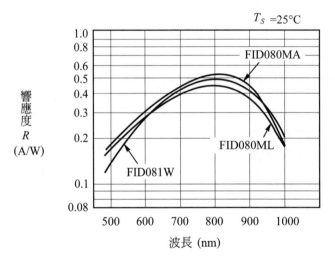

圖 16　光譜響應

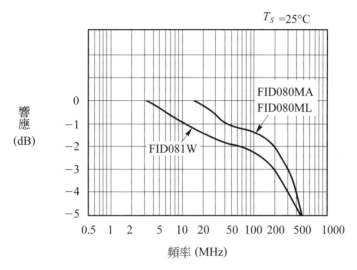

圖 17　頻率響應

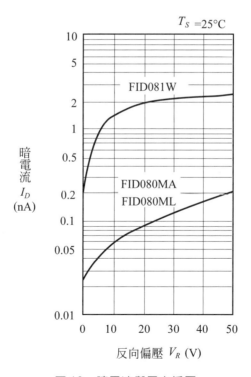

圖 18　暗電流與反向偏壓

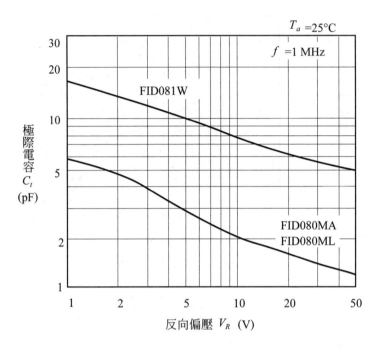

圖 19　極際電容與反向偏壓

一般光纖通信用 APD 瀉光二極體商用規格參數如下：

1.　最大額定值

  (1)　T_{stg}：儲存溫度。

  (2)　T_{op}：工作溫度。

  (3)　I_F：順向電流。

  (4)　I_R：逆向電流。

2.　光及電氣特性

  (1)　η：量子效率。

  (2)　f_c：截止頻率須在一定累增率及負載條件下。

  (3)　V_B：崩潰電壓。

(4)　γ：V_B 之溫度係數。

(5)　I_P：暗電流。

(6)　M：累積率。

(7)　F：額外雜訊係數。

(8)　x：額外雜訊指數，$F = M^x$

(9)　C_t：極際電容。

3.　引出光纖規格

(1)　光纖的種類。

(2)　核心直徑及容差。

(3)　外殼。

(4)　孔徑。

4.　特性曲線(如附列 FPD08 特性曲線)

(1)　η 與 λ 曲線。

(2)　R 與 λ 曲線。

(3)　頻率響應曲線。

(4)　I_D 與 V_R 曲線。

(5)　M 與 V_R 曲線。

(6)　x 與 M 曲線。

(7)　C_t 與 V_R 曲線。

光與電氣特性($T_a = 25°C$)

參數	代號	測試條件	FPD080MA、FPD080CA 最小	一般	最大	FPD081MA(注意(1)) 最小	一般	最大	單位
量子效率	η	$\lambda = 830$ nm，DC	74	78	—	50	60	—	%
截止頻率	f_c	$M=10$，$R_L=50\ \Omega$ −3 dB from 100 kHz	100	—	—	100	—	—	MHz
		$M=50$，$R_L=50\ \Omega$ −1.5 dB from 100 kHz	300	—	—	300	—	—	MHz
崩潰電壓	V_B	$I_D=100$ μA	130	—	180	130	—	180	V
溫度係數 V_B	γ	注意(2)	—	0.5	0.6	—	0.5	0.6	%/°C
暗電流	I_D	$V_R=0.9V_B$	—	0.3	3	—	0.3	3	nA
額外雜訊指數 (注意(3))	F	$\lambda=830$ nm，$f=30$ MHz $M=100$	—	4.5	6	—	4.5	6	—
	X	$I_{po}=2.0$ μA	—	0.33	0.39	—	0.33	0.39	
極際電容	C_t	$f=1$ MHz，$V_R=90$V	—	1.5	2	—	1.5	2	pF

注意：(1)斜射率矽光纖(孔徑 0.21，核心 50 μm，外殼 125 μm，長一公尺)

(2)$\gamma = \dfrac{V_B(25°C + \Delta T°C) - V_B(25°C)}{V_B(25°C)\cdot \Delta T°C} \times 100$ (%/°C)

(3)額外雜訊指數定義為 $F = M^x$

由於累積放大過程 $i_N^2 = 2qI_{po}M^{2+x}B$

此處 q：電荷　　I_{po}：在 $M=1$ 的光電流

　　　M：累積增益　　B：信號頻寬

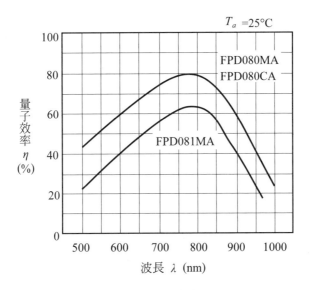

圖 20　光譜響應

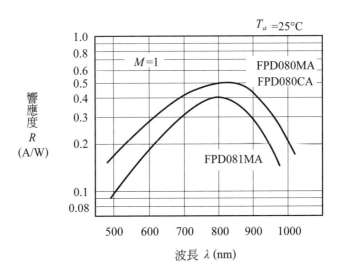

圖 21　光譜響應

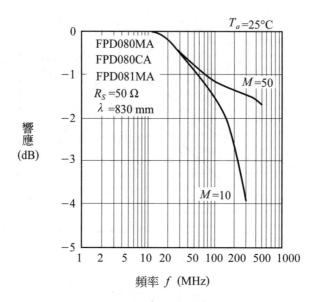

圖 22　頻率響應

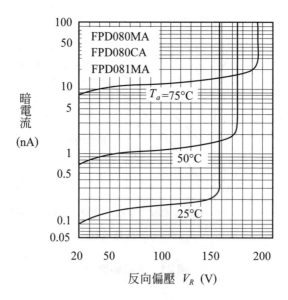

圖 23　暗電流與反向偏壓

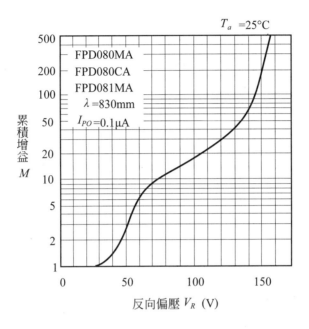

圖 24　累積增益特性

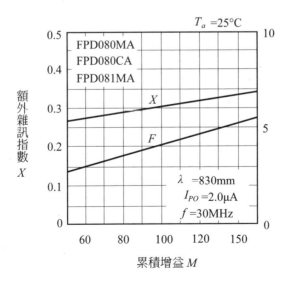

圖 25　額外雜訊指數

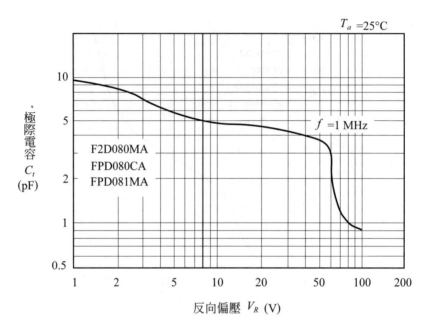

圖 26 極際電流與反向偏壓

附錄三
光纖之接合損失

　　影響光纖接合損失的因素大致可分成光纖之本質參數及外在參數二類：

1. 由光纖之本質參數所引起之接合損失

　　(1)　孔徑大小不同(numerical aperture vibration)發送端光纖之孔徑為NA_S，接收端光纖之孔徑為NA_R時，在$NA_R < NA_S$時，其接合損失IL_{NAM}為：$IL_{NAM} = 10\log_{10}(NA_R/NA_S)^2$，但當$NA_R > NA_S$則無$IL_{NAM}$發生，圖1顯示因$NA_R < NA_S$所致損失之特性。

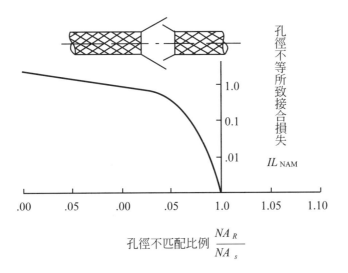

圖1　孔徑大小不等所引起之損失

(2) 核心直徑不同(core diameter variation)：發送端光纖核心直徑為D_{SC}，接收端光纖核心直徑為D_{RC}，當$D_{SC}<D_{RC}$時，不會發生直徑不匹配損失，但當$D_{SC}>D_{SR}$則會有直徑不匹配損失(IL_{OSM})。

$$IL_{OSM}=10\log_{10}\left(\frac{D_{RC}}{D_{SC}}\right)^2$$

圖2顯示核心直徑不匹配損失之特性。

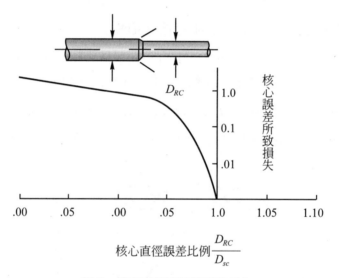

圖2　核心直徑不匹配所致損失

(3) 核心與外殼不同心(eccentricity)：光纖的核心並不位於外殼之中心，致使兩光纖之外殼對準時，其核心並非對準如圖 3 所示，而引起損失。

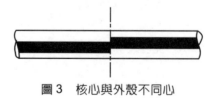

圖3　核心與外殼不同心

(4)　核心成橢圓形(ellipticity)：核心不是真圓，使其接合時，核心無法匹配而有損失。

2.　由外在參數所引起之接合損失

(1)　中心軸偏移所致損失(lateral misalignment)：因調整不良而使中心軸偏移所致之損失。

$$I_{LM} = 10\log_{10}\left[\frac{2}{\pi}\cos^{-1}\left(\frac{L}{D}\right) - \frac{2}{\pi}\left(\frac{L}{D}\right)\left(1 - \left(\frac{L}{D}\right)^2\right)^{1/2}\right]$$

如圖 4 所示。

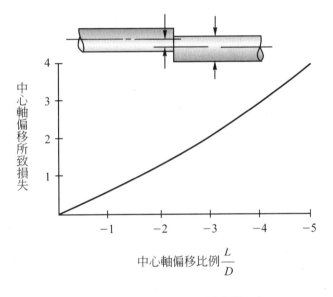

圖 4　中心軸偏移所致之損失

(2)　中心軸傾斜(angular misalignment)：因調整不良而使中心軸偏離某一角度，而引起接合損失，它是NA的函數，如圖 5 所示。

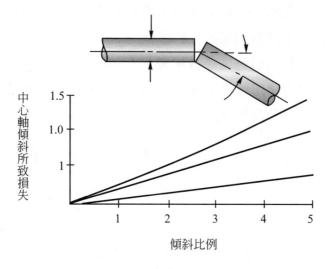

中心軸傾斜所致損失

傾斜比例

圖 5　中心軸傾斜所致損失

(3)　接合端面空隙太大(end separation)：當接合端面之空隙太大時，會因空氣隙折射率小於核心折射率而產生反射而致損失，而且光通過空氣隙亦會衰減，如圖 6 所示。

(4)　光纖切面不良(end finish)：當光纖之接合端面切割不良如切面不平整或切面未與中心軸垂直都會招致損失，如圖 7、圖 8 所示。要作好接合工作除了注意上述因素外，還要注意環境情況如濕度、灰塵、光線、以及光纜結構。

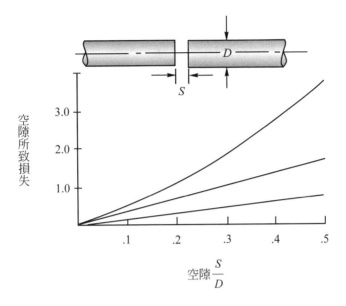

圖 6　接合端面空氣隙太大所致損失

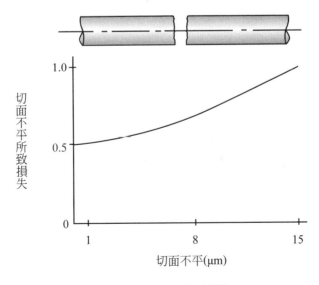

圖 7　切面不平整所致損失

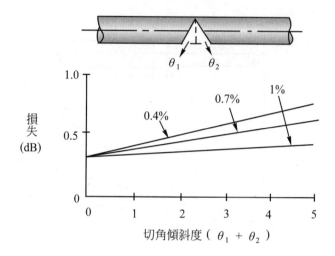

圖 8　切面未與中心軸垂直所致損失

國家圖書館出版品預行編目資料

光纖通信概論 / 李銘淵編著. -- 二版. -- 臺北縣
　土城市：全華圖書, 2009.01
　　面　；　公分
　ISBN 978-957-21-6814-1(平裝)

1.光纖電信

448.73　　　　　　　　　　　　　　　97017027

光纖通信概論

作者 / 李銘淵

發行人 / 陳本源

執行編輯 / 陳璟瑜

出版者 / 全華圖書股份有限公司

郵政帳號 / 0100836-1 號

印刷者 / 宏懋打字印刷股份有限公司

圖書編號 / 0525601

二版四刷 / 2015 年 07 月

定價 / 新台幣 440 元

ISBN / 978-957-21-6814-1(平裝)

全華圖書 / www.chwa.com.tw

全華網路書店 Open Tech / www.opentech.com.tw

若您對書籍內容、排版印刷有任何問題，歡迎來信指導 book@chwa.com.tw

臺北總公司(北區營業處)
地址：23671 新北市土城區忠義路 21 號
電話：(02) 2262-5666
傳真：(02) 6637-3695、6637-3696

中區營業處
地址：40256 臺中市南區樹義一巷 26 號
電話：(04) 2261-8485
傳真：(04) 3600-9806

南區營業處
地址：80769 高雄市三民區應安街 12 號
電話：(07) 381-1377
傳真：(07) 862-5562